DEIN COACH ZUM ERFOLG!

Dein ActiveBook auf My**STARK**:

Du kannst auf alle digitalen Inhalte zu diesem Band online zugreifen. Registriere dich dazu unter **www.stark-verlag.de/mystark** mit deinem **persönlichen Zugangscode:**

C11100-000515

Die Inhalte dieser Auflage stehen bis Schuljahresende zur Verfügung.

MySTARK

Das ActiveBook *bietet dir:*

- Viele zusätzliche interaktive Übungsaufgaben zu allen prüfungsrelevanten Kompetenzbereichen
- Sofortiges Feedback und Auswertung der Ergebnisse
- Interaktive Lösungen: in kleinen Schritten zum Ergebnis
- Vorgerechnete Beispiele als weitere Hilfe

DEIN COACH ZUM ERFOLG!

So kannst du interaktiv lernen:

Interaktive Aufgaben

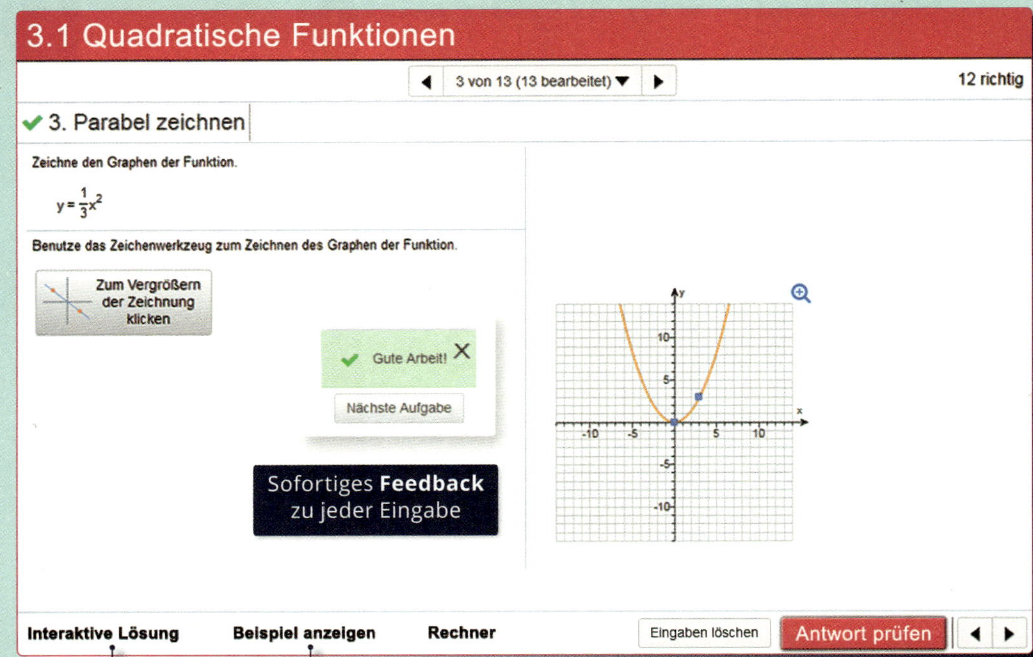

Interaktive Lösung mit kleinschrittiger Anleitung zu jeder Aufgabe

Vorgerechnetes **Beispiel** zu jeder Aufgabe

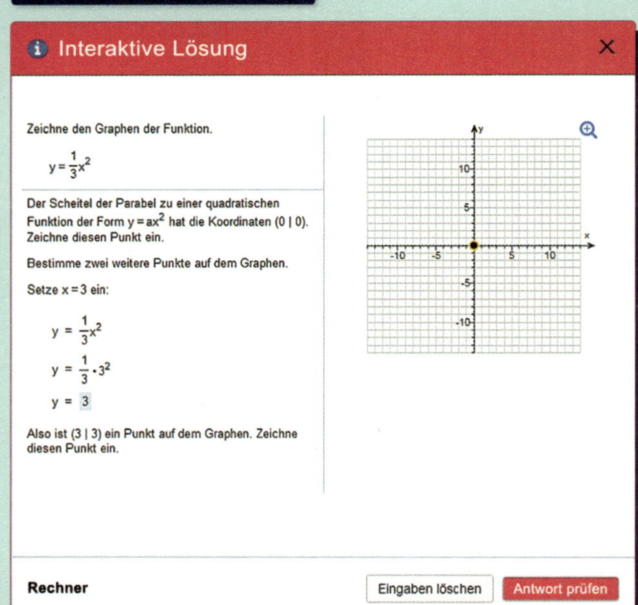

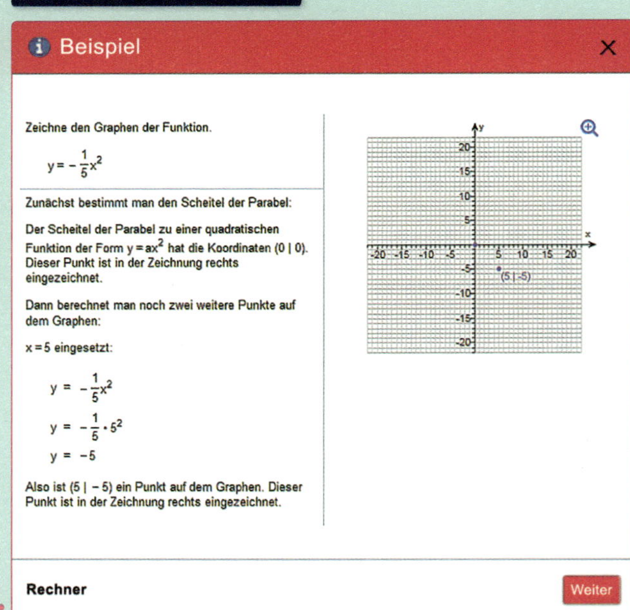

Systemvoraussetzungen:
- Mindestens 1024×768 Pixel Bildschirmauflösung
- Chrome, Firefox oder ähnlicher Webbrowser
- Internetzugang

2023

MSA · eBBR

Original-Prüfungen und Training

Berlin · Brandenburg

Mathematik

STARK

Bildnachweis

Deckblatt: © Joe Gough/Dreamstime.com
S. 12: © Victoria_Art/pixabay
S. 15: © Simon A. Eugster/wikipedia, CC BY-SA 3.0
S. 17: © Raddiscount
S. 18: © mrkt/pixabay
S. 19: © Televisio3DPhilips.PNG: Franciscoceba/wikipedia, CC BY-SA 3.0
S. 20: © Evaletova/Dreamstime.com
S. 21: © gouv/pixabay
S. 30: © lppicture/pixabay
S. 35: © geralt/pixabay
S. 54: © Reuben Schulz/istockphoto.com
S. 61: © Philip Lange/Dreamstime.com
S. 68: © Norbert Aepli/wikipedia, CC BY 2.5
S. 71: © Nikolai Schwerg/wikipedia, CC BY-SA 3.0
S. 74: Fernseher: © Televisio3DPhilips.PNG: Franciscoceba/wikipedia, CC BY-SA 3.0
Elfmeter: © www.borussiafotos.de, CC BY-SA 3.0
S. 80: © Stenzel Washington/Fotolia.de
S. 86: Müggelsee: © 2009 Google – Grafiken © 2009 DigitalGlobe, GeoContent, AeroWest, GeoEye, Kartendaten © 2009 Tele Atlas
Grunewaldturm: © Andreas Körner/wikipedia, CC BY-SA 3.0
S. 93: © Garret Bautista/Dreamstime.com
S. 98: © Hans/pixabay
S. 99: Milch: © Redaktion; Röhren: © Darryl Brooks/Dreamstime.com
S. 100: © Joe Sullivan/Dreamstime.com
S. 104: © Bernd Jürgens/Dreamstime.com
S. 106: Fußballglobus: © ullstein bild – Konzept und Bild
Erde: © Maiconfz/pixabay
Stehaufmännchen: © Redaktion
Hagelkorn: © NOAA Photo Library, NOAA Central Library, OAR/ERL/National Severe Storms Laboratory (NSSL)
S. 136: © sumnersgraphicsinc/Fotolia.com
S. 137: © Sergey Peterman/Dreamstime.com
S. 139: © chapay/pixabay
Deckblatt: © WikiImages/pixabay

18. neu bearbeitete und ergänzte Auflage
www.stark-verlag.de

Inhalt

Vorwort

Hinweise und Tipps

1 Keine Angst vor der Prüfung I
2 Dein persönlicher Zeitplan I
3 Hinweise zur Prüfung II
4 Deine persönliche Generalprobe III
5 Lernplaner IV
6 Formelübersicht VI

Training Grundwissen

1 Wiederholung Grundlagen 1
1.1 Terme und Termumformungen 1
Bruchterme** 6
1.2 Lösen von linearen Gleichungen und Ungleichungen 8
Lineare Gleichungen 8
Lineare Ungleichungen** 10
Textgleichungen 11
1.3 Proportionale und antiproportionale Zuordnungen 12
Proportionale Zuordnungen 12
Nicht proportionale Zuordnungen 13
Lösen von proportionalen Zuordnungen ▶ 13
Antiproportionale Zuordnungen 14
Lösen von antiproportionalen Zuordnungen 15
1.4 Prozentrechnung und Zinsrechnung 17
1.5 Umrechnungen von Größen 22
1.6 Dreiecke und Vierecke 25
1.7 Kreis 29
1.8 Potenzen und Wurzeln 32

2 Lineare Funktionen – Lineare Gleichungssysteme 36
2.1 Allgemeine Funktion 36
2.2 Lineare Funktionen 37
Zeichnen von Graphen ▶ 39
2.3 Lineare Gleichungssysteme 43
Grafische Lösung 43
Rechnerische Lösungsverfahren 44

** Diese Inhalte sind für den MSA nicht explizit prüfungsrelevant.

3	**Quadratische Funktionen und Gleichungen**	50
3.1	Quadratische Funktionen	50
	Die quadratische Funktion $y = x^2$	50
	Streckung der Normalparabel ▶	50
	Verschiebung der Normalparabel längs der Koordinatenachsen ▶	51
	Scheitelpunktform einer quadratischen Funktion	52
	Nullstellen einer quadratischen Funktion	57
3.2	Quadratische Gleichungen	57
	Reinquadratische Gleichungen $x^2 - q = 0$	58
	Quadratische Gleichungen $x^2 + px = 0$	59
	Die allgemeine quadratische Gleichung $x^2 + px + q = 0$	59
	Der Satz von Vieta**	62
4	**Ähnlichkeit und Strahlensätze**	63
4.1	Maßstab	63
4.2	Vergrößern und Verkleinern von Figuren	65
4.3	Strahlensätze** ▶	69
5	**Der Satz des Pythagoras**	72
6	**Trigonometrie**	75
6.1	Berechnungen am rechtwinkligen Dreieck	75
6.2	Berechnungen an beliebigen Dreiecken – Sinus- und Kosinussatz	81
	Sinussatz	81
	Flächeninhalt eines Dreiecks	83
	Kosinussatz**	83
	Sinussatz oder Kosinussatz – das ist die Frage**	85
6.3	Sinus und Kosinus im Einheitskreis**	87
6.4	Trigonometrische Funktionen – Sinus- und Kosinusfunktion**	90
	Sinus- und Kosinusfunktion mithilfe des Bogenmaßes**	91
7	**Körper**	95
7.1	Darstellungen von Körpern	95
7.2	Berechnungen an Körpern	95
	Massenberechnung	95
	Prismen	96
	Pyramiden	100
	Kegel	102
	Kugeln	104
8	**Daten und Zufall**	107
8.1	Statistik ▶	107
8.2	Grundbegriffe der Wahrscheinlichkeitsrechnung	119
8.3	Wahrscheinlichkeit und das Gesetz der großen Zahlen	120
8.4	Die Berechnung der Wahrscheinlichkeit von Zufallsexperimenten	121
8.5	Mehrstufige Zufallsexperimente ▶	124

9 Wachstum und Zerfall 128
9.1 Exponentielles Wachstum und exponentieller Zerfall 128
9.2 Exponentialfunktionen ▶ 130
9.3 Zinseszins 131
9.4 Lineares und exponentielles Wachstum im Vergleich 133

10 Prüfungsähnliche Aufgaben 136

Original-Abschlussprüfungen

MSA und eBBR 2016 2016-1
MSA und eBBR 2017 2017-1
MSA und eBBR 2018 2018-1
MSA und eBBR 2019 2019-1
MSA und eBBR 2020 2020-1
MSA und eBBR 2021 2021-1

MSA und eBBR 2022 ..... www.stark-verlag.de/mystark

Sobald die Original-Prüfungsaufgaben 2022 freigegeben sind, kannst du sie als PDF auf der Plattform MyStark herunterladen (Zugangscode vgl. Farbseiten vorne im Buch).

ActiveBook Interaktives Training

Dein Coach zum Erfolg: Mit dem **Interaktiven Training** kannst du online auf MyStark mit vielen zusätzlichen interaktiven Aufgaben zu allen prüfungsrelevanten Kompetenzbereichen trainieren.

Die **interaktiven Aufgaben** sind im Buch mit diesem Button gekennzeichnet. Am besten gleich ausprobieren!

Ausführliche Infos inkl. Zugangscode findest du auf den **Farbseiten** vorne in diesem Buch.

Zu ausgewählten Themen bietet dir das Buch **Lernvideos** und **GeoGebra-Anwendungen**. Bei den jeweiligen Kapiteln befinden sich **QR-Codes**, die du mit einem Smartphone oder Tablet scannen kannst. Zu einer Übersicht aller Videos und Anwendungen gelangst du über den nebenstehenden QR-Code, über die Plattform **MyStark** oder über nachfolgenden Link: http://qrcode.stark-verlag.de/11150ml_lernvideos

Autorinnen und Autor:
Heike Ohrt, Doris Cremer, Dietmar Steiner

Vorwort

Liebe Schülerin, lieber Schüler,

mit diesem Buch kannst du dich langfristig und nachhaltig auf die **Prüfung am Ende der Jahrgangsstufe 10** im Fach **Mathematik** vorbereiten.

Die Prüfung findet **am 9. 5. 2023** in allen Schulen in Berlin und Brandenburg statt. Alle Schülerinnen und Schüler (Ausnahme: Brandenburger Gymnasien) erhalten die gleiche Prüfungsarbeit, die zu den Abschlüssen **Erweiterte Berufsbildungsreife** oder **Mittlerer Schulabschluss** in Berlin bzw. **Fachoberschulreife** in Brandenburg führt. Für den Erwerb der eBBR musst du grundlegende Aufgaben lösen, für den Erwerb des MSA bzw. der FOR zusätzlich noch anspruchsvollere (Teil-)Aufgaben, die durch ein Sternchen * gekennzeichnet sind.
Die Aufgaben dieses Buches sind genau nach diesem Schema aufgebaut:
Aufgaben ohne Sternchen dienen der Vorbereitung für **alle Prüflinge** mit dem Ziel eBBR oder MSA bzw. FOR, Aufgaben mit einem Sternchen * sind ganz auf den MSA bzw. die FOR zugeschnittene, schwierigere Aufgaben.
Themen und Aufgaben, die mit zwei Sternchen ** versehen sind, werden in der Prüfung nicht vorkommen, bieten dir aber für den Übergang in die gymnasiale Oberstufe das notwendige mathematische Fundament.

Für alle Teilnehmerinnen und Teilnehmer einer zentral gestellten Prüfung ist gerade das **Grundlagenwissen** besonders wichtig. Denn es geht hier nicht um Spezialkenntnisse, die du gut beherrschst, sondern die Aufgaben in der Prüfung werden ein möglichst breit gefächertes Grundwissen verlangen. Es geht vor der Prüfung also um eine Gesamtwiederholung.

- Daher beginnt dieses Buch mit einem ausführlichen **Trainingsteil**. Im ersten Kapitel werden die wichtigsten Themen der 7. bis 9. Klasse so kurz wie möglich wiederholt, die Kapitel 2 bis 9 behandeln intensiv sämtliche prüfungsrelevanten Bereiche. Zu jedem Thema findest du passende Übungsaufgaben, insgesamt über 180.

- Du kannst **selbstständig** mit dem Buch arbeiten, weil alle Themen auch anhand von Beispielaufgaben erklärt werden, die du dir auf jeden Fall anschauen solltest.

- **Prüfungsähnliche Aufgaben** findest du in Kapitel 10. Hier kannst du dein erworbenes Wissen an komplexen, themenübergreifenden Aufgaben testen.

- Die schriftlichen **Original-Abschlussprüfungen** zum mittleren Schulabschluss und zur erweiterten Berufsbildungsreife **2016 bis 2021** bilden den Abschluss des Buches. Die **Original-Abschlussprüfung 2022** steht dir auf der **Plattform MyStark** als Download zur Verfügung.

Zu allen Aufgaben gibt es **ausführliche Lösungen** in einem separaten Buch (Bestell-Nr. C11100L), die jeden Rechenschritt genau erklären. Dabei wird besonderer Wert auf die Lösungsansätze und Vorüberlegungen gelegt. Zur Veranschaulichung und zum besseren Verständnis der Lösungen helfen dir zahlreiche Skizzen.

Zuerst solltest du selbst die Lösung finden und dann mit dem Buch vergleichen. Nur was du dir selbst erarbeitet hast, bleibt im Gedächtnis und du lernst dazu. Halte dich deswegen daran, konsequent jede Aufgabe zunächst selbst zu rechnen.

Wenn du den Inhalt dieses Buches beherrschst, bist du bestens auf die Prüfung vorbereitet.

Sollten nach Erscheinen dieses Bandes noch wichtige Änderungen in der eBBR/MSA-Prüfung vom LISUM Berlin-Brandenburg bekannt gegeben werden, findest du aktuelle Informationen dazu auf der Plattform MyStark (Zugangscode vgl. Farbseiten)

Ich wünsche dir für die Prüfung viel Erfolg!

Heike Ohrt

Hinweise und Tipps

1 Keine Angst vor der Prüfung

Eine Prüfung schafft man nicht ohne Einsatz, Lernen und Üben. Das größte Problem auf dem Weg zum Erfolg ist dabei häufig das mangelnde Vertrauen in die eigenen Fähigkeiten und die daraus resultierende Angst vor dem Nichtbestehen. Aber Angst ist ein negatives Gefühl, das dem Lernerfolg im Weg steht. Du musst also deine positiven Empfindungen stärken, um dir die Prüfungsvorbereitung zu erleichtern.

Drei kleine Sätze werden dir dabei helfen:

Ich will es schaffen.

Ich kann es schaffen.

Ich werde es schaffen.

Den ersten Schritt auf dem Weg zum Erfolg hast du bereits mit dem Kauf dieses Buches getan, denn damit hast du gezeigt: **Du willst.**

Wenn du bereit bist, mit diesem Buch ernsthaft und systematisch zu arbeiten und Zeit und Fleiß investieren willst, zeigst du, dass du deinen Willen auch in die Tat umsetzt: **Du kannst.**

Dieses Buches wird dich durch deine Prüfungsvorbereitung leiten und dir helfen, viele Dinge, die dir vorher unklar waren, zu verstehen, sodass du die Sicherheit erlangen kannst, um die Prüfung zu meistern: **Du wirst es schaffen.**

2 Dein persönlicher Zeitplan

Überfordere dich nicht und lerne nicht zu viel auf einmal, sondern fange rechtzeitig mit der Vorbereitung an, empfehlenswert sind 4 Monate vor dem Prüfungstermin. Besser noch: Fang sofort an. So bleibt genügend Zeit, alle Themen zu bearbeiten. Der Einstieg gelingt dir besser, wenn du den Stoff in kleine Einheiten aufteilst. Wichtig ist dabei, dass du regelmäßig und nicht länger als 60 Minuten übst. Erfolge stellen sich schnell ein, wenn du Aufgaben richtig gelöst hast.

Alle für den MSA/eBBR 2023 relevanten Themen findest du in dem Lernplaner auf den Seiten IV–V. Erstelle dir mithilfe dieser Vorlage deinen persönlichen Zeitplan, in dem du festhältst, wann du welches Thema bearbeiten willst. Bestimme dafür zwei feste Wochentage und lege gleich die Uhrzeit fest. Nimm dir einen Kalender zur Hand und ordne jedem Thema ein Datum zu. Vergiss nicht, in deinem Zeitplan auch die Ferien mit einzubeziehen. Der Termin für die Prüfung ist am 9. 5. 2023. Plane so, dass du spätestens eine Woche vorher deine Vorbereitung beendet hast.

Bitte deine Eltern, Bekannten oder Geschwister dich bei der Einhaltung des Plans zu unterstützen. Vielleicht findest du auch Mitschülerinnen und Mitschüler, die nach demselben Zeitplan lernen wollen. So könnt ihr euch gegenseitig motivieren und helfen.

Lege dir für die Wiederholung einen Prüfungsordner an und hefte alle Übungen ein. Vergleiche deine Lösungen mit denen im Lösungsbuch. Zu jeder Aufgabe findest du dort eine ausführliche Lösung und sicher auch eine Lösungsmöglichkeit, die für dich verständlich und einleuchtend ist. Markiere deine Lösung als r (richtig) oder f (falsch). Berichtige die mit „f“ markierten Ergebnisse, nachdem du alle Lösungen verglichen hast. Aus deinen Fehlern kannst du nur lernen. Mit jeder richtig gelösten Aufgabe wirst du an Sicherheit gewinnen.

Unter der Spalte „Bemerkungen“ in deinem Lernplaner kannst du notieren, was dir ganz speziell noch Schwierigkeiten bereitet, was du also zu gegebener Zeit wiederholen musst.

Beispiel:

Thema	**Seite**	**Datum**	**Bemerkungen**	**Kann ich**	**Muss ich noch üben**
Terme	1–5	03. 01. 2023	Terme und Termumformungen	✓	
			Binomische Formeln		✓

3 Hinweise zur Prüfung

Die schriftliche Prüfung in Mathematik zur erweiterten Berufsbildungsreife/zum mittleren Schulabschluss (bzw. zur Fachoberschulreife in Brandenburg) in der Jahrgangsstufe 10 wird am 9. 5. 2023 stattfinden. Die Prüfungszeit beträgt **135 Minuten**. Die Prüfung ist für alle Schülerinnen und Schüler in Berlin und Brandenburg gleich. Die Aufgaben orientieren sich an den Inhalten des Rahmenlehrplans für die Klassen 7 bis 10 und an den allgemeinen Bildungsstandards der Kultusministerkonferenz.

Folgende Hilfsmittel sind zugelassen:

- Geodreieck
- Zirkel
- nichtprogrammierbarer, nichtgrafikfähiger Taschenrechner
- Wörterbuch
- Formelübersicht (erhältst du mit der Prüfungsarbeit)

4 Deine persönliche Generalprobe

Mithilfe der Prüfungsarbeiten MSA/eBBR von 2016 bis 2022, die du auf den letzten Seiten dieses Buches bzw. auf der Plattform MyStark findest, kannst du dein Können unter Beweis stellen. Es ist ein gutes Training, wenn du eine komplette Prüfungsarbeit unter Prüfungsbedingungen in der vorgegebenen Zeit ohne Unterbrechung bearbeitest. Nur so kannst du dich in die Prüfungssituation hineinversetzen und diese üben.

Beachte folgende Hinweise:

- Stelle eine prüfungsähnliche Situation her.
- Schaff dir einen freien Arbeitsplatz und lege Taschenrechner, Geodreieck, Bleistift, Radiergummi, Zirkel, karierte Blätter, einen Kugelschreiber oder Füller und die Formelübersicht aus diesem Buch bereit.
- Sorge dafür, dass du 135 Minuten ungestört arbeiten kannst. Keine Musik, Handy ausschalten!
- Stell dir ein Getränk und etwas zu essen bereit.

Ab jetzt läuft die Zeit.

- Lies dir zunächst alle Aufgaben durch, damit du weißt, was auf dich zukommt.
- Beginne mit der Aufgabe, bei der du dich am sichersten fühlst. Wichtige Aussagen kannst du markieren.
- Halte dich nicht zu lange an einer Aufgabe auf, verbeiß dich nicht, sondern mache mit der nächsten weiter.
- Lege kurze Pausen ein.
- Achte auf die Form und vergiss bei Textaufgaben die Antwortsätze nicht.
- Bedenke, dass alle Lösungswege nachvollziehbar sein müssen.
- Überprüfe, ob dein Antwortsatz zur Fragestellung passt und ob die Einheiten stimmen.
- Wenn du am Ende noch Zeit hast, gehe deine Arbeit noch einmal durch.

Kontrolliere erst nach einer Pause von mindestens 2 Stunden die Lösungen. Markiere deine Fehler.

Bearbeite zu einem späteren Zeitpunkt (z. B. 2 Tage danach) unbedingt die Aufgaben, in denen du Fehler gemacht hast, noch einmal.

5 Lernplaner

Thema	Seite	Datum	Bemerkungen	Kann ich	Muss ich noch üben
Terme	1–5				
Lineare Gleichungen	8–12				
Proportionale/antiproportionale Zuordnungen	12–16				
Prozent- und Zinsrechnung	17–22				
Umrechnen von Größen; Dreiecke; Vierecke	22–28				
Kreis	29–32				
Potenzen und Wurzeln	32–35				
Funktionen, lineare Funktionen	36–42				
Lineare Gleichungssysteme	43–49				
Quadratische Funktionen	50–57				
Quadratische Gleichungen	57–61				

Thema	Seite	Datum	Bemerkungen	Kann ich	Muss ich noch üben
Vergrößern und Verkleinern	65–69				
Pythagoras	72–74				
Trigonometrie: Berechnung am rechtwinkligen Dreieck	75–80				
Sinus- und Kosinussatz	81–86				
Darstellen und Berechnen von Prismen	95–100				
Pyramide, Kegel, Kugel	100–106				
Statistik (Daten)	107–118				
Wahrscheinlichkeit	119–126				
Exponentielles Wachstum und Zerfall	127–132				
Prüfungsähnliche Aufgaben I	135–138				
Prüfungsähnliche Aufgaben II	139–142				

6 Formelübersicht

Prozentrechnung

(Grundformel)	$\frac{G}{100} = \frac{W}{p}$	G: Grundwert W: Prozentwert p %: Prozentsatz

Zinsrechnung

Zinsformel	$\frac{K}{100} = \frac{Z}{p}$	K: Kapital Z: Zinsen p %: Zinssatz
Zinsen für t Tage	$Z_t = \frac{K \cdot p \cdot t}{100 \cdot 360}$	t: Tage
Zinsen für m Monate	$Z_m = \frac{K \cdot p \cdot m}{100 \cdot 12}$	m: Monate
Kapital nach n Jahren	$K_n = K_0 \cdot \left(1 + \frac{p}{100}\right)^n$	n: Anzahl der Jahre p %: Zinssatz K_n: Kapital nach n Jahren K_0: Anfangskapital
Zinssatz	$\frac{p}{100} = \sqrt[n]{\frac{K_n}{K_0}} - 1$	

Dichte

eines Stoffes	$\rho = \frac{m}{V}$	ρ: Dichte m: Masse V: Volumen

Geschwindigkeit

einer gleichförmigen Bewegung	$v = \frac{s}{t}$	v: Geschwindigkeit s: zurückgelegter Weg t: benötigte Zeit

Potenzen und Wurzeln

$a^n := a \cdot a \cdot \ldots \cdot a$ (n-mal)

$a^0 := 1$

$a^m \cdot a^n = a^{m+n}$

$\frac{a^m}{a^n} = a^{m-n}$

$a^m \cdot b^m = (a \cdot b)^m$

für a, b ∈ ℝ, a ≠ 0 und für m, n ∈ ℕ

$\frac{a^m}{b^m} = \left(\frac{a}{b}\right)^m$ für b ≠ 0

$(a^m)^n = a^{m \cdot n}$

$a^{-n} := \frac{1}{a^n}$

$\sqrt[n]{a} = a^{\frac{1}{n}}$; $\sqrt[2]{a} = \sqrt{a} = a^{\frac{1}{2}}$

$\sqrt[n]{a}\sqrt[n]{b} = \sqrt[n]{ab}$

$\frac{\sqrt[n]{a}}{\sqrt[n]{b}} = \sqrt[n]{\frac{a}{b}}$

$\sqrt[n]{a^m} = a^{\frac{m}{n}}$

für a, b ∈ ℝ, a > 0, b > 0 und für m, n ∈ ℕ \ {0}

(Für den Spezialfall n = 2, die Quadratwurzel, lässt man den Wurzelexponenten weg und schreibt nur $\sqrt{\ }$.)

Quadratische Funktionen und Gleichungen

Scheitelpunktform der Normalparabel	$f(x) = (x + d)^2 + e$ $f(x) = (x - m)^2 + n$	Scheitelpunkt: $S(-d \mid e)$ Scheitelpunkt: $S(m \mid n)$
Normalform der quadratischen Gleichung	$0 = x^2 + px + q$	$p, q \in \mathbb{R}$
Lösungsformel für quadratische Gleichungen in Normalform zur Bestimmung von Nullstellen	$x_{1/2} = -\frac{p}{2} \pm \sqrt{\left(\frac{p}{2}\right)^2 - q}$	

Rechtwinkliges Dreieck

Satz des Pythagoras $\quad c^2 = a^2 + b^2$

Umfang $\quad u = a + b + c$

Flächeninhalt $\quad A = \frac{1}{2} a \cdot b \quad$ bzw. $\quad A = \frac{1}{2} c \cdot h_c$

Seiten-Winkel-Beziehungen

$$\sin\alpha = \frac{\text{Gegenkathete von } \alpha}{\text{Hypotenuse}} = \frac{a}{c}$$

$$\cos\alpha = \frac{\text{Ankathete von } \alpha}{\text{Hypotenuse}} = \frac{b}{c}$$

$$\tan\alpha = \frac{\text{Gegenkathete von } \alpha}{\text{Ankathete von } \alpha} = \frac{a}{b}$$

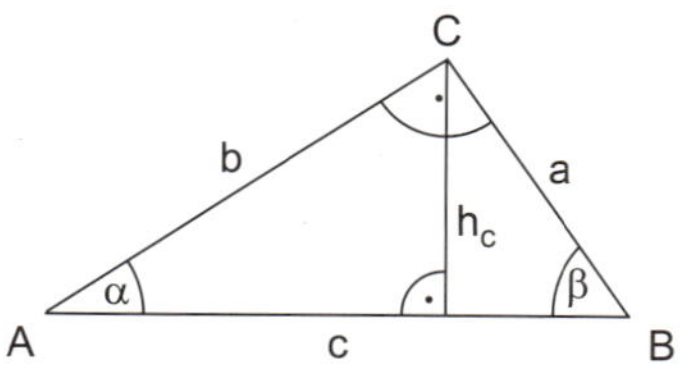

Beliebiges Dreieck

Sinussatz $\quad \frac{a}{\sin\alpha} = \frac{b}{\sin\beta} = \frac{c}{\sin\gamma}$

Kosinussatz

$$c^2 = a^2 + b^2 - 2ab \cdot \cos\gamma$$
$$a^2 = b^2 + c^2 - 2bc \cdot \cos\alpha$$
$$b^2 = a^2 + c^2 - 2ac \cdot \cos\beta$$

Umfang $\quad u = a + b + c$

Flächeninhalt $\quad A = \frac{1}{2} c \cdot h_c$ bzw. $A = \frac{1}{2} a \cdot b \cdot \sin\gamma$

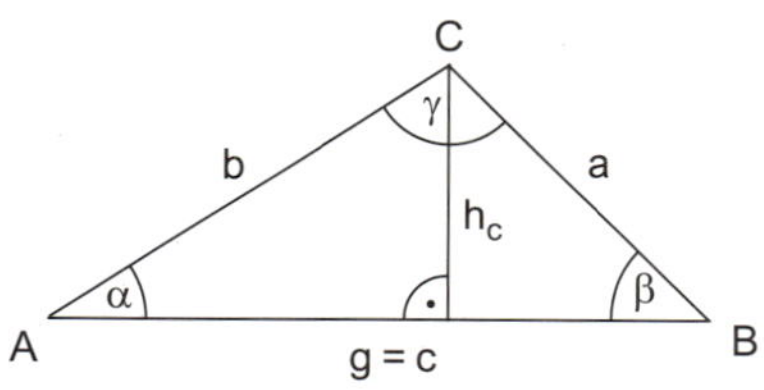

Strahlensätze

1. Strahlensatz $\quad \frac{\overline{ZA}}{\overline{AB}} = \frac{\overline{ZC}}{\overline{CD}}; \quad \frac{\overline{ZA}}{\overline{ZB}} = \frac{\overline{ZC}}{\overline{ZD}}$

2. Strahlensatz $\quad \frac{\overline{ZA}}{\overline{ZB}} = \frac{\overline{AC}}{\overline{BD}}; \quad \frac{\overline{ZC}}{\overline{ZD}} = \frac{\overline{AC}}{\overline{BD}}$

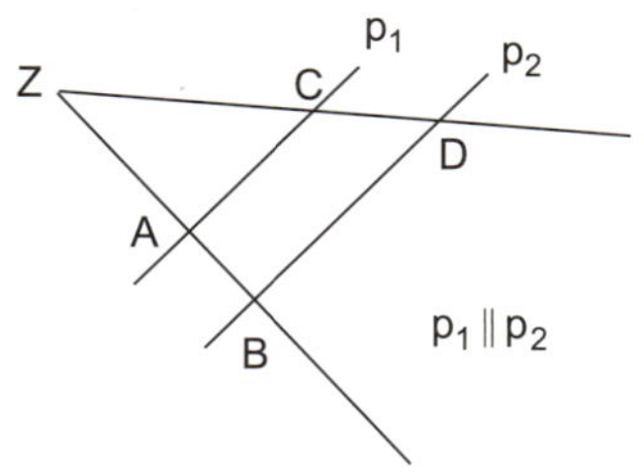

Rechteck

Umfang $\quad u = 2a + 2b = 2(a + b)$

Flächeninhalt $\quad A = a \cdot b$

Diagonalen $\quad e = f = \sqrt{a^2 + b^2}$

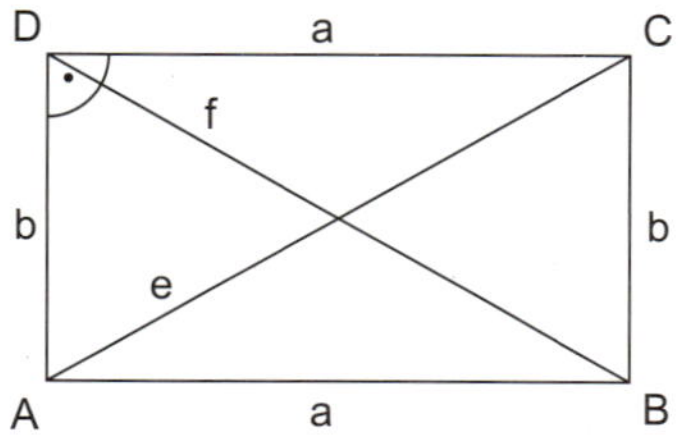

Trapez

Mittellinie	$m = \frac{1}{2}(a + c)$
Flächeninhalt	$A = m \cdot h$
	$A = \frac{1}{2}(a + c) \cdot h$

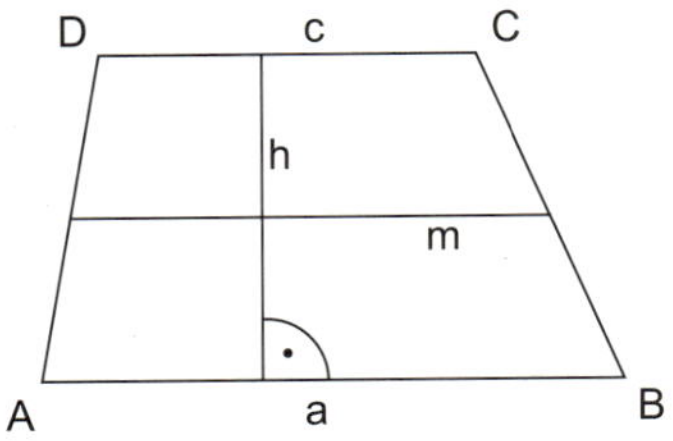

Kreis

Durchmesser	$d = 2 \cdot r$
Umfang	$u = 2\pi \cdot r$
Flächeninhalt	$A = \pi \cdot r^2$

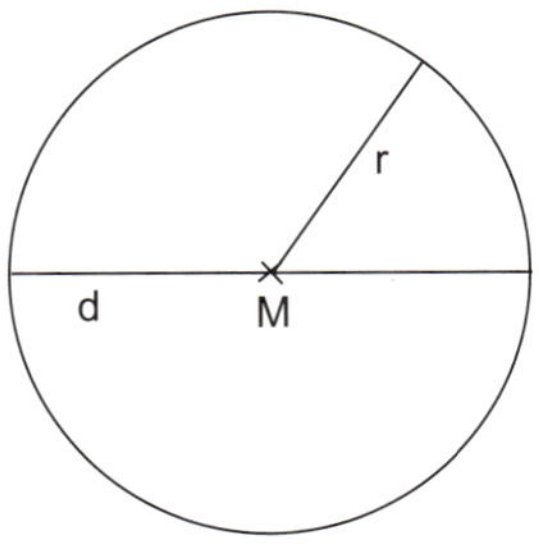

Würfel

Grundfläche	$A_G = a^2$
Oberfläche	$A_O = 6a^2$
Volumen	$V = a^3$
Raumdiagonale	$d = a\sqrt{3}$

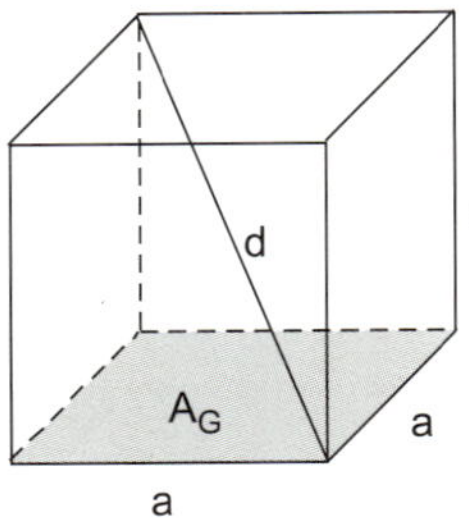

Quader

Grundfläche	$A_G = a \cdot b$
Oberfläche	$A_O = 2ab + 2bc + 2ac$
Volumen	$V = a \cdot b \cdot c$
Raumdiagonale	$d = \sqrt{a^2 + b^2 + c^2}$

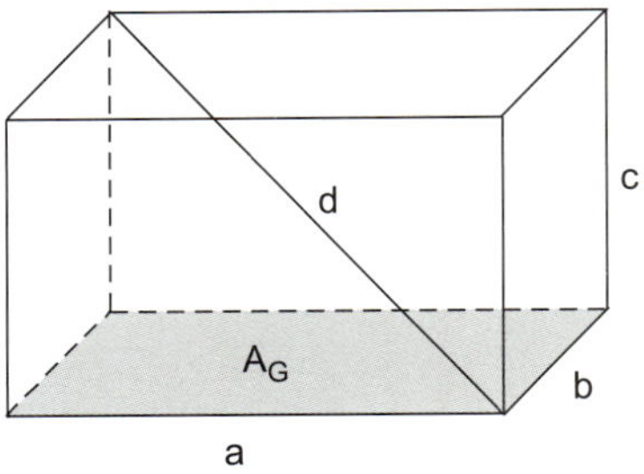

Prisma
(dreiseitig, gerade)

Grundfläche	$A_G = \frac{1}{2} h_g \cdot g$
Umfang der Grundfläche	$u_G = a + b + c$
Mantelfläche	$A_M = (a + b + c) \cdot h = u_G \cdot h$
Oberfläche	$A_O = 2A_G + A_M$
Volumen	$V = A_G \cdot h = \frac{1}{2} h_g \cdot g \cdot h$

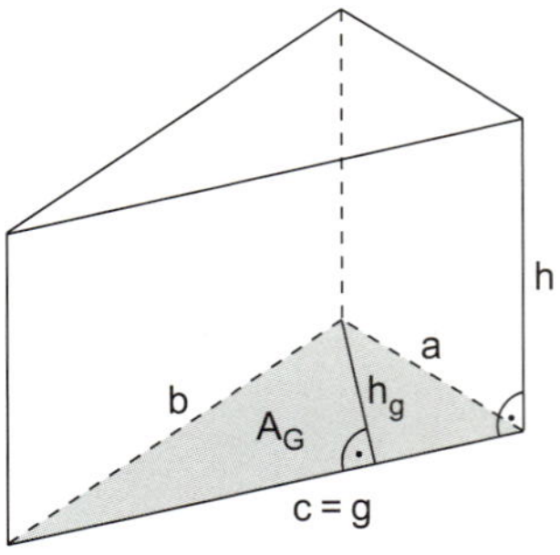

Pyramide
(quadratisch, gerade)

Grundfläche $A_G = a^2$

Mantelfläche $A_M = 2a \cdot h_S$

Oberfläche $A_O = A_G + A_M$

Volumen $V = \frac{1}{3} A_G \cdot h = \frac{1}{3} a^2 \cdot h$

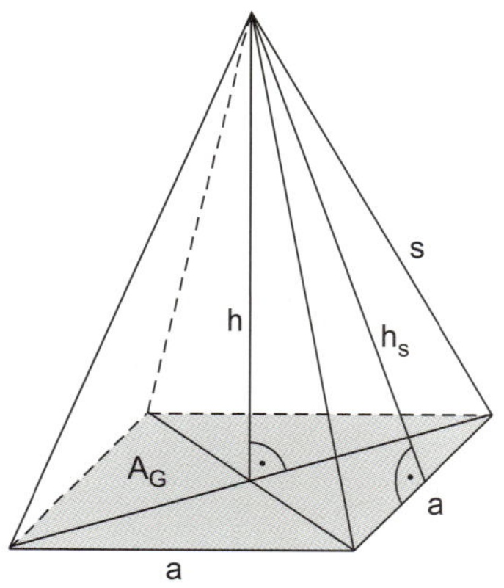

Zylinder
(gerader Kreiszylinder)

Grundfläche $A_G = \pi \cdot r^2$

Mantelfläche $A_M = 2\pi \cdot r \cdot h$

Oberfläche $A_O = 2A_G + A_M$

Volumen $V = A_G \cdot h = \pi \cdot r^2 \cdot h$

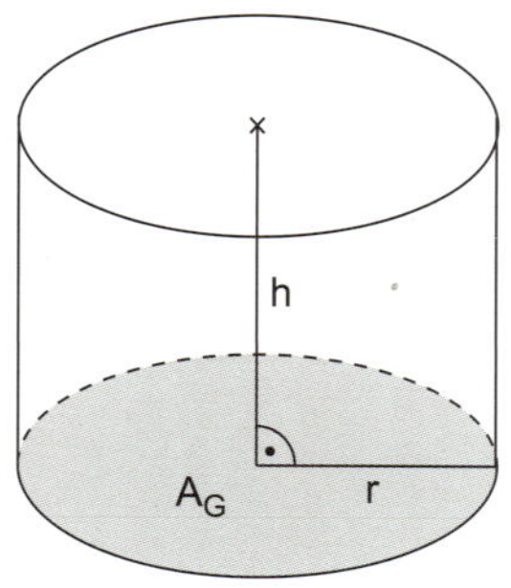

Kugel

Oberfläche $A_O = 4\pi \cdot r^2$

Volumen $V = \frac{4}{3} \pi \cdot r^3$

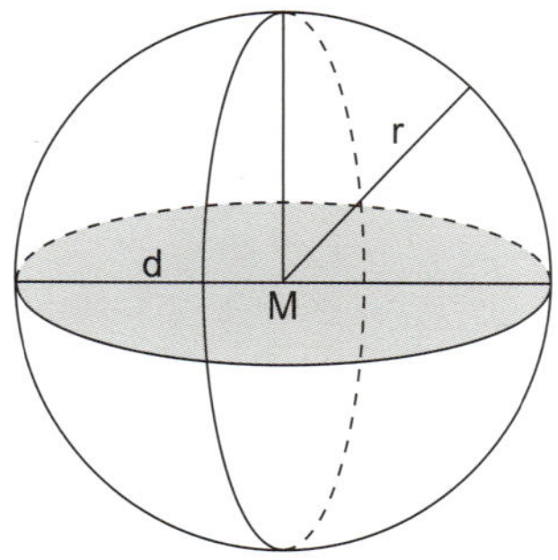

Kegel
(gerader Kreiskegel)

Mantellinie $s^2 = r^2 + h^2$

Grundfläche $A_G = \pi \cdot r^2$

Mantelfläche $A_M = \pi \cdot r \cdot s$

Oberfläche $A_O = \pi \cdot r(r + s)$

Volumen $V = \frac{1}{3} A_G \cdot h = \frac{1}{3} \pi \cdot r^2 \cdot h$

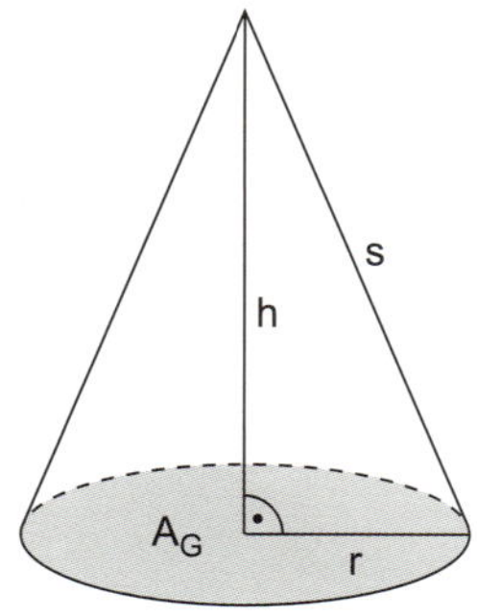

Stochastik

Zufallsexperimente

Sind alle Ergebnisse bei einem Zufallsexperiment gleich wahrscheinlich, so gilt für ein Ereignis A:

$$P(A) = \frac{\text{Anzahl der für A günstigen Ergebnisse}}{\text{Anzahl der möglichen Ergebnisse}}$$

P(A): Wahrscheinlichkeit von A

Pfadregeln für mehrstufige Zufallsexperimente

Produktregel:
Die Wahrscheinlichkeit eines Ergebnisses D ist gleich dem Produkt der Wahrscheinlichkeiten entlang des jeweiligen Pfades im Baumdiagramm.

Bsp.: $P(D) = p_1 \cdot p_4$

Summenregel:
Die Wahrscheinlichkeit eines Ereignisses H ist gleich der Summe der Wahrscheinlichkeiten aller Pfade, die für dieses Ereignis günstig sind.

Bsp.: $H = \{D, E\}$

$P(H) = p_1 \cdot p_4 + p_2 \cdot p_5$

Baumdiagramm:

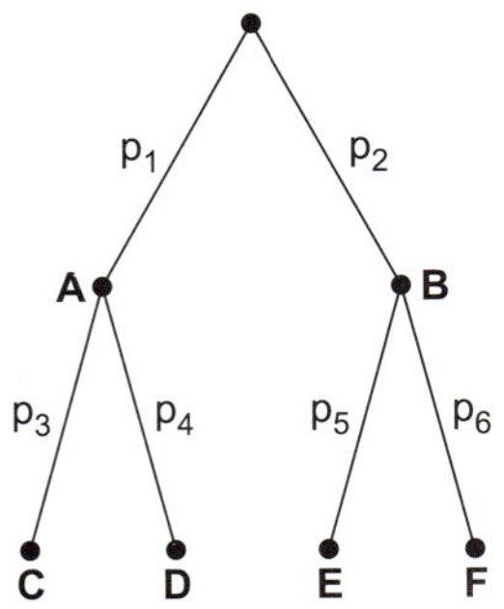

Training Grundwissen

1 Wiederholung Grundlagen

1.1 Terme und Termumformungen

Merke

> **Term**
> Ein Term ist eine Verbindung aus Zahlen, Variablen, Rechenzeichen und Klammern.

Beispiele

1. $2a + 2b$
2. $(3 + x)^2$
3. $2x - \frac{y}{2}$
4. Der Term für den Umfang des Dreiecks ist:
   $a + b + c$

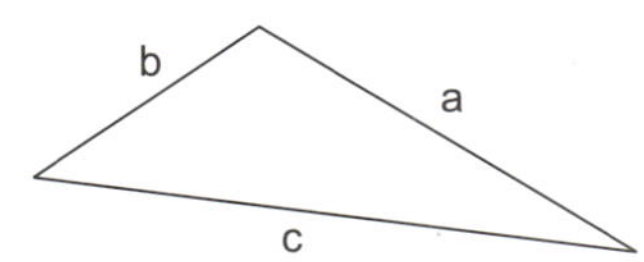

5. Der Term für die graue Fläche ist:
   $\frac{1}{2}x^2$

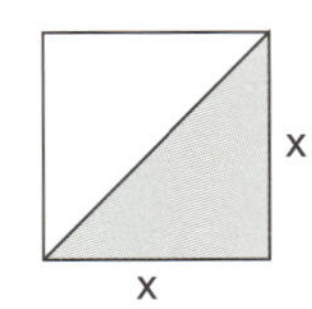

Aufgaben

1 Schreibe als Term:
a) Vom Dreifachen einer unbekannten Zahl soll 7 subtrahiert werden.
b) Das Vierfache von x wird zu 18 addiert.
c) In einer Gummibärchentüte befinden sich x Gummibärchen.
Mia nimmt die Hälfte heraus, Maxi nimmt danach noch 6 Gummibärchen.
Wie viele Gummibärchen sind jetzt noch in der Tüte?

2 Zwei parallele Seiten eines Quadrates mit der Seitenlänge x werden um 4 cm verlängert.
Gib die Terme an, mit denen man
a) den Flächeninhalt b) den Umfang
des so entstandenen Rechtecks bestimmen kann.

3 Gib einen Term an, mit dem man die Fläche eines Viertelkreises mit dem Radius r bestimmen kann.

4 Welchen Zahlenwert haben die folgenden Terme? Runde auf Hundertstel.
a) $\frac{3,2 \cdot 2^2}{0,2 \cdot 4,1}$ b) $10 + (8,25 - 3) - 15,25 \cdot 2$

***5** Schreibe die graue Fläche als Term.

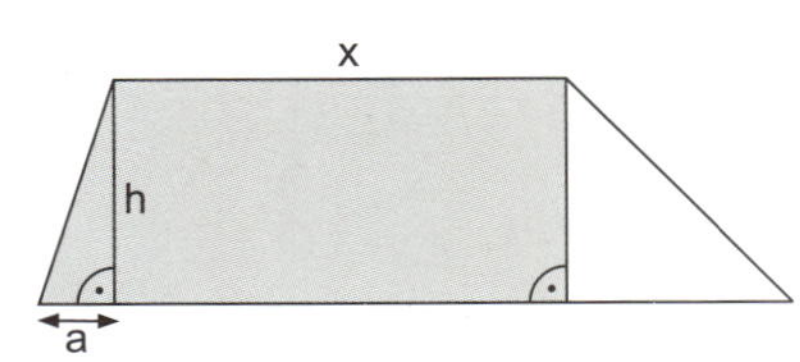

Interaktive Aufgaben

1. Satz wählen
2. Term aufstellen
*3. Flächenterm aufstellen
*4. Term aufstellen

Merke

Zusammenfassen gleichartiger Glieder

In einem Summenterm dürfen gleichartige Summanden durch Addition/Subtraktion zusammengefasst werden.

Beispiele

1. $3x - 15 + 7x - 12x + 22$ — Gleichartige Summanden sortieren
$= \underbrace{3x + 7x - 12x}_{-2x} \underbrace{- 15 + 22}_{+7}$ — Gleichartige Summanden zusammenfassen
$= -2x + 7$

2. $a + a^2 + a + a^2 + 2a$ — Gleichartige Summanden zusammenfassen
$= 2a^2 + 4a$

Aufgaben

6 Vereinfache den Term, indem du zusammenfasst.

a) $14 - 28x - 54 + x - 2$

b) $-a + b + 46 + 44a - 15b - 7$

c) $-16 + 1{,}6x + 8{,}2 - 1{,}5x - 6{,}4$

*d) $\frac{1}{4}x + 2\frac{1}{4} - 2\frac{1}{4}x$

7 Nenne jeweils einen Term für den Umfang der Fläche und fasse zusammen.

a)

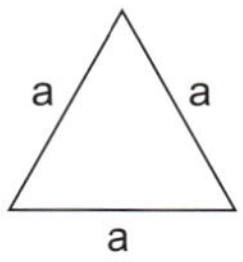

*b)

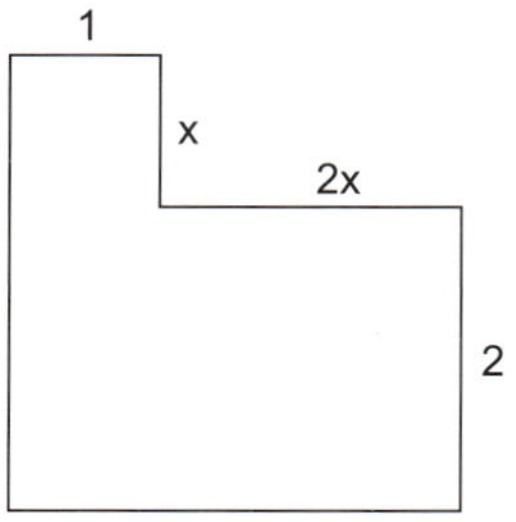

Merke

Auflösen von Plus- und Minusklammern

Steht das Zeichen **Plus** vor einer Klammer, so darf man die **Klammer weglassen**.

$a + (b + c) = a + b + c$ $a + (b - c) = a + b - c$

Steht das Zeichen **Minus** vor einer Klammer, so löst man die Minusklammer auf, **indem man alle Zeichen in der Klammer ändert**.

$a - (b + c) = a - b - c$ $a - (b - c) = a - b + c$

Beispiele

1. $3x + 4 + (6x - 5 + 4y)$ — Plusklammer auflösen
$= 3x + 4 + 6x - 5 + 4y$ — Zusammenfassen
$= 9x + 4y - 1$

2. $-15a - 5b - (7a - 6b)$ — Minusklammer auflösen
$= -15a - 5b - 7a + 6b$ — Zusammenfassen
$= -22a + b$

Aufgaben

8 Löse die Klammern auf und fasse zusammen.

a) $-3x - (4x + 2) + (3 - 5x)$

b) $-(4{,}5a - 3{,}5b) - (3{,}5b + 4{,}5a)$

c) $(4x + 2{,}5) - (1 - x) - (x + 1)$

***9** Was Klammern bewirken: Welche Terme sind gleich?

a) $16+3a-(15+2a)$

b) $-(16+3a-15)+2a$

c) $-16-(-3a-15+2a)$

d) $-(16-3a)+(15-2a)$

***10** Welchen Wert hat der folgende Term, wenn $x=2$ und $y=-1{,}5$?

$-2x-(7{,}4y-6x+10)+(4x-2{,}6y)$

Interaktive Aufgabe

5. Term zusammenfassen

Merke

Auflösen von Klammern in einem Produkt (Ausmultiplizieren)

Wird ein **Faktor mit einer Summe multipliziert**, so muss man jeden Summanden in der Klammer mit dem Faktor multiplizieren (Distributivgesetz).

$$\mathbf{a}\cdot(b+c)=\mathbf{a}\cdot b+\mathbf{a}\cdot c$$

↑ ↖

Ein Produkt wird zu einer Summe.

Beispiele

1. $3\cdot(5-3y)$ oder

$3(5-3y)$ oder — Das Multiplikationszeichen vor der Klammer kann weggelassen werden.

$(5-3y)\cdot 3$ — Der Faktor kann auch hinter der Klammer stehen.

$=15-9y$

2. $16x-2x\cdot(6x-8)$ — Punkt- vor Strichrechnung: Das Produkt geht vor.

$=16x-12x^2+16x$

$=-12x^2+32x$

3. $2x-(-16x+3)+5(14-4x)$ — Achtung: Minus- **und** Multiplikationsklammer auflösen

$=2x+16x-3+70-20x$ — Zusammenfassen

$=-2x+67$

4. $3x+(6x+10)\cdot(-5)$ — Multiplikationsklammer auflösen

$=3x+(-30x-50)$ — Plusklammer auflösen

$=3x-30x-50$ — Zusammenfassen

$=-27x-50$

Interaktive Aufgaben

6. Term vereinfachen

7. Term vereinfachen

Merke

Auflösen von zwei Klammern in einem Produkt

Werden zwei Summen miteinander multipliziert, so muss man jeden Summanden der ersten Klammer mit jedem Summanden der zweiten Klammer multiplizieren.

$(a+b)\cdot(c+d) = a\cdot c + a\cdot d + b\cdot c + b\cdot d$

Ein Produkt wird zu einer Summe.

Beispiele

1. $(7x-8)\cdot(3+5x)$ oder $(7x-8)(3+5x)$

$= 7x\cdot 3 + 7x\cdot 5x - 8\cdot 3 - 8\cdot 5x$ So wird ausführlich gerechnet.

$= 21x + 35x^2 - 24 - 40x$ Zusammenfassen

$= 35x^2 - 19x - 24$

2. $4x + (3-2x)\cdot(2+5x)$ Ausmultiplizieren

$= 4x + (6 + 15x - 4x - 10x^2)$ Plusklammer auflösen

$= 4x + 6 + 15x - 4x - 10x^2$ Zusammenfassen

$= -10x^2 + 15x + 6$

Interaktive Aufgabe

8. Multiplikation zweier Summen

Merke

Sonderfall: Binomische Formeln

1. $(a+b)^2 = a^2 + 2ab + b^2$
2. $(a-b)^2 = a^2 - 2ab + b^2$
3. $(a+b)\cdot(a-b) = a^2 - b^2$

Beispiele

1. $(x+3y)^2 = x^2 + 6xy + 9y^2$

1. binomische Formel	$(a+b)^2$	$a^2 + 2\cdot a\cdot b + b^2$
Aufgabe	$(x+3y)^2$ ↓ ↓ $a = x;\ b = 3y$	$x^2 + 2\cdot x\cdot 3y + (3y)^2$

2. $(5x-3y)^2 = 25x^2 - 30xy + 9y^2$

2. binomische Formel	$(a-b)^2$	$a^2 - 2\cdot a\cdot b + b^2$
Aufgabe	$(5x-3y)^2$ ↓ ↓ $a = 5x;\ b = 3y$	$(5x)^2 - 2\cdot 5x\cdot 3y + (3y)^2$

3. $(2x+7)\cdot(2x-7) = 4x^2 - 49$

3. binomische Formel	$(a+b)\cdot(a-b)$	$a^2 - b^2$
Aufgabe	$(2x+7)\cdot(2x-7)$ ↓ ↓ $a = 2x;\ b = 7$	$(2x)^2 - 7^2$

Aufgaben

11 Löse die Klammern auf und fasse zusammen.

a) $(4-2x)+5(x-3)$

b) $3(4a-5)-3a-6(a-2)$

c) $5x-(3+4x)\cdot 2$

* d) $(4x+5)(4x-5)-2x(8x-10)$

12 Welcher Term hat den Wert 100? Kreuze an!

☐ $(x-10)^2+x(x-20)$ ☐ $(x+10)^2-x(x+20)$ ☐ $(x+10)^2-x(x-20)$

Interaktive Aufgaben

9. Binomische Formeln anwenden
10. Binomische Formeln anwenden

Merke

Ausklammern (Faktorisieren)

Ausklammern ist die **Umkehrung** des Ausmultiplizierens.

Enthält in einer Summe jeder der Summanden den gleichen Faktor, so kann man diesen als **gemeinsamen Faktor ausklammern**.

$ax+ay-az=a\cdot(x+y-z)$

Eine Summe wird zu einem Produkt.

Beispiele

1. $12x+6x^2=2\cdot 6\cdot x+6\cdot x\cdot x=6x\cdot(2+x)$ Gemeinsamer Faktor: 6x

2. $16ab-24a^2+8a$
$=2\cdot 8\cdot a\cdot b-3\cdot 8\cdot a\cdot a+8\cdot a\cdot 1$ Gemeinsamer Faktor: 8a
$=8a\cdot(2b-3a+1)$

Aufgaben

13 Aus Summen sollen Produkte werden: Faktorisiere so weit wie möglich.
Überprüfe dein Ergebnis, indem du anschließend ausmultiplizierst.

a) $14x^2-8x$
b) $10a+20b+30$
c) $9x^2-25$
*d) $2{,}5a+3{,}5b+5$

14 Hier wurde faktorisiert. Ersetze die Lücken.

a) $28x+49y=\square(4x+7y)$
b) $22xy+33x^2=\square(2y+3x)$
c) $a^2+16a+64=(\square+\square)^2$
d) $25-75a=\square(1-\square)$
e) $-12x^2+24xy-60x=\square(2x-4y+10)$
*f) $81x^2-\square+\square=(\square-2)^2$

Interaktive Aufgaben

*11. Term faktorisieren
*12. Term faktorisieren

Bruchterme

Merke

Vereinfachen von Bruchtermen durch Kürzen

1. **Zerlegung** des Zählers und Nenners **in ein Produkt**.
2. **Kürzen gemeinsamer Faktoren** im Zähler und im Nenner.

Beispiele

1. $\frac{12xy+6x^2}{14y+7x} = \frac{6x \cdot \cancel{(2y+x)}}{7 \cdot \cancel{(2y+x)}}$ — Im Zähler und im Nenner wird ausgeklammert.

$= \frac{6}{7}x$ — Kürzen darf man nur aus einem Produkt.

2. $\frac{35+5x}{15x-5} = \frac{\cancel{5}(7+x)}{\cancel{5}(3x-1)}$ — Im Zähler und im Nenner wird ausgeklammert.

$= \frac{7+x}{3x-1}$ — Kürzen darf man nur aus einem Produkt.

Interaktive Aufgabe

*13. Bruchterm kürzen

Merke

Addition und Subtraktion von Bruchtermen

1. **Suche nach dem Hauptnenner (HN)**
   Alle Nenner werden in Faktoren zerlegt. Der HN ist das Produkt der jeweils höchsten Potenzen aller vorkommenden Faktoren.
2. **Erweitern auf HN**
   Jeder Bruch wird so geschrieben, dass der Nenner bereits in seine Faktoren zerlegt ist. Jeder Bruch wird mit den zum HN fehlenden Faktoren erweitert.
3. **Zusammenfassen und vereinfachen**
   Alle Zähler werden auf einen Bruchstrich geschrieben (im Nenner steht der HN). Zähler ausmultiplizieren und zusammenfassen. Dann kürzen, wenn möglich.

Beispiel

$\frac{4a+b}{4ab} + \frac{a-b}{b^2} - \frac{1}{4a}$

Suche nach dem Hauptnenner:

$4ab = 2^2 \cdot a \cdot b$

$b^2 = b^2$

$4a = 2^2 \cdot a$

HN: $2^2 \cdot a \cdot b^2$

1. Suche nach HN:
   Als Faktoren kommen im Nenner 2, a und b vor.

   Der HN wird aus ihren höchsten Potenzen gebildet.

Rechnung:

$= \frac{(4a+b) \cdot \mathbf{b}}{2^2 \cdot a \cdot b \cdot \mathbf{b}} + \frac{(a-b) \cdot \mathbf{2^2 \cdot a}}{b^2 \cdot \mathbf{2^2 \cdot a}} - \frac{1 \cdot \mathbf{b^2}}{2^2 \cdot a \cdot \mathbf{b^2}}$

2. Erweitern mit HN:
   Jeder Nenner ist in seine Faktoren zerlegt. Mit den zum HN fehlenden Faktoren wird erweitert.

$= \frac{(4a+b) \cdot b + (a-b) \cdot 4a - 1 \cdot b^2}{2^2 \cdot a \cdot b^2}$

3. Zusammenfassen und vereinfachen

$= \frac{4ab + b^2 + 4a^2 - 4ab - b^2}{2^2 \cdot a \cdot b^2}$

$= \frac{4a^2}{2^2 \cdot ab^2} = \frac{\mathbf{2^2 \cdot a} \cdot a}{\mathbf{2^2 \cdot a} \cdot b^2} = \frac{a}{b^2}$

Aufgabe **15

Fasse so weit wie möglich zusammen: („Nenner ungleich null" sei stets erfüllt.)

a) $\frac{1-3x^2}{4x} - \frac{x^2-6}{2x^2} + \frac{7+6x}{8} - \frac{9}{3x^2}$

b) $\frac{(1-a^2)a}{4a^4} - \frac{9-2a}{36a} + \frac{3+a^2}{9a^2} - \frac{4a+3}{12a^3}$

Interaktive Aufgabe **14. Addition und Subtraktion von Bruchtermen

Merke

Multiplikation von Bruchtermen

Zwei Bruchterme werden multipliziert, indem man jeweils die Zähler und die Nenner miteinander multipliziert.

Beispiele

1. $\frac{3a}{2b} \cdot \frac{x}{y} = \frac{3a \cdot x}{2b \cdot y} = \frac{3ax}{2by}$

2. $\frac{x+y}{x-y} \cdot \frac{2x}{x+y} = \frac{(x+y) \cdot 2x}{(x-y) \cdot (x+y)}$

$= \frac{\cancel{(x+y)} \cdot 2x}{(x-y) \cdot \cancel{(x+y)}}$

$= \frac{2x}{x-y}$

Die Bruchstriche haben hier die gleiche Funktion wie Klammern. Auf einen Bruchstrich geschrieben, **müssen Klammern gesetzt** werden.

Gemeinsamer Faktor: $(x+y)$

Interaktive Aufgabe **15. Multiplikation von Bruchtermen

Merke

Division von Bruchtermen

Zwei Bruchterme werden dividiert, indem man den ersten Bruchterm mit dem **Kehrwert** des zweiten Bruchterms **multipliziert**.

Beispiele

1. $\frac{a}{3x} : \frac{b}{y}$

$= \frac{a}{3x} \cdot \frac{y}{b} = \frac{ay}{3bx}$

Kehrwert zu $\frac{b}{y}$ ist $\frac{y}{b}$

2. $\frac{a+b}{a-b} : \frac{3}{a+b}$

$= \frac{a+b}{a-b} \cdot \frac{a+b}{3} = \frac{(a+b)(a+b)}{(a-b) \cdot 3}$

$= \frac{(a+b)^2}{3(a-b)}$

Kehrwert zu $\frac{3}{a+b}$ ist $\frac{a+b}{3}$

Interaktive Aufgabe **16. Division von Bruchtermen

Aufgaben

****16** Zerlege zuerst Zähler und Nenner in Faktoren. Kürze vollständig.

a) $\frac{a^2+a}{a^2-a}$ b) $\frac{18a+3b}{15a+3b}$

c) $\frac{15x-25y}{24x-40y}$ d) $\frac{a^2-ab}{a^2}$

e) $\frac{2a^3+a^2}{3a^3-4a^4}$ f) $\frac{2a+4b-6c}{3a+6b-9c}$

****17** Gib die Bruchterme jeweils als einen einzigen gekürzten Bruchterm an.
Zerlege dazu, soweit nötig, Zähler und Nenner in Faktoren:

a) $\frac{3x^2y}{2ab^2}\cdot\frac{4ab}{5xy}$ b) $\frac{18a^3b}{11c^2}\cdot\left(-\frac{121a}{54b}\right)$

c) $-\frac{2x}{3y}\cdot\frac{-6yz}{5x}$ d) $\frac{15a}{8b}:\frac{9a^2}{10b}$

e) $\frac{18x^2}{5y}:\frac{27x}{20y^2}$

****18** Wo steckt der Fehler?

$$\frac{(5x+3)^2}{5x\cdot(5x+6)}\cdot\frac{2x+x}{6x}=\frac{\cancel{25x^2}+\cancel{30x}+9}{\cancel{25x^2}+\cancel{30x}}\cdot\frac{{}^{1}\cancel{3}\cancel{x}}{{}_{2}\cancel{6}\cancel{x}}=\frac{9}{2}$$

Interaktive Aufgaben

**17. Multiplikation von Bruchtermen
**18. Division von Bruchtermen

1.2 Lösen von linearen Gleichungen und Ungleichungen

Lineare Gleichungen

Merke

Umformungsregeln zum Lösen einer Gleichung

- Auf beiden Seiten einer Gleichung darf man dieselbe Zahl oder denselben Term addieren oder subtrahieren.
- Auf beiden Seiten einer Gleichung darf man mit derselben Zahl (außer mit der Null) eine Multiplikation/Division durchführen.

Diese Umformungen heißen **Äquivalenzumformungen** und verändern die Lösung einer Gleichung nicht.

Beispiel

$-6x-21=-3 \quad |+21$ — Addition derselben Zahl auf beiden Seiten

$-6x-21+21=-3+21$ — So rechnet man ausführlich.

$-6x=18 \quad |:(-6)$ — Division durch dieselbe Zahl auf beiden Seiten der Gleichung

$x=-3$

Probe: — Für die Probe wird die Lösungszahl in die Gleichung eingesetzt.

$-6\cdot(-3)-21\overset{?}{=}-3$

$18-21\overset{?}{=}-3$

$-3=-3$ ✓

Merke

Umformungsschritte zum Lösen einer Gleichung

1. Klammern auflösen
2. Zusammenfassen
3. Sortieren
4. Variable isolieren (durch Division)

Beispiele

1.
$3(4x-9)-x=15x-(6x+7)$		Klammern auflösen
$12x-27-x=15x-6x-7$		Zusammenfassen
$11x-27=9x-7$	$\mid -9x$	Sortieren
$2x-27=-7$	$\mid +27$	Sortieren
$2x=20$	$\mid :2$	x isolieren
$x=10$		

2.
$(x-3)^2+2=(x+5)(x-5)$		Klammern auflösen (Binomische Formeln)
$x^2-6x+9+2=x^2-25$		Zusammenfassen
$x^2-6x+11=x^2-25$	$\mid -x^2-11$	Sortieren
$-6x=-36$	$\mid :(-6)$	x isolieren
$x=6$		

Aufgaben

19 Löse die Gleichungen.

a) $4x+5=9x-5$

b) $10x-12+x=24-x$

c) $4-(8x+18)=10$

d) $5(2x+3)=4(x+3)$

e) $6(2x-3)-9(x-5)=0$

f) $\frac{3}{4}x=\frac{15}{8}$

*g) $(1-x)(3-x)=(x-1)(x+1)$

20 Kreuze an, für welche Gleichung gilt: $y=-6$

☐ $3y-5=13$ ☐ $-12=4-2y$ ☐ $10-2y=4-y$ ☐ $4y+12=-12$

***21** Hiescham behauptet, dass es keine einzige Lösung für folgende Gleichung gibt:
$15-3(8x+6)=2(4-12x)$
Lucienne glaubt es nicht. Hilf Hiescham dabei, seine Freundin zu überzeugen.

***22** In der abgebildeten Figur haben zwei Seiten die Länge x.
Formuliere zuerst die Gleichung und rechne dann x aus.

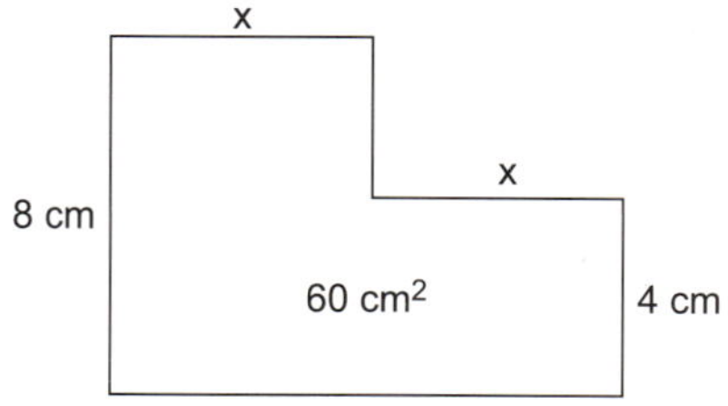

Interaktive Aufgabe

1. Gleichung lösen

Lineare Ungleichungen

Merke

Umformungsregeln zum Lösen von Ungleichungen

Eine **Ungleichung** enthält die Relationszeichen <, >, ≤ oder ≥ und gestattet die gleichen Äquivalenzumformungen wie eine Gleichung, mit einer **Ausnahme bei negativen Zahlen**.

- Auf beiden Seiten einer Ungleichung darf man dieselbe Zahl oder denselben Term addieren oder subtrahieren.
- Auf beiden Seiten einer Ungleichung darf man mit derselben **positiven Zahl** eine Multiplikation/Division durchführen.
- Auf beiden Seiten einer Ungleichung darf man mit derselben **negativen Zahl** eine Multiplikation/Division durchführen, wobei man das **Relationszeichen umkehren** muss.

Beispiele

1.
$$\begin{aligned} 4x-4 &> 7x+5 && |-7x \\ -3x-4 &> 5 && |+4 \\ -3x &> 9 && |:(-3) \quad \text{Relationszeichen umkehren!} \\ x &< -3 \end{aligned}$$

2.
$$\begin{aligned} -7(3x-6)+12x &> (10x-5)(-2)+10 && |\text{ Klammern auflösen} \\ -21x+42+12x &> -20x+10+10 && |\text{ Zusammenfassen} \\ -9x+42 &> -20x+20 && |+20x \\ 11x+42 &> 20 && |-42 \\ 11x &> -22 && |:11 \\ x &> -2 \end{aligned}$$

Aufgaben

****23** Löse die Ungleichungen.

a) $14+12x > 10x+36$

b) $3-(9x+18) > -13x+(10x+9)$

c) $2{,}2x-(0{,}2x-0{,}8)+(9{,}2-3x)-13{,}5 < 0$

d) $(3x+5)^2 \leq 9x(x+3)-5$

****24** Welche Zahlen erfüllen die Ungleichung $3(6x-12) < -6(5-4x)$?

☐ $x=-3$ ☐ $x=-1$ ☐ $x=0$ ☐ $x=4$

Interaktive Aufgabe

**2. Ungleichung lösen

Textgleichungen

Merke

Vorgehen beim Lösen einer Textgleichung

1. Variable festlegen
2. Gleichung aufstellen
3. Gleichung lösen
4. Probe am Text durchführen
5. Antwortsatz schreiben

Beispiele

1. In einem Wagen des ICE Berlin-Hamburg sitzen insgesamt 48 Fahrgäste aus Berlin, Potsdam und Hamburg. Es sind doppelt so viele Potsdamer und fünfmal so viele Hamburger wie Berliner im Wagen.
Wie viele Fahrgäste kommen jeweils aus Berlin, Potsdam und Hamburg?

Lösung:

1. Festlegen der Variable	Anzahl der Berliner: x doppelt so viele Potsdamer: $2x$ fünfmal so viele Hamburger: $5x$
2. Gleichung aufstellen	$x + 2x + 5x = 48$
3. Gleichung lösen	$x + 2x + 5x = 48 \quad \vert \text{Zusammenfassen}$ $8x = 48 \quad \vert :8$ $x = 6$
4. Probe am Text	6 Berliner, doppelt so viele Potsdamer sind 12, fünfmal so viele Hamburger sind 30, insgesamt sind es 48.
5. Antwortsatz	Es kommen 6 Fahrgäste aus Berlin, 12 aus Potsdam und 30 aus Hamburg.

2. Wenn man vom Sechsfachen einer unbekannten Zahl 33 subtrahiert, erhält man die Hälfte der gesuchten Zahl. Wie lautet die gesuchte Zahl?

Lösung:

1. Festlegen der Variable	gesuchte Zahl: x das Sechsfache der Zahl: $6x$ die Hälfte der Zahl: $0{,}5x$
2. Gleichung aufstellen	$6x - 33 = 0{,}5x$
3. Gleichung lösen	$6x - 33 = 0{,}5x \quad \vert +33$ $6x = 0{,}5x + 33 \quad \vert -0{,}5x$ $5{,}5x = 33 \quad \vert :5{,}5$ $x = 6$
4. Probe am Text	Das Sechsfache von 6 ist 36, davon 33 subtrahiert ergibt 3 und das ist die Hälfte von 6.
5. Antwortsatz	Die gesuchte Zahl heißt 6.

Aufgaben

25 Multipliziert man eine unbekannte Zahl mit 6 und addiert zum Produkt 24, so ergibt sich das Doppelte der gesuchten Zahl.
Kreuze an, welche Gleichung zum Zahlenrätsel passt.

☐ $(6+x) \cdot 24 = 2x$ ☐ $6x + 24 = 2 \cdot 6x$ ☐ $6x + 24 = 2x$ ☐ $6(x+24) = 2x$

26 Ein Dreieck hat einen Umfang von 28,5 cm. Die längste Seite ist 3,2 cm länger als die mittlere Seite. Die kürzeste Seite ist 2,9 cm kürzer als die mittlere Seite.
Stelle eine Gleichung auf und berechne die Länge der mittleren Seite.

27 Addiert man zu der größten zweistelligen Zahl drei aufeinanderfolgende Zahlen, so erhält man 57.
Wie heißen die Zahlen?
Tipp: Wenn die unbekannte Zahl x ist, so ist die darauffolgende Zahl x + 1.

28 Wenn du das 4-Fache einer unbekannten Zahl um 22 verminderst, erhältst du dasselbe, wie wenn du das 5-Fache der unbekannten Zahl um 4 vermehrst.
Wie heißt die Zahl?

***29** Herr Fröhlich bezahlt für einen Blumenstrauß aus 10 Rosen, 5 Tulpen und 5 Nelken insgesamt 27 €. Eine Rose kostet dreimal so viel und eine Tulpe doppelt so viel wie eine Nelke.

a) Stelle eine Gleichung auf, in der x für den Preis einer Nelke steht.
b) Wie viel kostet eine Rose?

***30** Ein Grundstück wird so unter 3 Familien aufgeteilt, dass Familie Anders ein Drittel und Familie Bertold drei Achtel der Fläche erhält. Die restlichen 262,5 m² bekommt Familie Cramer.
Wie groß ist das Grundstück?

1.3 Proportionale und antiproportionale Zuordnungen

Proportionale Zuordnungen

Merke

> **Proportionale Zuordnungen**
> Eine Zuordnung heißt **proportional**, wenn dem
> Doppelten, Dreifachen, … k-Fachen der einen Größe x das
> Doppelte, Dreifache, … k-Fache der anderen Größe y zugeordnet wird.

Beispiele

1. 1 Liter Benzin kostet 1,80 €.
   Der Preis steigt proportional zur Menge.

Menge in ℓ	Preis in €
1	1,80
2	3,60
5	9,00
10	18,00
20	36,00
40	72,00
50	90,00

Grafische Darstellung:

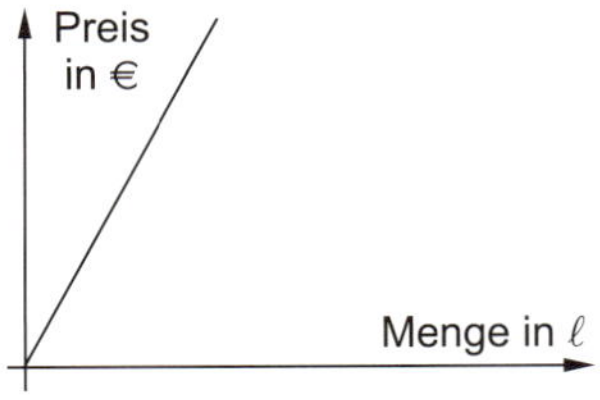

2. Der Umtausch von Währungen.
3. Die Farbmenge zum Streichen einer Wandfläche.

Die grafische Darstellung von proportionalen Zuordnungen im Koordinatensystem ist immer eine Gerade, die im Punkt (0|0) beginnt (Ursprungsgerade).

Nicht proportionale Zuordnungen

Beispiele

1. Ein Frühstücksei braucht 5 Minuten, aber 6 Eier brauchen keine 30 Minuten. Die Garzeit in Abhängigkeit von der Menge ist nicht proportional.
2. Die Länge des Bremsweges in Abhängigkeit von der Geschwindigkeit.
3. Die Körpergröße in Abhängigkeit vom Alter.

Grafische Darstellung:

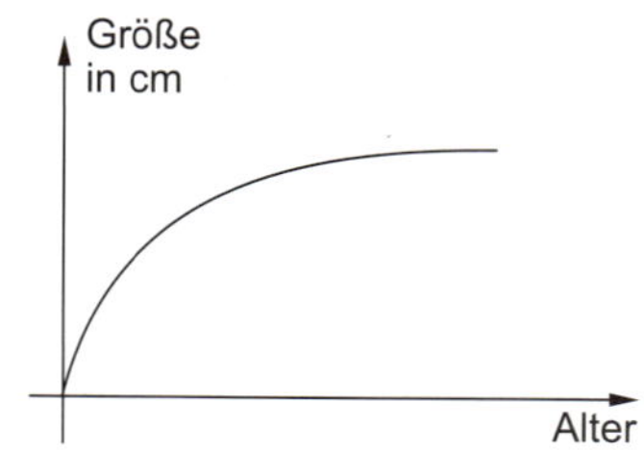

Lösen von proportionalen Zuordnungen

Merke

> Proportionale Zuordnungen können entweder mit der **Quotientengleichung** (Verhältnisgleichung) oder dem **Dreisatz** gelöst werden.

Beispiele

1. Tom arbeitet in den Ferien und bekommt für 5 Stunden 40,00 €.
Wie viel Geld hat Tom verdient, wenn er insgesamt 97 Stunden gearbeitet hat?

Lösung:

Lohn in €	40	8	24	64	160
Arbeitszeit in Stunden	5	1	3	8	20

$$\frac{40}{5} = \frac{8}{1} = \frac{24}{3} = \frac{64}{8} = \frac{160}{20}$$

Die Zahlenpaare sind quotientengleich.

Lösen mit der **Quotientengleichung:**

Lohn in €	x	40
Arbeitszeit in Stunden	97	5

$$\frac{x}{97} = \frac{40}{5} \quad | \cdot 97$$

$$x = \frac{40 \cdot 97}{5}$$

$$x = 776$$

Lösen mit dem **Dreisatz**:

$$:5 \left(\begin{array}{l} 5\text{ h} \mathrel{\hat{=}} 40\text{ €} \\ 1\text{ h} \mathrel{\hat{=}} \frac{40}{5}\text{ €} \end{array} \right) :5$$

$$\cdot 97 \left(\begin{array}{l} 1\text{ h} \mathrel{\hat{=}} \frac{40}{5}\text{ €} \\ 97\text{ h} \mathrel{\hat{=}} \frac{40 \cdot 97}{5}\text{ €} \\ \quad = 776\text{ €} \end{array} \right) \cdot 97$$

Für 5 Stunden erhält Tom 40 €.

Für 1 Stunde erhält er den fünften Teil.

Für 97 Stunden erhält er 97 Mal so viel.

Tom verdient in 97 Stunden 776,00 €.

Dreisatz

2. a) Hannah fährt zu ihrer Freundin Lene nach Dänemark und möchte 350 € in Dänische Kronen (DKK) umtauschen.
Wie viele Dänische Kronen erhält sie, wenn sie 7,44 DKK für 1 € bekommt?

b) Als sie wieder in Berlin ankommt, hat sie noch 154 Dänische Kronen übrig, die sie wieder in Euro umtauschen möchte.
Welchen Betrag wird sie erhalten?

Lösung:

a) Lösen mit der Quotientengleichung:

DKK	x	7,44
€	350	1,00

$$\frac{x}{350} = \frac{7,44}{1,00} \quad |\cdot 350$$

$$x = \frac{7,44 \cdot 350}{1}$$

$$x = 2\,604$$

Sie erhält 2 604 Dänische Kronen.

Lösen mit dem Dreisatz:

$$1\,€ \mathrel{\hat=} 7,44\text{ DKK}$$

$$\cdot 350 \qquad 350\,€ \mathrel{\hat=} 7,44 \cdot 350\text{ DKK} \qquad \cdot 350$$

$$= 2\,604\text{ DKK}$$

b) Lösen mit der Quotientengleichung:

€	x	1,00
DKK	154	7,44

$$\frac{x}{154} = \frac{1,00}{7,44} \quad |\cdot 154$$

$$x = \frac{1 \cdot 154}{7,44}$$

$$x \approx 20,70$$

Sie erhält 20,70 €.

Lösen mit dem Dreisatz:

$$7,44\text{ DKK} \mathrel{\hat=} 1\,€$$

$$:7,44 \qquad 1\text{ DKK} \mathrel{\hat=} \frac{1}{7,44}\,€ \qquad :7,44$$

$$\cdot 154 \qquad 154\text{ DKK} \mathrel{\hat=} \frac{1 \cdot 154}{7,44}\,€ \qquad \cdot 154$$

$$\approx 20,70\,€$$

Antiproportionale Zuordnungen

Merke

Antiproportionale Zuordnungen

Eine Zuordnung heißt **antiproportional** oder **umgekehrt proportional**, wenn dem Doppelten, Dreifachen, … k-Fachen der einen Größe x die Hälfte, der dritte Teil, … der k-te Teil einer anderen Größe y zugeordnet wird.

Beispiele

1. Zahl der Arbeitskräfte im Verhältnis zur erforderlichen Zeit.

Zahl der Arbeitskräfte	Benötigte Zeit in h
1	6
2	3
3	2
4	1,5
6	1

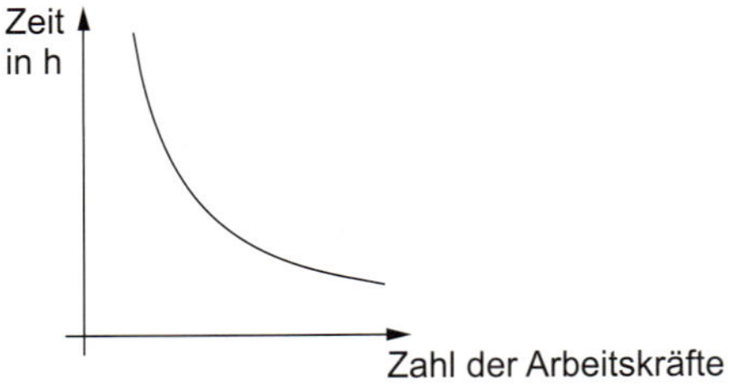

2. Geschwindigkeit eines Fahrzeugs und die für den Weg benötigte Zeit.

Die grafische Darstellung von antiproportionalen Zuordnungen im Koordinatensystem ist immer eine Hyperbel.

Lösen von antiproportionalen Zuordnungen

Merke

Antiproportionale Zuordnungen können entweder mithilfe der **Produktgleichung** oder mithilfe des **umgekehrten Dreisatzes** gelöst werden.

Beispiel

Im Unterrichtsfach Wirtschaft-Arbeit-Technik werden gleich lange Holzleisten zersägt. Zerteilt man eine Leiste in 30 cm lange Stücke, erhält man 4 Teile.

a) Es sollen 8 cm lange Stücke produziert werden. Wie viele solche Stücke erhalten die Schüler aus einer Leiste?

b) Für das Werkstück werden 16 gleich lange Stücke benötigt. Wie lang sind die Teile?

Lösung:

a)

Anzahl	4	3	2	1	5	6	10
Länge in cm	30	40	60	120	24	20	12

$4 \cdot 30 = 3 \cdot 40 = 2 \cdot 60 = 1 \cdot 120 = 5 \cdot 24 = 6 \cdot 20 = 10 \cdot 12$

Die Zahlenpaare sind produktgleich.

Lösen mit der **Produktgleichung**:

Anzahl	x	4
Länge in cm	8	30

$$x \cdot 8 = 4 \cdot 30 \quad |:8$$
$$x = \frac{4 \cdot 30}{8}$$
$$x = 15$$

Lösen mit dem **umgekehrten Dreisatz**:

$$:30 \left(\begin{array}{l} 30\text{ cm} \mathrel{\hat{=}} 4\text{ Stück} \\ 1\text{ cm} \mathrel{\hat{=}} 4 \cdot 30\text{ Stück} \end{array} \right) \cdot 30$$
$$\cdot 8 \left(\begin{array}{l} 1\text{ cm} \mathrel{\hat{=}} 4 \cdot 30\text{ Stück} \\ 8\text{ cm} \mathrel{\hat{=}} \frac{4 \cdot 30}{8}\text{ Stück} \end{array} \right) :8$$
$$= 15\text{ Stück}$$

Bei 30 cm Stücklänge erhält man 4 Teile.
Bei 1 cm Stücklänge erhält man 30 Mal so viele.
Bei 8 cm Stücklänge erhält man den achten Teil.

Sie erhalten 15 Leisten von je 8 cm Länge.

b) Lösen mit der Produktgleichung:

Länge in cm	x	30
Anzahl	16	4

$$x \cdot 16 = 30 \cdot 4 \quad |:16$$
$$x = \frac{30 \cdot 4}{16}$$
$$x = 7{,}5$$

Jedes Stück hat eine Länge von 7,5 cm.

Lösen mit dem umgekehrten Dreisatz:

$$:4 \left(\begin{array}{l} 4\text{ Stück} \mathrel{\hat{=}} 30\text{ cm} \\ 1\text{ Stück} \mathrel{\hat{=}} 30 \cdot 4\text{ cm} \end{array} \right) \cdot 4$$
$$\cdot 16 \left(\begin{array}{l} 1\text{ Stück} \mathrel{\hat{=}} 30 \cdot 4\text{ cm} \\ 16\text{ Stück} \mathrel{\hat{=}} \frac{30 \cdot 4}{16}\text{ cm} \end{array} \right) :16$$
$$= 7{,}5\text{ cm}$$

Aufgaben

31 a) Kreuze an, ob die Zuordnung proportional (p), antiproportional (a) oder keines von beiden (k) ist:

Zuordnung	p	a	k
1 kg Kartoffeln kostet 1,99 €.	☐	☐	☐
1 Kugel Eis für 1,30 €, 3 Kugeln Eis für 3,50 €.	☐	☐	☐
In jedem Glas Erdbeermarmelade stecken 150 g frische Erdbeeren.	☐	☐	☐
24 Stückchen Schokolade werden auf x Kinder verteilt.	☐	☐	☐
Flächeninhalt eines Quadrats in Abhängigkeit von seiner Seitenlänge.	☐	☐	☐

b) An der polnischen Grenze werden Euro (EUR) in Zloty (PLN) umgetauscht. Vervollständige die Tabelle:

EUR	1	10	45	
PLN	4,64			400

32 Die 5 Gefäße werden langsam mit Wasser gefüllt. Bei welchen Gefäßen ist die Höhe des Wasserstandes stets proportional zur Füllmenge? Begründe.

a) b) c) d) e)

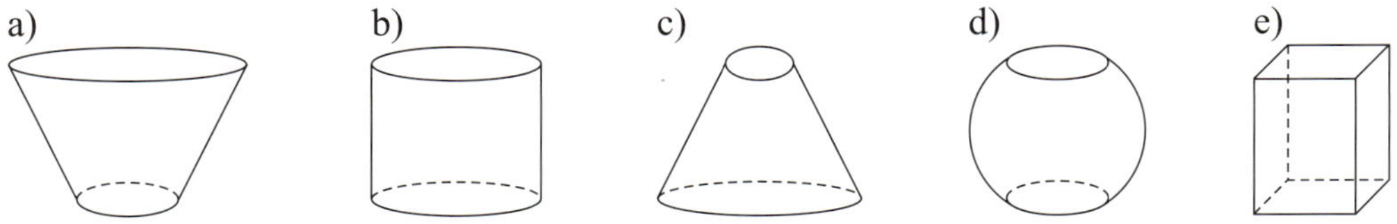

33 Stellt man in einem Textverarbeitungsprogramm den Zeilenabstand auf 1, so passen 56 Zeilen auf eine DIN-A4-Seite. Wie viele Zeilen sind es beim Zeilenabstand von 1,4?

34 Ein Lastschiff fährt auf der Elbe stromaufwärts mit $12\,\frac{\text{km}}{\text{h}}$. Es startet um 7:00 Uhr in Magdeburg. Wann erreicht es das 84 km entfernte Dessau?

35 Ein namhafter Safthersteller hat im September die Füllmenge eines bestimmten Orangensafts von 1 ℓ auf 0,9 ℓ pro Flasche gesenkt. Der Preis von 2,99 € ist gleich geblieben.

a) Früher wurden täglich 10 000 Flaschen gefüllt.
Wie viele sind es nach der Umstellung, wenn die täglich insgesamt produzierte Menge an Orangensaft gleich bleibt?

b) Da die Füllmenge einer Flasche weniger geworden, der Preis aber gleich geblieben ist, spricht die Verbraucherzentrale von einer „Mogelpackung“.
Wie hoch ist die versteckte Preiserhöhung pro Flasche (in €)?

***36** Beim Berlin-Marathon 2021 fuhr der Belgier Bart Swings als Sieger der Inlineskater nach 56,83 Minuten ins Ziel.
Kreuze an und begründe deine Antwort:
Mit welcher durchschnittlichen Geschwindigkeit fuhr er die 42,195 km lange Strecke?

☐ $38{,}6\,\frac{\text{km}}{\text{h}}$ ☐ $42\,\frac{\text{km}}{\text{h}}$ ☐ $44{,}5\,\frac{\text{km}}{\text{h}}$

Interaktive Aufgaben

1. Joghurt
2. Renovierung
3. Tabelle

1.4 Prozentrechnung und Zinsrechnung

Merke

Prozentrechnung

Prozent bedeutet Hundertstel: $1\,\% = \frac{1}{100}$ 1 Teil von Hundert

In der Prozentrechnung werden folgende Begriffe verwendet:

G = Grundwert	**p** = Prozentsatz	**W** = Prozentwert
das Ganze	Anteil in Prozent	Teil vom Ganzen

Der Grundwert G entspricht immer 100 % und der Prozentwert W entspricht p %.

Daraus ergibt sich als proportionale Zuordnung die Verhältnisgleichung $\frac{\mathbf{G}}{\mathbf{100}} = \frac{\mathbf{W}}{\mathbf{p}}$.

Als proportionale Zuordnung (siehe Kapitel 1.3) lässt sich jede Prozentrechnungsaufgabe mithilfe der Verhältnisgleichung (= Quotientengleichung) lösen.
Weitere Lösungsmöglichkeiten sind das Lösen mit dem Dreisatz und das Lösen mit der umgestellten Formel.

Beispiele

1. Sophie will sich ein neues Fahrrad für 699 € kaufen. Wegen eines kleinen Lackfehlers gewährt der Händler einen Preisnachlass von 15 %.
Wie viel Euro spart Sophie?

Lösung:

Lösen über **proportionale Zuordnung**:
699 € entsprechen 100 %,
der Preisnachlass x entspricht 15 %.

€	699	x
%	100	15

Quotientengleichung:

$$\frac{699}{100} = \frac{x}{15} \quad |\cdot 15$$

$$x = \frac{699 \cdot 15}{100}$$

$$x = 104{,}85$$

Lösen mit dem **Dreisatz**:

$$100\,\% \mathrel{\hat=} 699\,€ \quad (:100)$$

$$1\,\% \mathrel{\hat=} \frac{699}{100}\,€ \quad (\cdot 15)$$

$$15\,\% \mathrel{\hat=} \frac{699 \cdot 15}{100}\,€$$

$$= 104{,}85\,€$$

Lösen mit der **Formel**:

Überlege: Was ist gegeben, was ist gesucht?

Gegeben: G = 699 €; p % = 15 %

Gesucht: W

Umstellen der Verhältnisgleichung nach W:

$$\frac{G}{100} = \frac{W}{p} \quad |\cdot p$$

$$W = \frac{G \cdot p}{100} \quad | \text{ Einsetzen der gegebenen Werte}$$

$$W = \frac{699 \cdot 15}{100}$$

$$W = 104{,}85$$

Sophie spart 104,85 €.

2. In einem Berliner Schwimmbad zahlen Jugendliche 2,50 € Eintritt.
Das entspricht 62,5 % des Preises einer Eintrittskarte für Erwachsene.
Wie viel kostet der Eintritt für einen Erwachsenen?

Lösung:
Lösen über **proportionale Zuordnung**:
2,50 € entsprechen 62,5 %, x € entsprechen 100 %.

€	2,50	x
%	62,5	100

Quotientengleichung:

$$\frac{2{,}50}{62{,}5} = \frac{x}{100} \quad | \cdot 100$$

$$x = \frac{2{,}50 \cdot 100}{62{,}5}$$

$$x = 4$$

Lösen mit dem **Dreisatz**:

$$62{,}5\,\% \mathrel{\hat=} 2{,}50\,€$$

$$:62{,}5 \quad 1\,\% \mathrel{\hat=} \frac{2{,}50}{62{,}5}\,€ \quad :62{,}5$$

$$\cdot 100 \quad 100\,\% \mathrel{\hat=} 4\,€ \quad \cdot 100$$

Lösen mit der **Formel**:
Überlege: Was ist gegeben, was ist gesucht?
Gegeben: $W = 2{,}50$ €; $p\,\% = 62{,}5\,\%$
Gesucht: G
Umstellen der Verhältnisgleichung nach G:

$$\frac{G}{100} = \frac{W}{p} \quad | \cdot 100$$

$$G = \frac{W \cdot 100}{p} \quad | \text{ Einsetzen der gegebenen Werte}$$

$$G = \frac{2{,}50 \cdot 100}{62{,}5}$$

$$G = 4$$

Der Eintritt für einen Erwachsenen kostet 4 €.

3. In der letzten Saison verlor eine Berliner Hockeymannschaft 11 von 35 Spielen, 3 Spiele endeten mit einem Unentschieden.
Wie viel Prozent der Spiele gewann die Berliner Hockeymannschaft?

Lösung:
Anzahl der gewonnenen Spiele:

$$\underbrace{35}_{\text{gesamt}} - \underbrace{11}_{\text{verloren}} - \underbrace{3}_{\text{unentschieden}} = 21$$

Berechnung des prozentualen Anteils der gewonnenen Spiele:
Lösen über **proportionale Zuordnung**:

%	100	x
Spiele	35	21

Quotientengleichung:

$$\frac{100}{35} = \frac{x}{21} \quad | \cdot 21$$

$$x = \frac{100 \cdot 21}{35}$$

$$x = 60$$

Lösen mit dem **Dreisatz**:

$$\begin{array}{lcl} & 35\text{ Spiele} \mathrel{\hat{=}} 100\,\% & \\ :35 & & :35 \\ & 1\text{ Spiel} \mathrel{\hat{=}} \frac{100}{35}\,\% & \\ \cdot 21 & & \cdot 21 \\ & 21\text{ Spiele} \mathrel{\hat{=}} 60\,\% & \end{array}$$

Lösen mit der **Formel**:

Überlege: Was ist gegeben, was ist gesucht?

Gegeben: G = 35 Spiele; W = 21 Spiele

Gesucht: p %

Umstellen der Verhältnisgleichung nach p:

$$\frac{G}{100} = \frac{W}{p} \qquad |\cdot 100 \quad |\cdot p$$

$$G \cdot p = W \cdot 100 \qquad |:G$$

$$p = \frac{W \cdot 100}{G} \qquad |\text{ Einsetzen der gegebenen Werte}$$

$$p = \frac{21 \cdot 100}{35}$$

$$p = 60$$

Die Berliner Hockeymannschaft gewann 60 % aller Spiele.

Bei manchen Aufgaben verändert sich der Grundwert, z. B. der Preis. Dabei kann es sich um eine **Vermehrung des Grundwerts** (z. B. Aufschlagen der Mehrwertsteuer, Preiserhöhung) oder um eine **Verminderung des Grundwerts** (z. B. Rabatt oder Preisnachlass) handeln.

Beispiele

1. Ein Fernsehgerät kostet einschließlich Mehrwertsteuer 595 €.
   Wie hoch ist der Nettopreis (d. h. ohne Mehrwertsteuer von 19 %)?

   Lösung:
   Der Preis einschließlich Mehrwertsteuer entspricht einem Prozentsatz von 100 % + 19 % = 119 % (vermehrter Grundwert) des Nettopreises.

   Lösen über **proportionale Zuordnung**:

   $$\frac{x}{100} = \frac{595}{119} \qquad |\cdot 100$$

   $$x = \frac{595 \cdot 100}{119}$$

   $$x = 500$$

   Der Nettopreis beträgt 500 €.

   Lösen mit dem **Dreisatz**:

   $$\begin{array}{lcl} & 119\,\% \mathrel{\hat{=}} 595\text{ €} & \\ :119 & & :119 \\ & 1\,\% \mathrel{\hat{=}} \frac{595}{119}\text{ €} & \\ \cdot 100 & & \cdot 100 \\ & 100\,\% \mathrel{\hat{=}} 500\text{ €} & \end{array}$$

2. Auf einen Rechnungsbetrag wurden Herrn Oertel 2 % Treuebonus gewährt.
   Er zahlt 245 €. Wie hoch war die Rechnung?

   Lösung:
   Der Betrag, den Herr Oertel zahlt, entspricht 100 % – 2 % = 98 % des ursprünglichen Rechnungsbetrags (verminderter Grundwert).

   Lösen über **proportionale Zuordnung**:

   $$\frac{x}{100} = \frac{245}{98} \qquad |\cdot 100$$

   $$x = \frac{245 \cdot 100}{98}$$

   $$x = 250$$

   Die Rechnung betrug 250 €.

   Lösen mit dem **Dreisatz**:

   $$\begin{array}{lcl} & 98\,\% \mathrel{\hat{=}} 245\text{ €} & \\ :98 & & :98 \\ & 1\,\% \mathrel{\hat{=}} \frac{245}{98}\text{ €} & \\ \cdot 100 & & \cdot 100 \\ & 100\,\% \mathrel{\hat{=}} 250\text{ €} & \end{array}$$

Aufgaben

37 Berechne jeweils, wie viel Prozent der Figur gefärbt ist.

a) 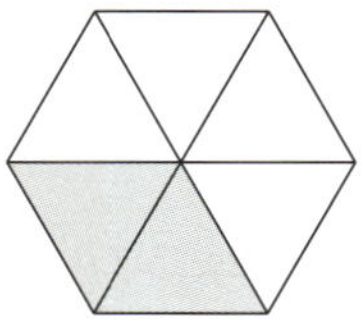

b) 

38 Rechne schnell, möglichst im Kopf!

a) Emma bekommt von ihrem Opa 10 % von 240 € geschenkt. Sie erhält also _______ €.

b) 12 von 48 Erdbeeren aus der Schale waren verdorben, das entspricht _______ %.

c) Bei einer Verkehrszählung fuhren 30 Fahrzeuge noch bei Gelb über die Kreuzung, das waren 20 % aller _______ gezählten Fahrzeuge.

39 Anteile können als Prozentsatz, als Bruch oder als Dezimalzahl geschrieben werden. Vervollständige die Tabelle:

Prozentsatz in %	Bruch mit Nenner 100	Dezimalzahl	gekürzter Bruch
60 %			
	$\frac{15}{100}$		
		0,07	
			$\frac{1}{8}$

40 Setze das richtige Zeichen ein: <, > oder =

a) 4 % ☐ 0,4

b) Jeder 4. Befragte ☐ 4 % der Befragten

41 Ayla entdeckt beim Einkaufen folgenden Aushang:

Ayla fragt sich, ob hier wirklich um 30 % reduziert wurde. Was meinst du?

42 Elias hat von seinem Taschengeld 150 € gespart. Im Urlaub mit seinen Eltern gibt er davon $\frac{1}{3}$ für Souvenirs aus. Von dem restlichen Geld steckt Elias 50 % in sein Sparschwein. Wie viel Euro steckt Elias in das Sparschwein?

☐ 25 € ☐ 50 € ☐ 75 € ☐ 100 € ☐ 125 €

***43** Es gilt: $\alpha = 72°$
Wie viel % der Kreisfläche sind grau?

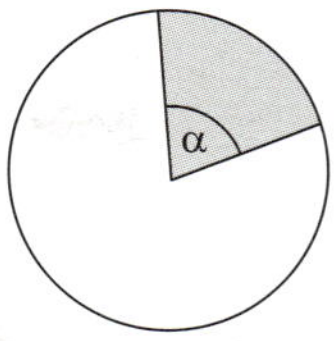

***44** Beim Berliner Kinderfest am Brandenburger Tor werden 3 000 Lose für je 1 € verkauft. Der Erlös geht an die Organisation „Kinder in Not".
Von den 3 000 Losen sind 70 % Nieten, 840 Lose sind Kleingewinne im Wert von je 0,50 € und der Rest sind Hauptgewinne im Wert von 10 €.

a) Wie viele Lose sind Nieten, wie viele Kleingewinne und wie viele Hauptgewinne?
b) Welcher Betrag kann gespendet werden, wenn alle Lose verkauft werden?

Interaktive Aufgaben

1. Grundwert
2. Prozentwert
3. Verminderter Grundwert
4. Vermehrter Grundwert
*5. Gehaltserhöhung

Merke

Zinsrechnung

Die Zinsrechnung ist eine Anwendung der Prozentrechnung.

Bei der Zinsrechnung entspricht	der Grundwert **G**	dem Kapital **K**
	der Prozentwert **W**	den Zinsen **Z** (für 1 Jahr)
	der Prozentsatz **p**	dem Zinssatz **p**

Daraus ergibt sich als proportionale Zuordnung die **Formel für die Zinsrechnung**:

$$\mathbf{\frac{K}{100} = \frac{Z}{p}}$$

Die Zinsen beziehen sich auf 1 Jahr (p. a. = per anno).

Umstellung der Grundformel nach Z: $\mathbf{Z = \frac{K \cdot p}{100}}$

Die Zinsen für eine bestimmte Anzahl von Tagen (t) oder Monaten (m) berechnet man:

Zinsen für t Tage:

$$Z_t = \frac{K \cdot p \cdot t}{100 \cdot 360}$$

Zinsen für m Monate:

$$Z_m = \frac{K \cdot p \cdot m}{100 \cdot 12}$$

Zur Berechnung des Kapitals, des Zinssatzes oder der Zeit stellt man die Formeln um:

$$K = \frac{Z_t \cdot 100 \cdot 360}{p \cdot t} \qquad p = \frac{Z_t \cdot 100 \cdot 360}{K \cdot t} \qquad t = \frac{Z_t \cdot 100 \cdot 360}{K \cdot p}$$

(analog für die Formel mit m)

Aufgaben

45 Herr Glücklich träumt vom Nichtstun. Er möchte seinen erhofften Lottogewinn so anlegen, dass er jährlich 36 000 € Zinsen bei einem Zinssatz von 5 % bekommt.
Wie hoch müsste der Gewinn sein?

46 Louis leiht sich 250 €. Nach drei Monaten soll er 265 € zurückzahlen und sagt:
„Das ist viel zu viel, das sind ja Wucherzinsen."
Was meinst du?

47 Frau Nickel erhält aus einer Erbschaft 10 000 €. Sie legt das Geld auf einem Festgeldkonto mit einer Laufzeit von 3 Jahren und einem Zinssatz von 2 % an.
Wie viel Geld besitzt sie nach 3 Jahren?

☐ 10 200 € ☐ 10 600 € ☐ 10 612,08 € ☐ 10 714,30 €

48 Der 18-jährige Ben möchte sich unbedingt ein Luxus-Rennrad kaufen. Er will einen Kredit in Höhe von 5 000 € aufnehmen und vergleicht deshalb zwei Angebote:

Kreditangebot A	Kreditangebot B
5 000 € sofort einmalige Bearbeitungsgebühr: 50 € 12 Monatsraten à 435 €	5 000 € sofort Rückzahlung nach einem Jahr plus Zinssatz von nur 3,8 %

Welches Angebot ist günstiger?

***49** Stelle die Formel für die Tageszinsen $Z_t = \frac{K \cdot p \cdot t}{100 \cdot 360}$ schrittweise nach t um.

Interaktive Aufgaben

6. Zinssatz
7. Monatszins
8. Tageszins

1.5 Umrechnungen von Größen

Merke

Längenmaße

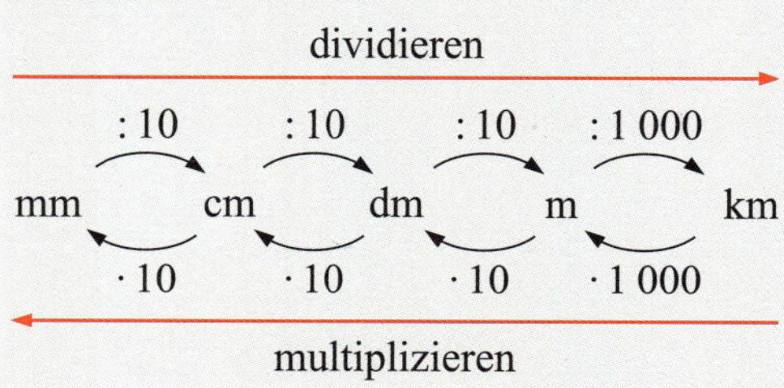

Die **Umrechnungszahl** von einer Einheit zur nächsten ist **10**.

Ausnahme:
Die Umrechnungszahl von m in km ist **1 000**.

Beispiele

600 mm = (600 : 10) cm = 60 cm
15,8 m = (15,8 · 10 · 10) cm = (15,8 · 100) cm = 1 580 cm

Merke

Flächenmaße

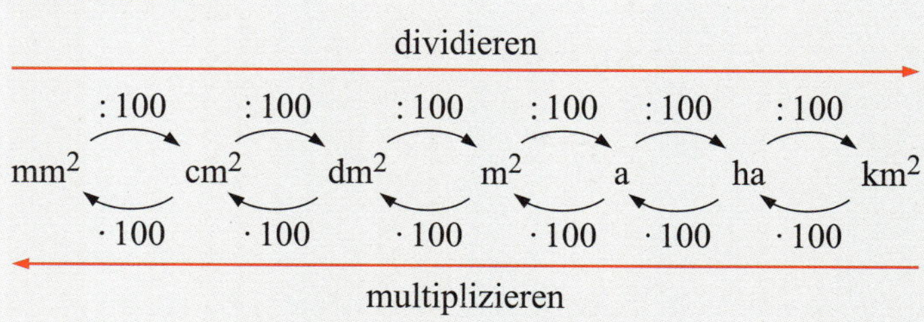

Die **Umrechnungszahl** von einer Einheit zur nächsten ist **100**.

Es gilt: 1 ha = 1 Hektar; 1 a = 1 Ar

Beispiele

$895\,410\ cm^2 = (895\,410 : 100)\ dm^2 = 8\,954{,}1\ dm^2$
$0{,}75\ ha = (0{,}75 \cdot 100 \cdot 100)\ m^2 = (0{,}75 \cdot 10\,000)\ m^2 = 7\,500\ m^2$

Merke

Raummaße (Volumeneinheiten)

dividieren →

$mm^3 \xrightarrow{:1\,000} cm^3 \xrightarrow{:1\,000} dm^3 \xrightarrow{:1\,000} m^3$

$mm^3 \xleftarrow{\cdot 1\,000} cm^3 \xleftarrow{\cdot 1\,000} dm^3 \xleftarrow{\cdot 1\,000} m^3$

← multiplizieren

Es gilt: $1\,\ell = 1\,dm^3$; $1\,m\ell = 1\,cm^3$
$1\,\ell = 1\,000\,m\ell$; $1\,h\ell = 100\,\ell$

Die **Umrechnungszahl** von einer Einheit zur nächsten ist **1 000**.

Beispiele

$4\,000\,\ell = 4\,000\,dm^3 = (4\,000 : 1\,000)\,m^3 = 4\,m^3$

$1{,}3\,m^3 = (1{,}3 \cdot 1\,000)\,dm^3 = 1\,300\,dm^3 = 1\,300\,\ell$

Merke

Masseeinheiten (Gewicht)

dividieren →

$mg \xrightarrow{:1\,000} g \xrightarrow{:1\,000} kg \xrightarrow{:1\,000} t$

$mg \xleftarrow{\cdot 1\,000} g \xleftarrow{\cdot 1\,000} kg \xleftarrow{\cdot 1\,000} t$

← multiplizieren

Die **Umrechnungszahl** von einer Einheit zur nächsten ist **1 000**.

Beispiele

$28\,125\,g = (28\,125 : 1\,000)\,kg = 28{,}125\,kg$

$3{,}45\,t = (3{,}45 \cdot 1\,000)\,kg = 3\,450\,kg$

Merke

Zeiteinheiten

dividieren →

$s \xrightarrow{:60} min \xrightarrow{:60} h$

$s \xleftarrow{\cdot 60} min \xleftarrow{\cdot 60} h$

← multiplizieren

Es gilt: 1 h = 1 Stunde; 1 min = 1 Minute; 1 s = 1 Sekunde

Die **Umrechnungszahl** von einer Einheit zur nächsten ist **60**.

Beispiele

$7\,min\ 13\,s = (7 \cdot 60)\,s + 13\,s = 420\,s + 13\,s = 433\,s$

$290\,s = (240 : 60)\,min + 50\,s = 4\,min\ 50\,s$

Merkhilfe:
Für alle bisher genannten Größen gilt:

- Umrechnung in eine größere Einheit: Zahl wird kleiner.
  Merke: Division durch die Umrechnungszahl.
- Umrechnung in eine kleinere Einheit: Zahl wird größer.
  Merke: Multiplikation mit der Umrechnungszahl.

Merke

Geschwindigkeiten

dividieren →

$: 3{,}6$

$\frac{km}{h}$ ⇄ $\frac{m}{s}$

$\cdot 3{,}6$

← multiplizieren

Die **Umrechnungszahl** von $\frac{km}{h}$ in $\frac{m}{s}$ ist **3,6**.

Es gilt: $1\,\frac{km}{h} = 1\,000\,\frac{m}{h} = \frac{1\,000}{60}\,\frac{m}{min} = \frac{1\,000}{60 \cdot 60}\,\frac{m}{s} = \frac{1}{3{,}6}\,\frac{m}{s}$

Beispiel

Ein Fußgänger legt 1,5 Meter pro Sekunde zurück.
Bestimme seine Geschwindigkeit in $\frac{km}{h}$.

Lösung:

$1{,}5\,\frac{m}{s} = (1{,}5 \cdot 3{,}6)\,\frac{km}{h} = 5{,}4\,\frac{km}{h}$

Interaktive Aufgaben

1. Längenmaße umrechnen
2. Flächenmaße umrechnen
3. Raummaße umrechnen
4. Masseeinheiten umrechnen
5. Zeiteinheiten umrechnen
6. Geschwindigkeiten umrechnen
7. Geschwindigkeiten umrechnen

Aufgaben

50 Rechne in die in Klammern angegebene Einheit um.

a) 1,25 m (mm)
b) 4 200 cm^2 (m^2)
c) 0,3 ℓ (cm^3)
d) 0,15 kg (g)
e) 5,25 h (min)
f) $25\,\frac{m}{s}\left(\frac{km}{h}\right)$

In welche Einheit wurde hier umgerechnet?

g) 0,8 km = 800 _____
h) 6 100 m^2 = 61 _____
i) 45 000 cm^3 = 45 _____
j) 1 hℓ = 100 _____

51 Fasse zusammen.

a) 125 kg + 0,3 t + 2 500 g (Gib das Ergebnis in kg an.)
b) 200 m^2 + 0,1 ha + 500 dm^2 + 3a (Gib das Ergebnis in m^2 an.)

52 Ordne nach der Größe. Beginne mit dem kleinsten Wert.

a) 5 000 mm 0,5 km 550 m 50 cm
b) 2 400 s $\frac{3}{4}$ h 50 min 0,25 h

***53** Seit mehr als 25 Jahren findet in Congham (Norfolk, England) die Weltmeisterschaft im Schneckenrennen statt. 2019 holte sich die Schnecke Sammy den Titel. Mit einer Geschwindigkeit von 0,00752 $\frac{km}{h}$ kam sie nach 2 min 38 s ins Ziel.
Wie lang ist die Rennstrecke in cm? Runde auf eine ganze Zahl.

1.6 Dreiecke und Vierecke

Merke

Allgemeines Dreieck

Flächeninhalt des Dreiecks: $A = \frac{1}{2} g \cdot h_g$

Umfang des Dreiecks: $u = a + b + c$

Summe der Innenwinkel: $\alpha + \beta + \gamma = 180°$

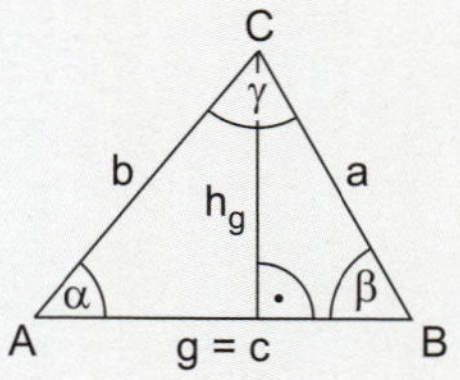

Beispiel

Der Flächeninhalt eines 9 cm hohen Dreiecks beträgt 58,5 cm².
Berechne die Länge der Grundseite des Dreiecks.

Lösung:

Gegeben: $A = 58{,}5\ cm^2$; $h_g = 9\ cm$

Gesucht: g

Berechnung der Länge der Grundseite:

$$A = \frac{1}{2} g \cdot h_g$$

$$58{,}5 = \frac{1}{2} g \cdot 9 \quad |:9$$

$$\frac{58{,}5}{9} = \frac{1}{2} g \quad |\cdot 2$$

$$g = \frac{58{,}5 \cdot 2}{9}$$

$$g = 13$$

Antwort: Die Länge der Grundseite des Dreiecks ist 13 cm.

Merke

Quadrat

Ein Quadrat besitzt vier rechte Winkel und vier gleich lange Seiten.

Flächeninhalt des Quadrats: $A = a^2$

Umfang des Quadrats: $u = 4 \cdot a$

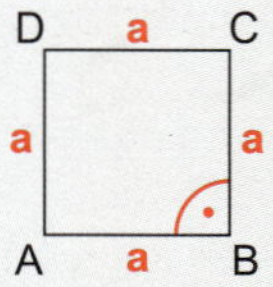

Rechteck

Ein Rechteck besitzt vier rechte Winkel und zwei Paare von gleich langen Gegenseiten.

Flächeninhalt des Rechtecks: $A = a \cdot b$

Umfang des Rechtecks: $u = 2a + 2b$
$= 2(a + b)$

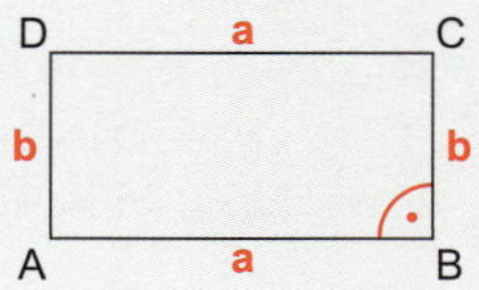

Parallelogramm

Beim Parallelogramm sind gegenüberliegende Seiten gleich lang und gegenüberliegende Winkel gleich groß.

Flächeninhalt des Parallelogramms: $A = a \cdot h_a$

Umfang des Parallelogramms: $u = 2a + 2b$
$= 2(a + b)$

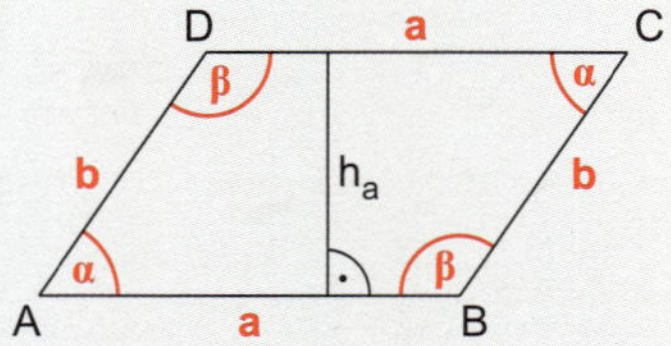

Raute

Eine Raute hat vier gleich lange Seiten.
Je zwei gegenüberliegende Winkel sind gleich groß.
Die Diagonalen e und f schneiden einander rechtwinklig.

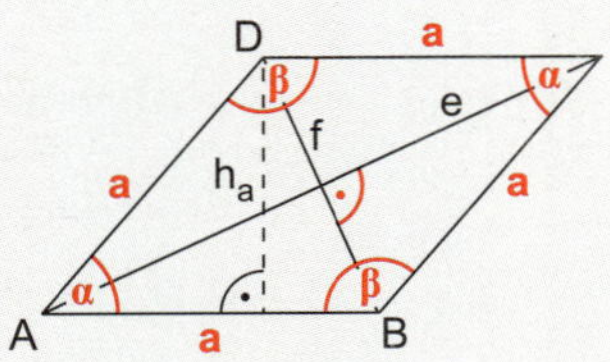

Flächeninhalt der Raute: $A = a \cdot h_a$

oder $A = \frac{e \cdot f}{2}$

Umfang der Raute: $u = 4 \cdot a$

Drachen

Der Drachen besitzt zwei Paar gleich langer Nachbarseiten.
Die Diagonalen schneiden sich im rechten Winkel, wobei eine Diagonale halbiert wird.

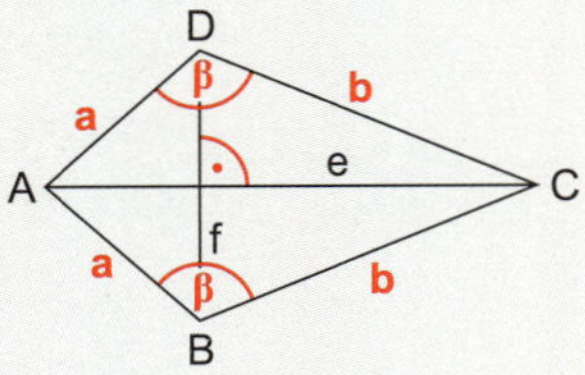

Flächeninhalt des Drachens: $A = \frac{e \cdot f}{2}$

Umfang des Drachens: $u = 2a + 2b$
$= 2(a + b)$

Trapez

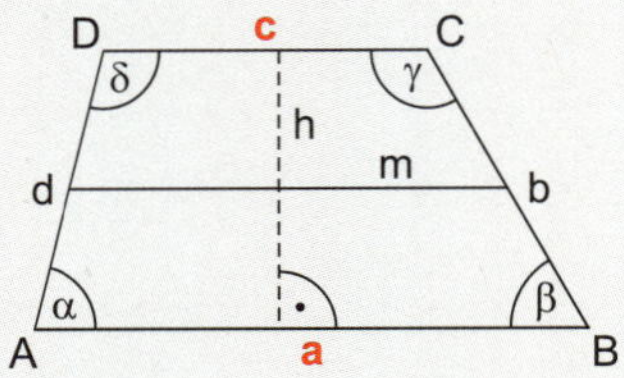

Das Trapez hat ein Paar parallele Seiten: $a \parallel c$

Mittellinie des Trapezes: $m = \frac{1}{2}(a + c)$

Flächeninhalt des Trapezes: $A = \frac{1}{2}(a + c) \cdot h$

oder $A = m \cdot h$

Umfang des Trapezes: $u = a + b + c + d$

Alle Vierecke

Summe der Innenwinkel: $\alpha + \beta + \gamma + \delta = 360°$

Beispiele

1. Die parallelen Seiten eines Trapezes sind 7 cm und 3 cm lang. Ihr Abstand beträgt 2,5 cm.
   Berechne den Flächeninhalt des Trapezes.

   Lösung:

   Gegeben: $a = 7$ cm; $c = 3$ cm; $h = 2{,}5$ cm
   Gesucht: A

   Berechnung des Flächeninhalts:

   $A = \frac{1}{2}(a + c) \cdot h$

   $A = \frac{1}{2}(7 + 3) \cdot 2{,}5$

   $A = 5 \cdot 2{,}5$

   $A = 12{,}5$

   Antwort: Der Flächeninhalt beträgt 12,5 cm^2.

2. Der Umfang eines Parallelogramms beträgt 19 cm, der Winkel α hat eine Größe von 35°, die Grundseite ist 6 cm und die Höhe darauf 2 cm lang.
Berechne die restlichen Seitenlängen, die Innenwinkel und den Flächeninhalt.

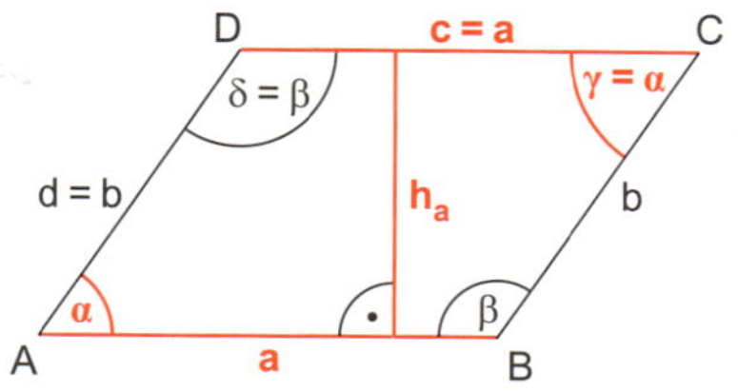

Lösung:

Gegeben: $u = 19$ cm; $a = 6$ cm; $h_a = 2$ cm; $\alpha = 35°$
Gesucht: b; c; d; A; β; γ; δ

Berechnung der Länge der Seite b über den Umfang:

$$u = 2(a+b)$$
$$19 = 2(6+b) \quad |:2$$
$$9{,}5 = 6+b \quad |-6$$
$$b = 9{,}5-6$$
$$b = 3{,}5$$

Berechnung der Größe des Winkels β über die Innenwinkelsumme:

$$\alpha+\beta+\gamma+\delta = 360° \quad |\alpha=\gamma; \beta=\delta$$
$$2\alpha+2\beta = 360° \quad |\alpha = 35°$$
$$2\cdot 35°+2\beta = 360° \quad |-70°$$
$$2\beta = 290° \quad |:2$$
$$\beta = 145°$$

Berechnung des Flächeninhalts:

$$A = a\cdot h_a$$
$$A = 6\cdot 2$$
$$A = 12$$

Antwort: Die Fläche des Parallelogramms beträgt 12 cm², die Seiten b und d haben eine Länge von 3,5 cm, die Seite c ist 6 cm lang, die Winkel β und δ betragen 145° und der Winkel γ hat eine Größe von 35°.

Aufgaben

54 Kreuze alle richtigen Aussagen an:

- ☐ In jeder Raute sind gegenüberliegende Winkel gleich groß.
- ☐ In jedem Drachen schneiden sich die Diagonalen in einem rechten Winkel.
- ☐ Jedes Trapez besitzt eine Symmetrieachse.
- ☐ In jedem beliebigen Viereck ergeben alle Winkel zusammengerechnet 360°.

55 Ein Rechteck ist 10 cm lang und hat einen Umfang von 34 cm.
Berechne den Flächeninhalt des Rechtecks.

56 Die Ladefläche eines Kleintransporters ist 2,15 m lang und 1,23 m breit.
Wie viele quadratische Umzugskisten mit einer Seitenlänge von 40 cm kann man auf die Grundfläche des Kleintransporters stellen?

57 Stimmen folgende Aussagen? Begründe.

a) Ein Quadrat mit einem Umfang von 16 m hat einen Flächeninhalt von 16 m^2.

b) Verdoppelt man die Seitenlängen eines Rechtecks, verdoppelt sich sein Flächeninhalt.

58 Familie Hüther möchte aus Berlin heraus und ins Brandenburger Umland ziehen. In Brieselang werden drei benachbarte Grundstücke zum Verkauf angeboten:

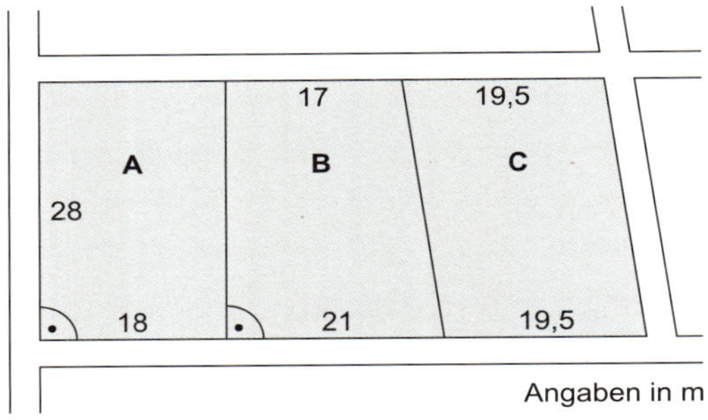

Wegen der unterschiedlichen Grundstücksformen unterscheiden sich auch die Quadratmeterpreise:
Grundstück A: 318 € pro m^2
Grundstück B: 295 € pro m^2
Grundstück C: 290 € pro m^2

a) Welches Grundstück ist das größte?

b) Welches Grundstück ist das günstigste?

***59** a) Warum handelt es sich bei dem nebenstehend abgebildeten Viereck ABCD um kein besonderes, sondern „nur“ um ein allgemeines Viereck?

b) Beschreibe, wie sein Flächeninhalt trotzdem berechnet werden kann.

Hinweis:
Eine Beschreibung genügt.
Du musst nichts berechnen.

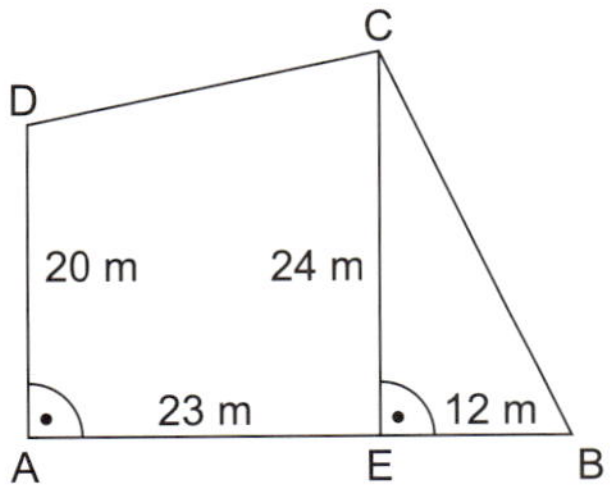

***60** Aus einem rechteckigen Filzstoff wird eine größtmögliche Raute ausgeschnitten.

a) Fertige eine Skizze an.

b) Wie viel Prozent des Filzstoffes ist Abfall?

Interaktive Aufgaben

1. Dreieck
2. Rechteck
3. Parallelogramm
4. Raute
5. Trapez
6. Drachen
7. Pflastersteine
*8. Fliesen

1.7 Kreis

Merke

Kreis

Kreisfläche: $A = \pi \cdot r^2$ *oder* $A = \frac{\pi}{4} \cdot d^2$

Kreisumfang: $u = 2\pi \cdot r$ *oder* $u = \pi \cdot d$

Kreiszahl: $\pi = 3{,}141592653\ldots \approx 3{,}14$

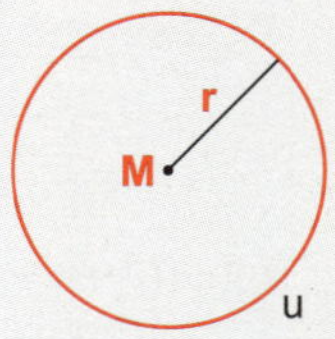

Die Zahl π ergibt sich aus dem Verhältnis von Umfang und Durchmesser des Kreises. Es ist eine nicht periodische, unendliche Dezimalzahl.

Beispiele

1. Ein Tisch hat einen Umfang von 4,4 m.
   a) Berechne die Fläche des Tisches.
   b) Reicht eine kreisrunde Tischdecke mit einem Durchmesser von 1,5 m für den Tisch, wenn diese rundherum 20 cm überhängen soll?

   Lösung:

   a) Gegeben: $u = 4{,}4$ m
   Gesucht: A

   Berechnung des Kreisradius über den Umfang:

   $$u = 2\pi \cdot r$$
   $$4{,}4 = 2\pi \cdot r \quad |:2\pi$$
   $$r = \frac{4{,}4}{2\pi}$$
   $$r \approx 0{,}7$$

   Berechnung der Kreisfläche:

   $$A = \pi \cdot r^2$$
   $$A = \pi \cdot 0{,}7^2$$
   $$A \approx 1{,}54$$

   Antwort: Der Tisch hat eine Fläche von 1,54 m^2.

   b) Gegeben: $r = 0{,}7$ m (aus Teilaufgabe a)
   Überhang $ü = 20$ cm $= 0{,}2$ m
   Gesucht: d (Durchmesser der Tischdecke)

   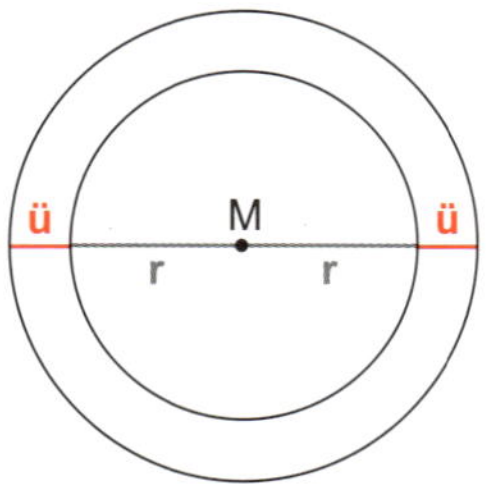

   Berechnung des Durchmessers:

   $$d = 2 \cdot r + 2 \cdot ü$$
   $$d = 2 \cdot 0{,}7 + 2 \cdot 0{,}2$$
   $$d = 1{,}8$$

   Antwort: Die Tischdecke mit einem Durchmesser von 1,5 m reicht nicht.

2. Eine Raumkapsel umkreist einen der Saturnmonde in einem Abstand von 2 600 m. Welche Strecke legt die Kapsel bei einer Umrundung zurück, wenn der Radius des Monds ca. 1 750 km beträgt?

   Lösung:

   Gegeben: $r = 1\,750\text{ km} + 2\,600\text{ m} = 1\,750\text{ km} + 2{,}6\text{ km} = 1\,752{,}6\text{ km}$
   Gesucht: u

   Berechnung des zurückgelegten Weges (Umfang der kreisförmigen Strecke):

   $$u = 2\pi \cdot r$$
   $$u = 2\pi \cdot 1\,752{,}6$$
   $$u \approx 11\,011{,}91$$

   Antwort: Die Raumkapsel legt bei einer Umrundung ca. 11 011,91 km zurück.

Aufgaben
61

Im Stadtpark wird die Rasenfläche um einen kreisförmigen Springbrunnen herum erneuert (siehe Skizze).
Berechne die Größe der Rasenfläche, die erneuert werden muss.

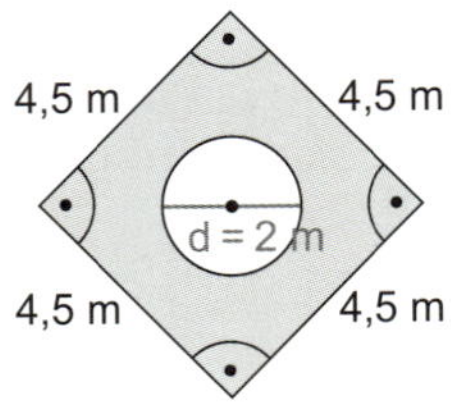

***62**

Eine Straßenwalze hat einen Durchmesser von 1,2 m und ist 1,9 m breit.
a) Welche Fläche wird mit einer Umdrehung geglättet?
b) Wie oft muss sich die Walze drehen, um eine 200 m lange Bahn zu glätten?

Interaktive Aufgaben

1. Winkelmaß bestimmen
2. Torwand
3. Kamerawagen

Merke

Kreisring

Fläche des Kreisrings: $A = \pi \cdot r_1^2 - \pi \cdot r_2^2$ $\quad r_1 > r_2$

$A = \pi \cdot (r_1^2 - r_2^2)$

Breite des Kreisrings: $b = r_1 - r_2$

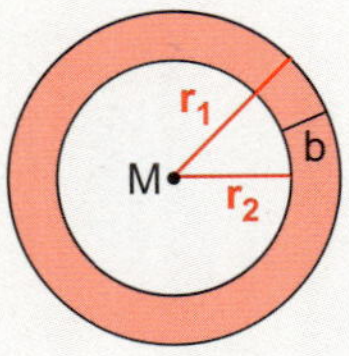

Beispiel

Ein Kreisring mit einem inneren Radius von 60 cm hat eine Fläche von 2,4 m^2.
Berechne die Breite b des Rings.

Lösung:

Gegeben: $r_2 = 60\text{ cm} = 0{,}6\text{ m}$; $A = 2{,}4\text{ m}^2$

Gesucht: b

Berechnung des äußeren Radius:

$$A = \pi \cdot r_1^2 - \pi \cdot r_2^2$$

$$2{,}4 = \pi \cdot r_1^2 - \pi \cdot 0{,}6^2 \quad |+\pi \cdot 0{,}6^2$$

$$2{,}4 + \pi \cdot 0{,}6^2 = \pi \cdot r_1^2 \quad |:\pi$$

$$r_1^2 = \frac{2{,}4 + \pi \cdot 0{,}6^2}{\pi} \quad |\sqrt{}$$

$$r_1 = \sqrt{\frac{2{,}4 + \pi \cdot 0{,}6^2}{\pi}}$$

$$r_1 \approx 1{,}06$$

Berechnung der Breite des Kreisrings:

$b = r_1 - r_2 = 1{,}06 - 0{,}6 = 0{,}46$

Antwort: Der Kreisring hat eine Breite von 0,46 m.

Aufgabe
63

Das Verkehrsschild „Einfahrt verboten" hat einen äußeren Durchmesser von 400 mm. Der weiße Kreis hat einen Durchmesser von 300 mm.
a) Wie breit ist der Kreisring?
b) Berechne die Größe der roten Fläche in cm^2.

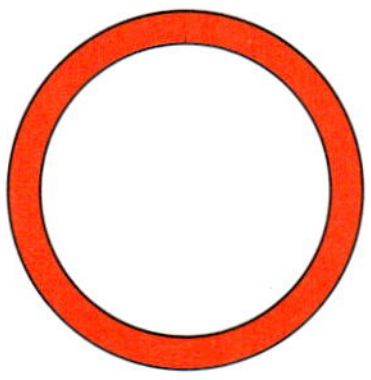

Interaktive Aufgabe

*4. Kreisring

Merke

Kreisbogen und Kreissektor

Die Länge des Kreisbogens und die Fläche des Kreissektors sind abhängig vom Mittelpunktswinkel φ und vom Radius des Kreises.

- Der **Kreisbogen** ist ein Teil des Kreisumfangs.

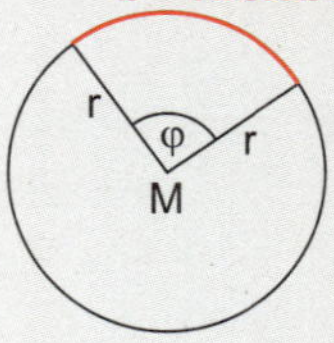

Es gilt: $\frac{b}{\varphi} = \frac{u}{360°}$

oder $\frac{b}{\varphi} = \frac{2\pi \cdot r}{360°}$

oder $b = \frac{2\pi \cdot r \cdot \varphi}{360°}$

- Der **Kreissektor** ist ein Teil der Kreisfläche.

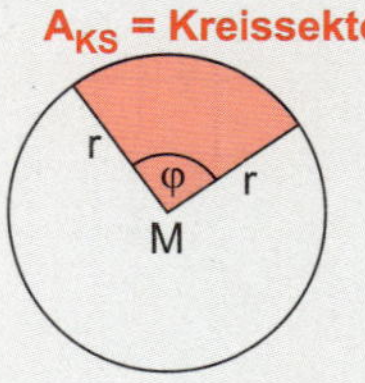

Es gilt: $\frac{A_{KS}}{\varphi} = \frac{A_K}{360°}$

oder $\frac{A_{KS}}{\varphi} = \frac{\pi \cdot r^2}{360°}$

oder $A_{KS} = \frac{\pi \cdot r^2 \cdot \varphi}{360°}$

Beispiel

Ein kreisförmiges Blumenbeet mit einem Radius von 1,5 m soll zu $\frac{2}{3}$ mit Frühlingsblumen bepflanzt werden.

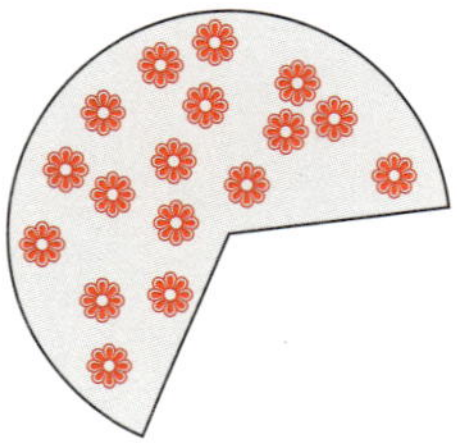

a) Wie groß ist die Fläche des bepflanzten Beets?

b) Wie lang muss die Umrandung dieses Beets sein?

Lösung:

a) Gegeben: $r = 1{,}5$ m

$\varphi = \frac{2}{3}$ von $360° = \frac{2}{3} \cdot 360° = 240°$

Gesucht: A_{KS} (Kreissektor)

Berechnung der Größe des Blumenbeets:

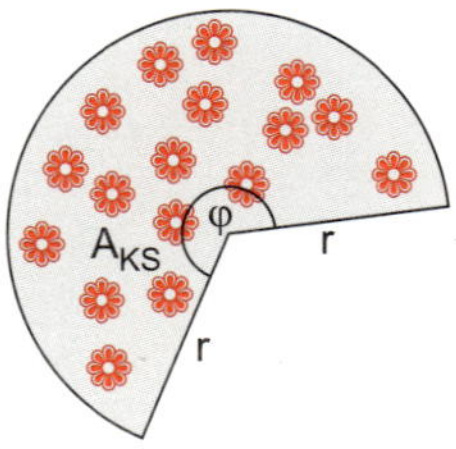

$A_{KS} = \frac{\pi \cdot r^2 \cdot \varphi}{360°}$

$A_{KS} = \frac{\pi \cdot 1{,}5^2 \cdot 240°}{360°}$

$A_{KS} \approx 4{,}71$

Antwort: Die Fläche des bepflanzten Beets beträgt 4,71 m².

b) Die Umrandung besteht aus dem Kreisbogen b und dem zweifachen Radius.

Berechnung der Länge des Kreisbogens:

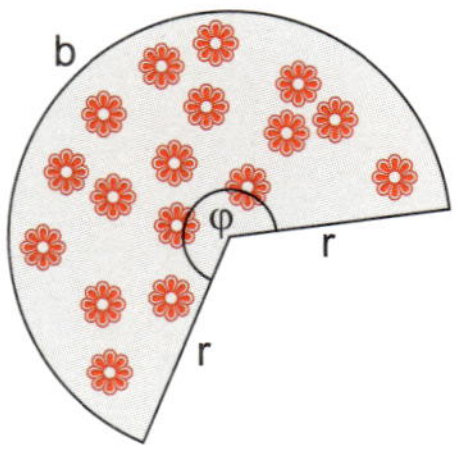

$b = \frac{2\pi \cdot r \cdot \varphi}{360°}$

$b = \frac{2\pi \cdot 1{,}5 \cdot 240°}{360°}$

$b \approx 6{,}28$

Berechnung der Länge der Umrandung:
$b + 2r = 6{,}28 + 2 \cdot 1{,}5 = 9{,}28$

Antwort: Die Umrandung des Beets muss 9,28 m lang sein.

Aufgaben

64 Aus einer Holzplatte soll die rote Figur ausgeschnitten werden.
Berechne den Flächeninhalt der roten Figur.

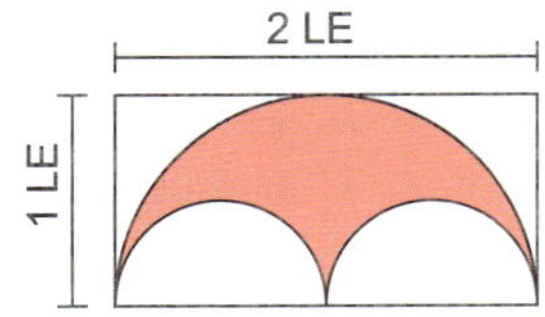

***65** Almas Minipizza hat einen Durchmesser von 20 cm. Karim behauptet, sein Stück ($\varphi = 60°$) aus der runden Familienpizza (d = 50 cm) sei größer.
Hat Karim recht?

Interaktive Aufgaben

- 5. Kreisbogenlänge
- 6. Fläche berechnen
- 7. Fläche berechnen
- *8. Fläche berechnen
- *9. Radius berechnen

1.8 Potenzen und Wurzeln

Merke

Potenzen

Eine Potenz ist eine verkürzte Schreibweise für ein Produkt, in dem der Faktor a n-mal vorkommt.

$$\underbrace{a \cdot a \cdot a \cdot a \cdot a \cdot a \cdot a \cdot a \cdot \ldots \cdot a}_{\text{n-mal}} = a^n \leftarrow \text{Exponent}$$

↑ Basis

Für alle Potenzen gilt: $a^1 = a, \quad a^0 = 1, \quad a^{-n} = \frac{1}{a^n}$ für $a \neq 0$

Beispiele

1. $5^4 = 5 \cdot 5 \cdot 5 \cdot 5 = 625$ **aber:** $5 + 5 + 5 + 5 = 4 \cdot 5 = 20$
2. $4^0 = 1$
3. $2^{-5} = \frac{1}{2^5} = \frac{1}{32}$

Merke

Rechnen mit Potenzen

Für das Rechnen mit Potenzen gelten folgende Regeln:

- Potenzen mit **gleicher Basis** werden multipliziert bzw. dividiert, indem man die Exponenten addiert bzw. subtrahiert und die Basis beibehält.

  $a^m \cdot a^n = a^{m+n} \qquad \frac{a^m}{a^n} = a^{m-n} \qquad a \neq 0$

- Potenzen mit **gleichem Exponenten** werden multipliziert bzw. dividiert, indem man die Basen multipliziert bzw. dividiert und den Exponenten beibehält.

  $a^n \cdot b^n = (a \cdot b)^n \qquad \frac{a^n}{b^n} = \left(\frac{a}{b}\right)^n \qquad b \neq 0$

- Potenzen werden **potenziert**, indem man die Exponenten multipliziert und die Basis beibehält.

  $(a^m)^n = a^{m \cdot n}$

Entsprechende Regeln für die Addition oder Subtraktion von Potenzen **gibt es nicht**.

Beispiele

1. $4 \cdot 4^2 = 4^{1+2} = 4^3 = 64$

2. $10^5 : 10^7 = 10^{5-7} = 10^{-2} = \frac{1}{10^2} = \frac{1}{100} = 0{,}01$

3. $2{,}5^4 \cdot 4^4 = (2{,}5 \cdot 4)^4 = 10^4 = 10\,000$

4. $\frac{16{,}4^3}{8{,}2^3} = \left(\frac{16{,}4}{8{,}2}\right)^3 = 2^3 = 8$

5. $(2^5)^2 = 2^{5 \cdot 2} = 2^{10} = 1\,024$

Merke

Potenzen mit negativer Basis

Bei Potenzen mit negativer Basis hängt das Vorzeichen des Ergebnisses davon ab, ob der Exponent gerade oder ungerade ist:

- **Gerader Exponent:**

  $(-a)^6 = +a^6$, weil $\underbrace{(-a)\cdot(-a)}_{+} \cdot \underbrace{(-a)\cdot(-a)}_{+} \cdot \underbrace{(-a)\cdot(-a)}_{+} = +a^6$

  ↑ gerade Zahl ↑ positives Ergebnis

- **Ungerader Exponent:**

  $(-a)^5 = -a^5$, weil $\underbrace{(-a)\cdot(-a)}_{+} \cdot \underbrace{(-a)\cdot(-a)}_{+} \cdot \underbrace{(-a)}_{-} = -a^5$

  ↑ ungerade Zahl ↑ negatives Ergebnis

Beachte: $-a^4 = -(a^4)$, weil $-a \cdot a \cdot a \cdot a = -a^4$

↑ Keine Klammer: Der Exponent bezieht sich **nicht** auf das Vorzeichen.

Beispiele

1. $(-2)^4 = 16$, denn $(-2)\cdot(-2) \cdot (-2)\cdot(-2) = +16$

2. $(-2)^5 = -32$, denn $(-2)\cdot(-2) \cdot (-2)\cdot(-2) \cdot (-2) = -32$

3. $-2^4 = -16$, denn $-2 \cdot 2 \cdot 2 \cdot 2 = -16$

Aufgaben

66 Finde die kleinste und die größte Zahl.

10^3 $(-3)^3$ 2^{-3} 3^{-2} 2^{10} 10^{-2}

67 <, > oder =, welches Zeichen passt?

a) $2^5 \square 5^2$

b) $(-4)^1 \square (-4)^0$

c) $4{,}5^2 \cdot 2^2 \square 81$

d) $\frac{3^2}{4^2} \square \frac{4^2}{3^2}$

e) $7^{-2} \square (-2)^7$

f) $6^{-2} \square (-2)^6$

g) $8^{-1} \square 8$

h) $0{,}5^3 \square \frac{1}{8}$

68 Vereinfache und berechne.

a) $8^{-3} \cdot 8^4$

b) $\frac{3^6}{3^3}$

c) $9 \cdot 1{,}5^{-2} \cdot 2^{-2}$

d) $(3xy^2)^3$

*e) $\frac{5^{12}}{5^{10}} \cdot (-6+8)^2$

*f) $\frac{(x+1)^3}{x^2+2x+1}$ (mit $x \neq -1$)

***69** Wahr oder falsch? Begründe.

Aussage	wahr	falsch	Begründung
$-3^4 = 81$	☐	☐	
Es gibt Zahlen, die beim Potenzieren kleiner werden.	☐	☐	
$(4^0) = 0$	☐	☐	
$7 - 7^2 = 0$	☐	☐	
$x^n : x^1 = x^n$	☐	☐	

Interaktive Aufgaben

1. Potenzen zusammenfassen

*2. Potenzen vereinfachen

Merke

Zehnerpotenzen

Zehnerpotenzen haben die **Basis 10**.

Beispiele:

$10^6 = 1\,000\,000$ *oder* $10^{-4} = \frac{1}{10^4} = \frac{1}{10\,000} = 0{,}0001$

Sehr große Zahlen bzw. sehr kleine Zahlen werden oft in wissenschaftlicher Schreibweise als Produkt aus einer einstelligen Dezimalzahl und einer Zehnerpotenz mit positivem bzw. negativem Exponenten geschrieben (Normdarstellung einer Zahl).

Beispiele

1. $84\,000\,000 = 8{,}4 \cdot 10^7$
2. $0{,}0000304 = 3{,}04 \cdot 10^{-5}$
3. Masse der Erde: $m = 5{,}98 \cdot 10^{24}$ kg
4. Masse eines Elektrons: $m = 9{,}11 \cdot 10^{-31}$ kg
5. $400\,000\,000 \cdot 0{,}000000125 = 4 \cdot 10^8 \cdot 1{,}25 \cdot 10^{-7} = 4 \cdot 1{,}25 \cdot 10^8 \cdot 10^{-7} = 5 \cdot 10^1 = 50$

Aufgaben

70 Schreibe mithilfe von Zehnerpotenzen in wissenschaftlicher Schreibweise.

a) 120 000 000

b) 0,000051

c) 70 Milliarden

d) 4 Millionstel

71 Nach der Eingabe $(-0{,}3)^5$ zeigt dein Taschenrechner als Ergebnis an: $-2{,}43^{-03}$
Welche Zahl ist damit gemeint?

72 In Deutschland leben rund 83 Millionen Einwohner auf einer Fläche von 357 588 km^2. Berechne die Bevölkerungsdichte $\left(\frac{E}{km^2}\right)$. Runde auf eine ganze Zahl.

***73** Eine Variante des Corona-Virus hat einen Durchmesser von 120 Nanometer (nm).
Wandle die Einheit in Millimeter (mm) um und schreibe den Durchmesser in wissenschaftlicher Schreibweise.
Hinweis: 1 nm entspricht einem Millionstel mm.

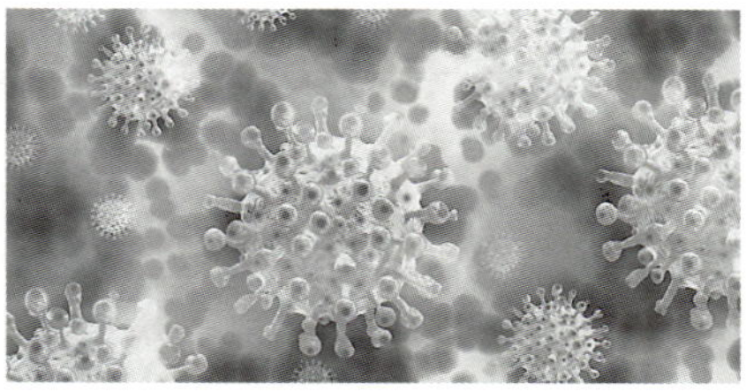

Interaktive Aufgabe

3. Zehnerpotenzen

Merke

Wurzeln

Die **n-te Wurzel** aus einer positiven Zahl a ist die positive Zahl b, für die gilt: $b^n = a$

Wurzelexponent → $\sqrt[n]{a} = b$
↑
Radikand

Beispiele

1. $\sqrt[3]{64} = 4$, denn $4^3 = 64$
2. $\sqrt{81} = 9$, denn $9^2 = 81$

Merke

Rationale Exponenten

Eine Wurzel kann man auch als Potenz mit **rationalem Exponenten** schreiben.

Es gilt: $\sqrt[n]{a^m} = a^{\frac{m}{n}}$ für $n \neq 0$

Die Regeln für das Rechnen mit Potenzen gelten auch für Wurzeln.

Beispiele

1. $5^{\frac{2}{3}} = \sqrt[3]{5^2} = \sqrt[3]{25} \approx 2{,}92$
2. $0{,}49^{\frac{1}{2}} = \sqrt{0{,}49} = 0{,}7$
3. $\sqrt{1{,}6} \cdot \sqrt{10} = \sqrt{1{,}6 \cdot 10} = \sqrt{16} = 4$

Aufgabe *74

Berechne.

a) $64^{\frac{1}{3}}$

b) $(\sqrt{14})^2$

c) $\sqrt[3]{x} \cdot \sqrt[3]{x} \cdot \sqrt[3]{x}$

d) $\sqrt{72} : \sqrt{2}$

e) $10^{\frac{2}{3}}$

f) $10^{\frac{3}{2}}$

Interaktive Aufgaben

*4. Wurzeln
*5. Rationale Exponenten

2 Lineare Funktionen – Lineare Gleichungssysteme

2.1 Allgemeine Funktion

Merke

Funktion

Eine Funktion ist eine eindeutige Zuordnung. Durch eine Zuordnungsvorschrift wird **jeder** Zahl x **genau eine** Zahl y zugeordnet.

Eine Funktion kann dargestellt werden durch
- eine Textvorschrift
- eine Funktionsgleichung
- eine Wertetabelle
- Punkte oder einen Graphen im Koordinatensystem

Beispiele

1. **Textvorschrift**
Ordne jeder rationalen Zahl das Doppelte zu.
Funktionsgleichung
$y = 2 \cdot x$
Andere Schreibweisen:
$f(x) = 2 \cdot x$
$x \mapsto 2x$

2. **Textvorschrift**
Jeder ganzen Zahl wird ihre um 1 verminderte Quadratzahl zugeordnet.
Funktionsgleichung
$y = x^2 - 1$
Andere Schreibweisen:
$f(x) = x^2 - 1$
$x \mapsto x^2 - 1$

Wertetabellen

x	−4	−3	−2	−1	0	1	2	3	4
y	−8	−6	−4	−2	0	2	4	6	8

x	−4	−3	−2	−1	0	1	2	3	4
y	15	8	3	0	−1	0	3	8	15

Man setzt eine Zahl für die Variable x ein und berechnet die zugeordnete Zahl y.

Z. B. für $x = -4$:
$y = 2 \cdot (-4) = -8$ $\qquad$ $y = (-4)^2 - 1 = +15$

Z. B. für $x = 0$:
$y = 2 \cdot 0 = 0$ $\qquad$ $y = 0^2 - 1 = -1$

Graphen

Die Punktepaare werden in ein Koordinatensystem gezeichnet und verbunden.

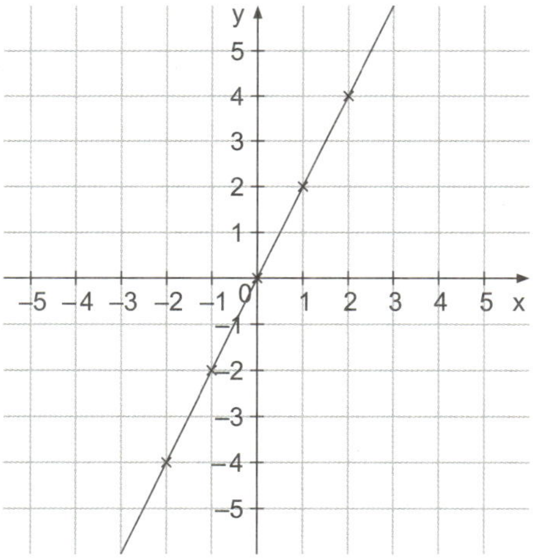

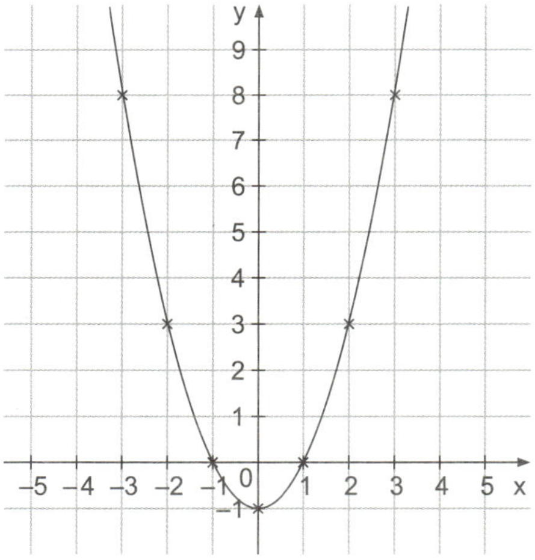

Aufgaben

75 Handelt es sich um eine Funktion? Begründe.

a)

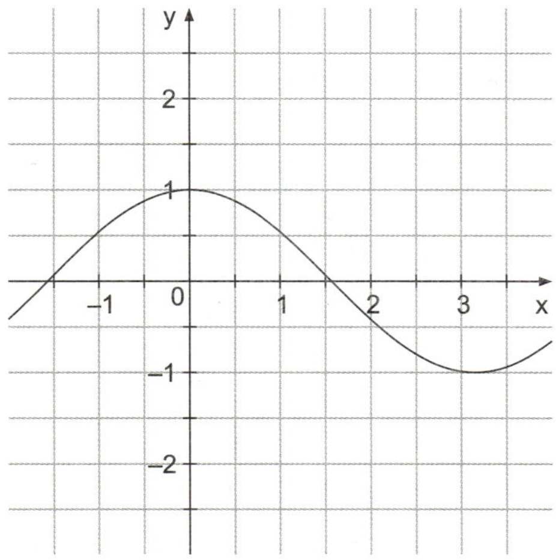

b)

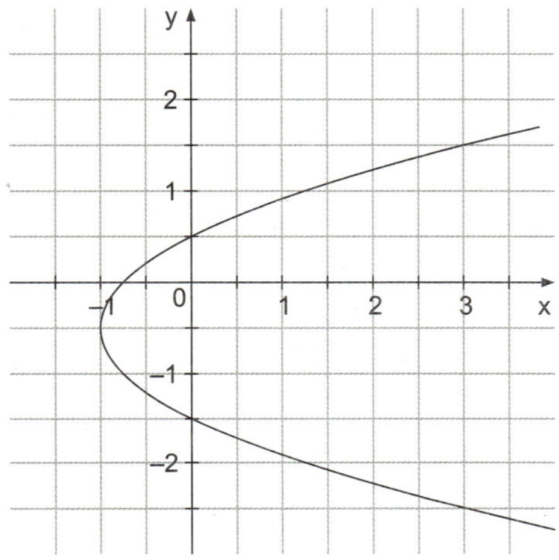

c)

Alter [Jahre]	1	5	10	15	20	23
Größe [cm]	75	99	144	165	167	167

d) Durchmesser eines Kreises ↦ Flächeninhalt eines Kreises

76 Lege Wertetabellen an und zeichne die Graphen der Funktionen $y = \frac{1}{2}x + 1$ und $y = \frac{1}{2}x^2 - 2$ im Bereich $-4 < x < +4$ in ein Koordinatensystem.
Wie lauten die Koordinaten der Schnittpunkte?

Interaktive Aufgabe

1. Funktion?

2.2 Lineare Funktionen

Merke

Lineare Funktionen

Funktionen mit der Funktionsgleichung $y = m \cdot x + n$ heißen **lineare Funktionen**.

↙ Steigung ↘ y-Achsenabschnitt (= Schnittpunkt mit der y-Achse)

Der Graph einer linearen Funktion ist immer eine **Gerade**.

Beispiele

1. $y = 3 \cdot x - 1$ Steigung: $m = 3$; Achsenabschnitt: $n = -1$

Wertetabelle

+1 +1 +1 Achsenabschnitt

x	–4	–3	–2	–1	0	1	2	3	4
y	–13	–10	–7	–4	–1	2	5	8	11

+3 +3 +3

Steigt der x-Wert um 1, so steigt der y-Wert um 3.

Graph

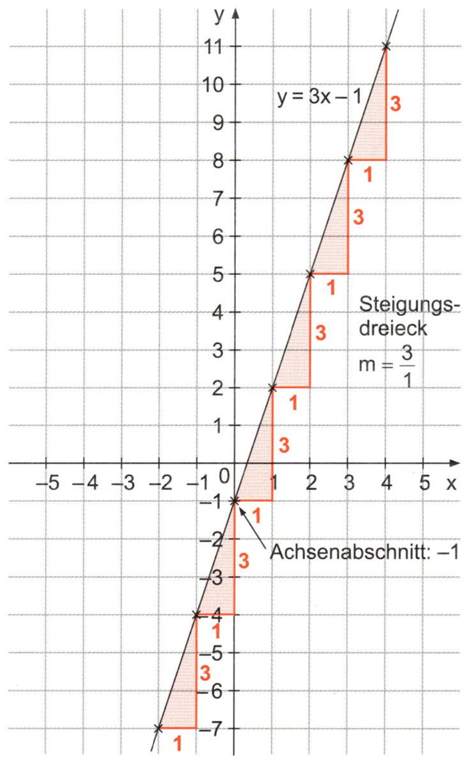

Steigungsdreieck:
+1 in x-Richtung und +3 in y-Richtung
d. h. 1 LE nach rechts, 3 LE nach oben

2. $y = -\frac{1}{2}x + 4$ Steigung: $m = -\frac{1}{2}$; Achsenabschnitt: $n = +4$

Wertetabelle

+1 +1 +1 Achsenabschnitt

x	–4	–3	–2	–1	0	1	2	3	4
y	6	5,5	5	4,5	4	3,5	3	2,5	2

$-\frac{1}{2}$ $-\frac{1}{2}$ $-\frac{1}{2}$

Steigt der x-Wert um 1, so fällt der y-Wert um $\frac{1}{2}$. Steigt der x-Wert um 2, so fällt der y-Wert um 1.

Graph

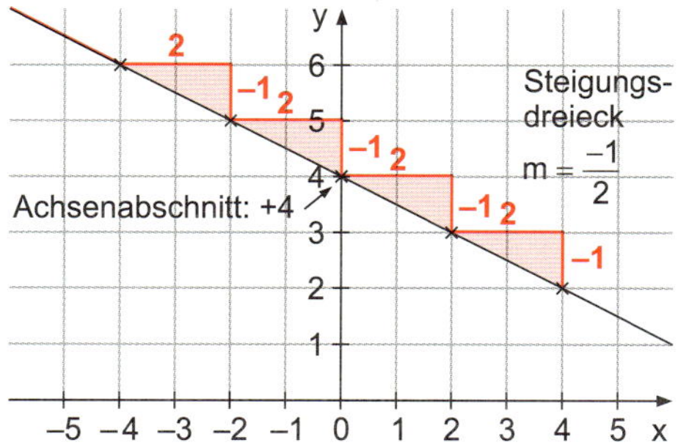

Steigungsdreieck:
+2 in x-Richtung, –1 in y-Richtung
d. h. 2 LE nach rechts, 1 LE nach unten

Interaktive Aufgabe

1. Wertetabelle

Zeichnen von Graphen

Um eine Gerade zu zeichnen, braucht man keine vollständige Wertetabelle. Es reichen zwei Punkte.

Merke

Linerare Funktionen

Zeichnen von Geraden

Möglichkeit 1
mithilfe von 2 Punkten.

- 2 Wertepaare bestimmen
- Punkte in das Koordinatensystem einzeichnen
- Punkte durch eine Gerade verbinden

Möglichkeit 2
mithilfe des Achsenabschnitts und des Steigungsdreiecks.

- Achsenabschnitt auf der y-Achse markieren
- Von diesem Punkt aus das Steigungsdreieck einzeichnen
- Beide Punkte durch eine Gerade verbinden

Beispiele

1. a) Zeichne den Graphen g: $y = \frac{2}{3}x - 3$.

Lösung:

Möglichkeit 1:

- 2 Wertepaare bestimmen, z. B.

x	0	6
y	–3	1

- $(0|-3)$ und $(6|1)$ einzeichnen und verbinden

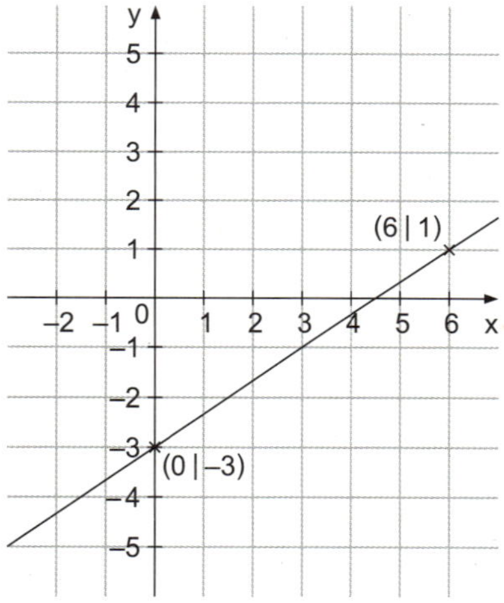

Möglichkeit 2:

- –3 auf der y-Achse markieren
- Steigungsdreieck für $\frac{2}{3}$ bedeutet „3 LE nach rechts, 2 LE nach oben", Punkt markieren
- Punkte verbinden

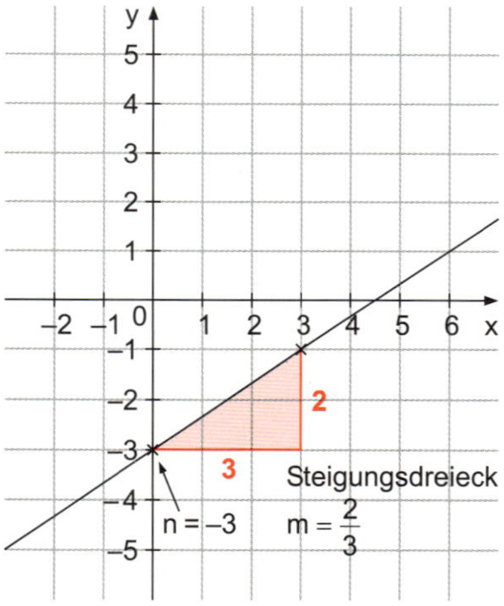

b) Liegen die Punkte $P(24|15)$ und $Q(-9|-9)$ auf g?

Lösung:

Da die Zeichnung nicht ausreichend groß ist, muss dies berechnet werden.

$$y = \frac{2}{3}x - 3$$

$$15 \stackrel{?}{=} \frac{2}{3} \cdot 24 - 3$$

$$15 \neq 13$$

P liegt nicht auf g.

$$y = \frac{2}{3}x - 3$$

$$-9 \stackrel{?}{=} \frac{2}{3} \cdot (-9) - 3$$

$$-9 = -9$$

Q liegt auf g.

2. Bestimme die Funktionsgleichung der Geraden g, die durch die Punkte A(–2 | 3) und B(2 | 0) geht.

Lösung:

- Graph zeichnen
- Achsenabschnitt ablesen: $n = 1{,}5$
- Steigungsdreieck einzeichnen: 4 LE nach rechts und 3 LE nach unten: $m = -\frac{3}{4}$

Funktionsgleichung:

$y = -\frac{3}{4}x + 1{,}5$

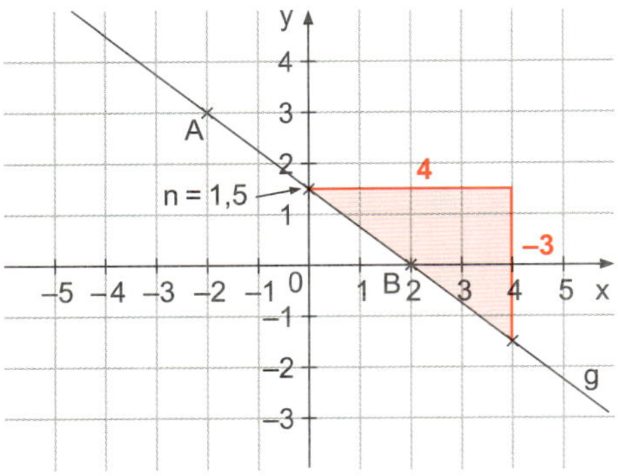

3. Ein Stromanbieter verlangt pro verbrauchter Kilowattstunde 0,2 €. Dazu kommt im Monat eine Grundgebühr von 8 €. Es wird ein Zeitraum von 1 Monat betrachtet.
   a) Wie lautet die zugehörige Funktionsgleichung?
   b) Zeichne den Graphen in ein geeignetes Koordinatensystem.
   c) Herr Müller bezahlt für einen Monat genau 60 €.
      Wie viele Kilowattstunden Strom hat er in dem Monat verbraucht?

Lösung:

a) x entspricht „Anzahl der verbrauchten Kilowattstunden"
   y entspricht „Gesamtstromkosten im Monat in €"
   Damit ergibt sich als Funktionsgleichung: $y = 0{,}2 \cdot x + 8$

b)

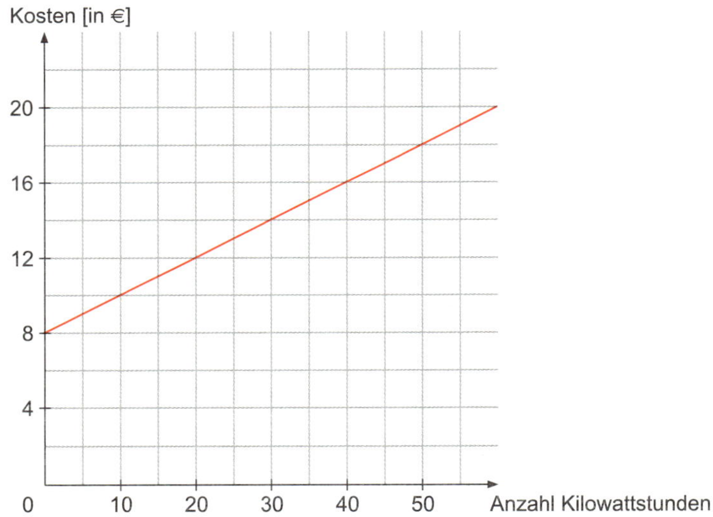

c) $y = 60$ einsetzen und nach x auflösen:

$60 = 0{,}2x + 8 \quad | -8$

$52 = 0{,}2x \quad | : 0{,}2$

$x = 260$

In dem Monat hat Herr Müller 260 Kilowattstunden Strom verbraucht.

Interaktive Aufgaben

2. Gerade zeichnen
3. Gerade zeichnen

Merke

Graphen linearer Funktionen

Ist die **Steigung**

m < 0, so erhält man **fallende Geraden**.

m = 0, so erhält man **Parallelen zur x-Achse**.

m > 0, so erhält man **steigende Geraden**.

Ist der **Achsenabschnitt**

n = 0, so erhält man Geraden durch den Ursprung (0|0): **Ursprungsgeraden**

Beispiele

1. m < 0: fallende Geraden

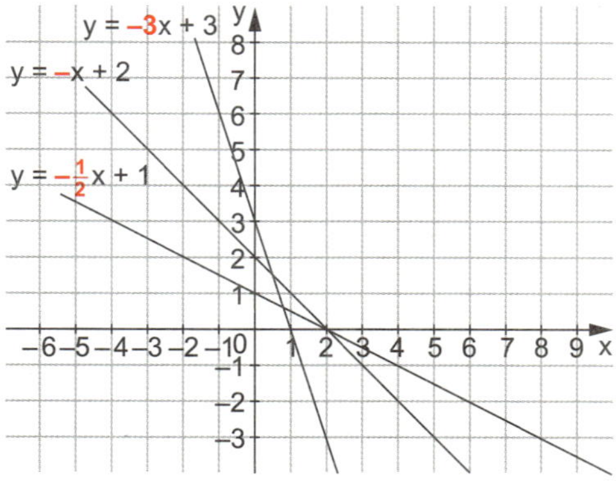

2. m = 0: Parallelen zur x-Achse

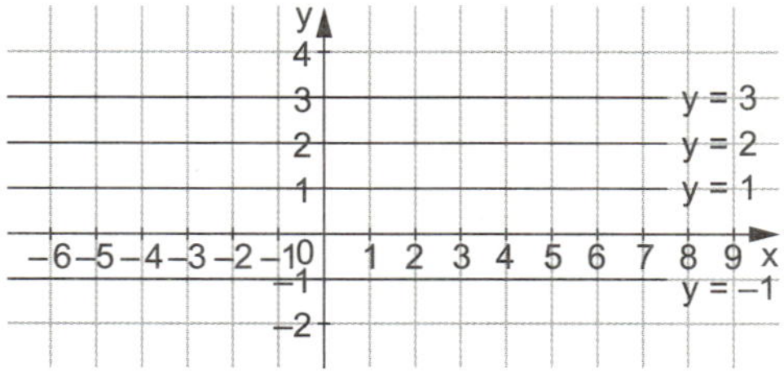

3. m > 0: steigende Geraden

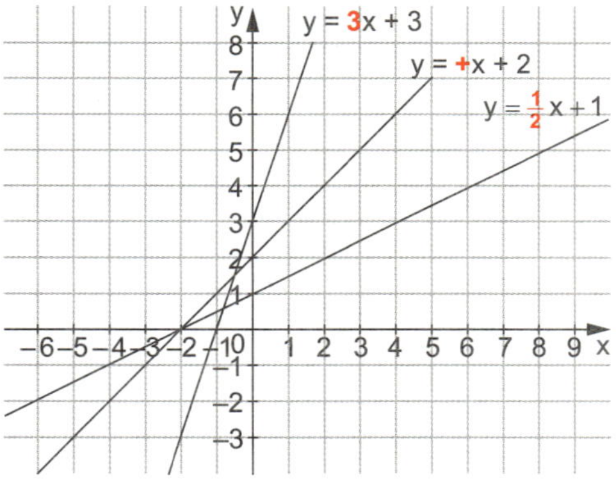

4. n = 0: Ursprungsgeraden

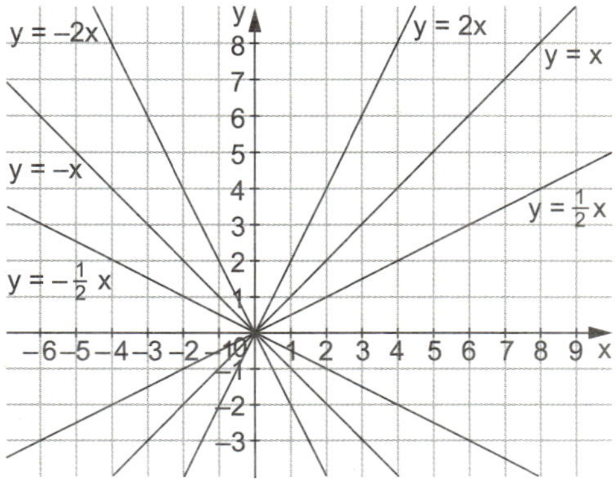

Aufgaben

77 In welchem Punkt schneiden sich die Graphen?

I $y = 4x + 3$

II $y = -x - 2$

78 Ordne die Graphen den Funktionsgleichungen zu.

a) $y = -0{,}5x + 3$

b) $y = -2x + 3$

c) $y = -1$

d) $y = -x$

e) $y = \frac{3}{4}x - 4$

f) $y = \frac{4}{3}x - 4$

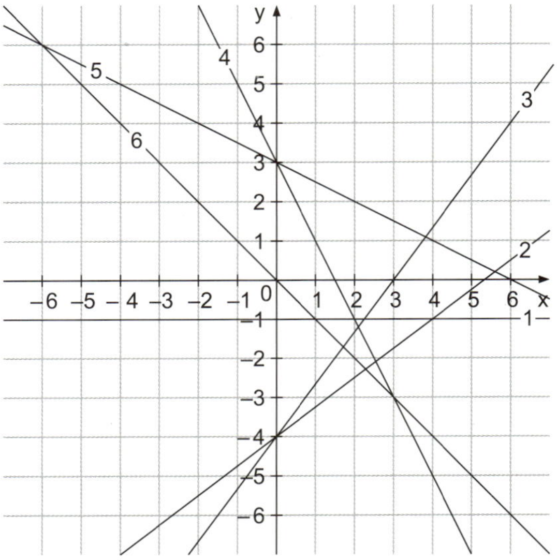

79 Gegeben ist die Gerade g: $y = -\frac{1}{3}x + 6$.

a) Nenne die Funktionsgleichung einer Geraden, die parallel zu g verläuft.

b) Liegen die Punkte $A(6\,|\,4)$ und $B(-24\,|\,13)$ auf der Geraden g?

c) Wie heißt die Funktionsgleichung der Geraden, die senkrecht zu g verläuft und den gleichen Achsenabschnitt hat?

d) Wo schneidet der Graph die x-Achse?

e) Ergänze die Wertepaare: Die Punkte $P(-10\,|\,\ldots)$ und $Q(\ldots\,|\,8)$ liegen auf g.

***80** Rechts stehen die Taxitarife von Musterstadt:

a) Stelle die Funktionsgleichungen auf.

b) Wie teuer wird die Fahrt vom Hauptbahnhof bis zum Busbahnhof (7 km)?

c) Ein Fahrgast gibt dem Taxifahrer 1,40 € Trinkgeld und bezahlt genau 23 €. Wie lang war die Fahrstrecke?

Grundbetrag	2,40 EUR
Kilometerpreis ≤ 10 km	1,68 EUR
> 10 km	1,28 EUR

Interaktive Aufgaben

- 4. Gerade zuordnen
- 5. Funktion zuordnen
- 6. Gerade zuordnen
- 7. Funktion zuordnen
- 8. Steigung und Punkt gegeben
- *9. Wasserrohrbruch

2.3 Lineare Gleichungssysteme

Merke

Lineare Gleichung – Lineares Gleichungssystem

Eine Gleichung, die sich auf die Form $ax + by = c$ bringen lässt, heißt **lineare Gleichung**. Löst man sie nach y auf, so erhält man eine lineare Funktionsgleichung $y = mx + n$.

Zwei lineare Gleichungen zusammen bilden ein lineares Gleichungssystem. Man kann ein lineares Gleichungssystem grafisch oder rechnerisch lösen.

Beispiel

I $\quad x - 3y = -6$
II $\quad 3x - 2y = 10$

Gesucht sind Zahlen für die Variablen x und y, die **beide Gleichungen** erfüllen.

Grafische Lösung

Merke

Grafisches Lösungsverfahren

- Löse beide Gleichungen nach y auf. Du erhältst Funktionsgleichungen.
- Zeichne die Geraden in ein Koordinatensystem.
- Lies die Koordinaten des Schnittpunktes ab, das sind die Lösungen für x und y.
- Mache die Probe, indem du x und y in beide Ausgangsgleichungen einsetzt.

Beispiel

I $\quad x - 3y = -6$
II $\quad 3x - 2y = 10$

- I und II nach y auflösen:

I $\quad x - 3y = -6 \quad |-x$
$\quad -3y = -x - 6 \quad |:(-3)$
$\quad y = \frac{1}{3}x + 2$

II $\quad 3x - 2y = 10 \quad |-3x$
$\quad -2y = -3x + 10 \quad |:(-2)$
$\quad y = \frac{3}{2}x - 5$

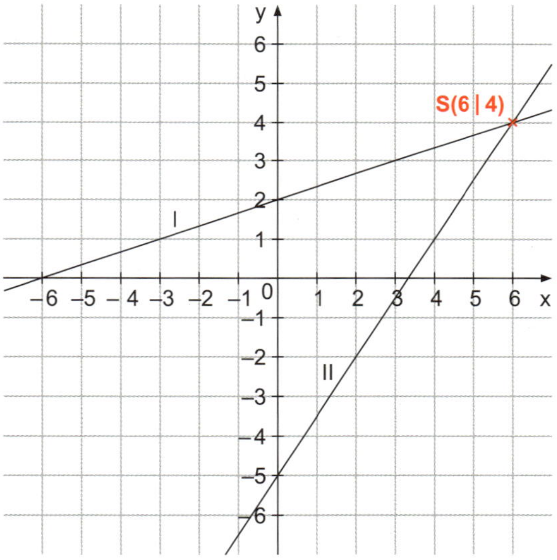

- Graphen in das Koordinatensystem einzeichnen.
- Der Schnittpunkt ist S(6 | 4), d. h. die Lösungen des Gleichungssystems sind $x = 6$ und $y = 4$.
- Probe:

für I

$x - 3y = -6$
$6 - 3 \cdot 4 \overset{?}{=} -6$
$-6 = -6$

für II

$3x - 2y = 10$
$3 \cdot 6 - 2 \cdot 4 \overset{?}{=} 10$
$18 - 8 \overset{?}{=} 10$
$10 = 10$

$L = \{(6|4)\}$

Rechnerische Lösungsverfahren

Merke

Gleichsetzungsverfahren
- **Löse beide Gleichungen nach derselben Variablen auf.**
- **Setze die beiden erhaltenen Terme gleich.**
- Löse die Gleichung, die nur noch eine Variable enthält.
- Setze die Lösung in eine der Ausgangsgleichungen ein und berechne die andere Variable.
- Mache die Probe, indem du x und y in beide Ausgangsgleichungen einsetzt.

Beispiel

I $-x+4y=-9{,}5$
II $2x-5y=13$

Lösung:

I $-x+4y=-9{,}5 \quad |-4y$
$-x=-9{,}5-4y \quad |:(-1)$
$x=9{,}5+4y$

Beide Gleichungen nach x auflösen (nach y wäre auch möglich, aber die Terme wären „komplizierter").

II $2x-5y=13 \quad |+5y$
$2x=13+5y \quad |:2$
$x=6{,}5+2{,}5y$

Terme gleichsetzen I=II:
$9{,}5+4y=6{,}5+2{,}5y \quad |-2{,}5y-9{,}5$
$1{,}5y=-3 \quad |:1{,}5$
$y=-2$

y=–2 einsetzen in I:
$-x+4\cdot(-2)=-9{,}5$
$-x-8=-9{,}5 \quad |+8$
$-x=-1{,}5 \quad |:(-1)$
$x=1{,}5$

Einsetzen in II wäre auch möglich.

Probe:

für I
$-1{,}5+4\cdot(-2)\overset{?}{=}-9{,}5$
$-1{,}5-8\overset{?}{=}-9{,}5$
$-9{,}5=-9{,}5$

für II
$2\cdot1{,}5-5\cdot(-2)\overset{?}{=}13$
$3+10\overset{?}{=}13$
$13=13$

$L=\{(1{,}5\,|\,-2)\}$

Interaktive Aufgabe

1. Gleichsetzungsverfahren

Merke

Einsetzungsverfahren

- **Löse eine der Gleichungen nach einer Variablen auf.**
- **Setze den Term für diese Variable in die andere Gleichung ein.**
- Löse die erhaltene Gleichung, die nur noch eine Variable enthält.
- Setze die Lösung in eine der Ausgangsgleichungen ein und berechne die andere Variable.
- Mache die Probe, indem du x und y in beide Ausgangsgleichungen einsetzt.

Beispiel

I $\quad -10x + 3y = 40$

II $\quad 6x + y = 4$

Lösung:

II $\quad 6x + y = 4 \quad |-6x$

$y = 4 - 6x$

Gleichung II nach y auflösen (so ist nur ein Umformungsschritt notwendig).

Term II in I einsetzen:

II in I $\quad -10x + 3(4 - 6x) = 40$

$-10x + 12 - 18x = 40$

$-28x + 12 = 40 \quad |-12$

$-28x = 28 \quad |:(-28)$

$x = -1$

$x = -1$ einsetzen in II:

$6 \cdot (-1) + y = 4 \quad |+6$

$y = 10$

Probe:

für I

$-10 \cdot (-1) + 3 \cdot 10 \stackrel{?}{=} 40$

$10 + 30 \stackrel{?}{=} 40$

$40 = 40$

für II

$6 \cdot (-1) + 10 \stackrel{?}{=} 4$

$-6 + 10 \stackrel{?}{=} 4$

$4 = 4$

$L = \{(-1 \mid 10)\}$

Interaktive Aufgabe

2. Einsetzungsverfahren

Merke

Additionsverfahren
- **Multipliziere die Gleichungen mit einer Zahl, sodass bei der Addition beider Gleichungen eine Variable wegfällt.**
- **Addiere die beiden Gleichungen.**
- Löse die erhaltene Gleichung, die nur noch eine Variable enthält.
- Setze die Lösung in eine der Ausgangsgleichungen ein und berechne die andere Variable.
- Mache die Probe, indem du x und y in beide Ausgangsgleichungen einsetzt.

Beispiel

I $7x-3y=-17$
II $8x-4y=-16$

Lösung:

1. Möglichkeit:
Variable x fällt nach dem Addieren weg.

$$\begin{array}{lrl} \text{I} & 7x-3y=-17 & |\cdot 8 \\ \text{II} & 8x-4y=-16 & |\cdot(-7) \end{array}$$

$$\left.\begin{array}{lr} \text{I} & 56x-24y=-136 \\ \text{II} & -56x+28y=112 \end{array}\right\}+$$

$$\begin{array}{lrl} \text{I+II} & 4y=-24 & |:4 \\ & y=-6 & \end{array}$$

$y=-6$ einsetzen in I:

$$\begin{aligned} 7x-3\cdot(-6)&=-17 \\ 7x+18&=-17 \quad |-18 \\ 7x&=-35 \quad |:7 \\ x&=-5 \end{aligned}$$

2. Möglichkeit:
Variable y fällt nach dem Addieren weg.

$$\begin{array}{lrl} \text{I} & 7x-3y=-17 & |\cdot 4 \\ \text{II} & 8x-4y=-16 & |\cdot(-3) \end{array}$$

$$\left.\begin{array}{lr} \text{I} & 28x-12y=-68 \\ \text{II} & -24x+12y=48 \end{array}\right\}+$$

$$\begin{array}{lrl} \text{I+II} & 4x=-20 & |:4 \\ & x=-5 & \end{array}$$

$x=-5$ einsetzen in I:

$$\begin{aligned} 7\cdot(-5)-3y&=-17 \\ -35-3y&=-17 \quad |+35 \\ -3y&=18 \quad |:(-3) \\ y&=-6 \end{aligned}$$

Probe:

für I

$$\begin{aligned} 7\cdot(-5)-3\cdot(-6)&\stackrel{?}{=}-17 \\ -35+18&\stackrel{?}{=}-17 \\ -17&=-17 \end{aligned}$$

für II

$$\begin{aligned} 8\cdot(-5)-4\cdot(-6)&\stackrel{?}{=}-16 \\ -40+24&\stackrel{?}{=}-16 \\ -16&=-16 \end{aligned}$$

$L=\{(-5\,|\,-6)\}$

Interaktive Aufgabe

3. Additionsverfahren

Merke

Anzahl der Lösungen eines linearen Gleichungssystems

Ein lineares Gleichungssystem hat entweder keine, eine oder unendlich viele Lösungen.

Beispiele

1. I $x + 2y = 4$
   II $2x + 4y = -4$

Rechnerische Lösung:

I $x + 2y = 4 \quad | \cdot (-2)$
II $2x + 4y = -4$

Additionsverfahren:

$$\begin{array}{ll} \text{I} & -2x - 4y = -8 \\ \text{II} & 2x + 4y = -4 \\ \hline \text{I + II} & 0 = -12 \quad (\text{f}) \end{array}$$

Das Gleichungssystem hat keine Lösung: $L = \emptyset$

Grafische Lösung:

I $y = -\frac{1}{2}x + 2$

II $y = -\frac{1}{2}x - 1$

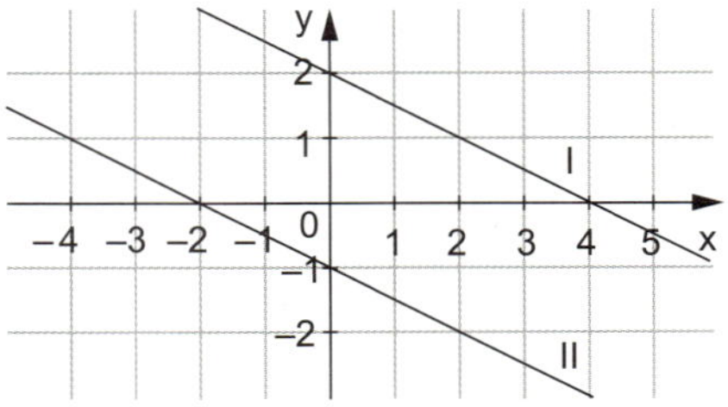

Die Geraden verlaufen parallel.

2. I $x - 1{,}5y = 6$
   II $-1{,}2x + 1{,}8y = -7{,}2$

Rechnerische Lösung:

Einsetzungsverfahren:

I $x = 6 + 1{,}5y$

I in II $-1{,}2(6 + 1{,}5y) + 1{,}8y = -7{,}2$
$-7{,}2 - 1{,}8y + 1{,}8y = -7{,}2$
$-7{,}2 = -7{,}2 \quad (\text{w})$

Das Gleichungssystem hat unendlich viele Lösungen: $L = \mathbb{R}$

Grafische Lösung:

I $y = \frac{2}{3}x - 4$

II $y = \frac{2}{3}x - 4$

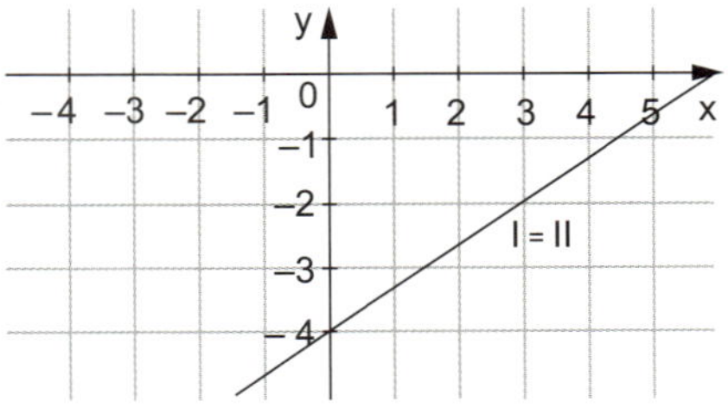

Die Geraden liegen aufeinander.

3. I $y = x + 2$
   II $4x - 1 = y$

Rechnerische Lösung:

Gleichsetzungsverfahren:

I = II $x + 2 = 4x - 1 \quad | +1$
$x + 3 = 4x \quad | -x \quad | :3$
$x = 1$

$x = 1$ in I:
$y = 1 + 2 = 3$

Das Gleichungssystem hat genau eine Lösung: $L = \{(1 | 3)\}$

Grafische Lösung:

I $y = x + 2$

II $y = 4x - 1$

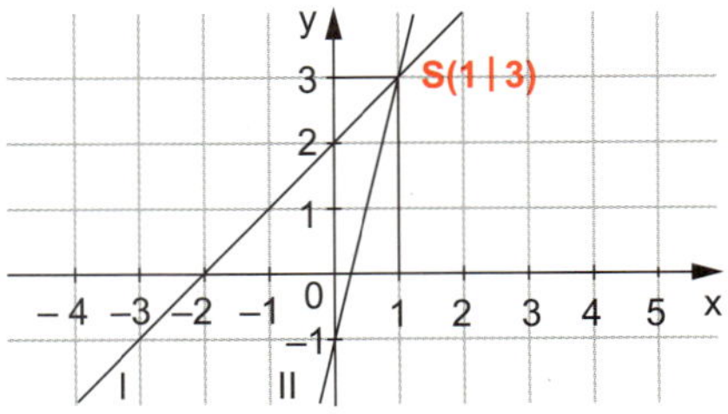

Die Geraden schneiden sich.

Merke

Lösen von Textgleichungen mit zwei Unbekannten

1. Schritt: Festlegen der Variablen x und y
2. Schritt: Gleichungen I und II aufstellen
3. Schritt: Gleichungssystem nach einem geeigneten Verfahren lösen
4. Schritt: Probe am Text
5. Schritt: Antwortsatz

Beispiel

Der Eintritt für eine Schultheatervorstellung kostet für Schüler 3 € und für Erwachsene 4 €. Steffi bezahlt im Vorverkauf 43 € und erhält dafür 12 Eintrittskarten.

Lösung:

1. Festlegen der Variablen x und y:

Anzahl der Schülerkarten: x

Anzahl der Erwachsenenkarten: y

2. Gleichungen I und II aufstellen:

I $3 \cdot x + 4 \cdot y = 43$ — Preis der Karten

II $x + y = 12$ — Anzahl der Karten

3. Gleichungssystem nach einem geeigneten Verfahren lösen:

Hier bietet sich das Einsetzungsverfahren an, weil man II bequem nach x oder y umstellen kann.

II $x = 12 - y$

II in I $3(12 - y) + 4y = 43$

$36 - 3y + 4y = 43$

$y = 7$

$y = 7$ in II:

$x + 7 = 12 \quad | -7$

$x = 5$

4. Probe am Text:

5 Schülerkarten und 7 Erwachsenenkarten sind insgesamt 12 Karten, sie kosten $5 \cdot 3$ € $+ 7 \cdot 4$ €, also 43 €.

5. Antwortsatz:

Steffi kaufte 5 Karten für Schüler und 7 Karten für Erwachsene.

Aufgaben

81 Überprüfe, ob (–5 | 4) die Lösung der beiden Gleichungen ist.

I $\frac{4}{5}x + \frac{1}{4}y = -3$

II $-y = -x + 1$

82 Löse die Gleichungssysteme mit einem geeigneten Verfahren.

a) I $y = -\frac{1}{2}x + 1$
II $y = \frac{3}{4}x - 4$

b) I $6x - 6y = 108$
II $7x + 2y = 27$

*c) I $0{,}75x + y = 85$
II $0{,}5x - 0{,}6y = 44$

*d) I $9x - 2y = -20$
II $-9y - 2x = -5$

83 An einer Kinokasse bezahlt Familie Scholz (Vater, Mutter und 4 Kinder) insgesamt 30,40 €. Familie Lehmann löst einen Geschenkgutschein über 20 € ein und bezahlt nur noch 8,80 € für drei Erwachsene und zwei Kinder.

a) Wie viel kostet eine Kinokarte für einen Erwachsenen, wie viel für ein Kind?

*b) Familie Meier bezahlt für 7 Personen 32 €. Wie viele Kinder waren dabei?

84 Finde die Gleichungssysteme, mit denen du folgende Zahlenrätsel lösen kannst.

a) Die Summe zweier ganzer Zahlen ergibt –1. Die Differenz beider Zahlen ist 7.

b) Addiert man zum Dreifachen einer Zahl eine zweite Zahl, so erhält man 13. Subtrahiert man von der ersten Zahl das Doppelte der zweiten Zahl, erhält man 23.

*c) Das Doppelte der ersten Zahl ist um 2 kleiner als die zweite Zahl. Die Hälfte der Summe aus beiden Zahlen ist um 7 größer als die erste Zahl.

***85** Beim Sonntagsspaziergang rund um den Grunewaldsee sieht Robert viele Hunde und viele Menschen. Er zählt insgesamt 65 Köpfe und 178 Beine.
Wie viele Hunde und wie viele Menschen sind Robert begegnet?

***86** Xaver ist jetzt 7 Jahre älter als Yvonne. Vor sechs Jahren war Xaver doppelt so alt wie Yvonne. Wie alt sind beide jetzt? Welches Gleichungssystem passt zur Aufgabe? Löse es.
Alter von Xaver: x
Alter von Yvonne: y

a) I $x + 7 = y$
II $2x - 6 = y - 6$

b) I $x = y + 7$
II $(x - 6) \cdot 2 = y$

c) I $x = y + 7$
II $x - 6 = 2(y - 6)$

***87** Im Chemieunterricht braucht man für einen Versuch genau 100 $m\ell$ 20 %ige Essigsäure. Im Vorrat findet Romina aber nur 40 %ige und 15 %ige Essigsäure. Ihre Lehrerin sagt: „Dann misch doch einfach die beiden Sorten, nimm x $m\ell$ 40 %ige und y $m\ell$ 15 %ige!"

***88** Weise nach, dass das Gleichungssystem keine Lösung besitzt.

I $3x - 2y = 10$

II $4y = 6x - 4$

Interaktive Aufgaben

4. Aktienfonds
*5. Hannes, René und Aaron

3 Quadratische Funktionen und Gleichungen

3.1 Quadratische Funktionen

Merke

Quadratische Funktion

Funktionen mit der Funktionsgleichung $y = ax^2 + bx + c$ heißen **quadratische Funktionen** ($a, b, c \in \mathbb{R}$ und $a \neq 0$).
Der Graph einer quadratischen Funktion ist eine **Parabel**.

Die quadratische Funktion $y = x^2$

Merke

Der Graph der Funktion $y = x^2$ ist die **Normalparabel**. Sie ist symmetrisch zur y-Achse, der Scheitelpunkt $S(0|0)$ liegt im Koordinatenursprung.

Wertetabelle

x	–5	–4	–3	–2	–1	0	1	2	3	4	5
y	25	16	9	4	1	0	1	4	9	16	25

Graph

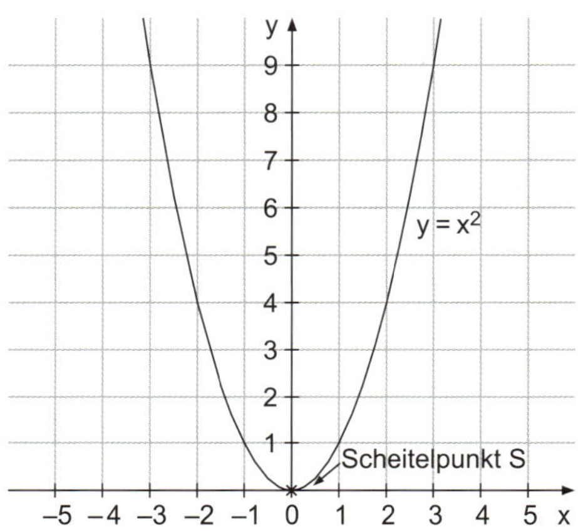

Streckung der Normalparabel

Merke

Gestreckte und gestauchte Parabel

Quadratische Funktionen der Form $y = a \cdot x^2$

- Die Graphen der Funktionen $y = a \cdot x^2$ sind Parabeln, die durch Streckung ($a > 1$ oder $a < -1$) oder Stauchung ($a < 1$ oder $a > -1$) und gegebenenfalls Spiegelung ($a < 0$) an der x-Achse aus der Normalparabel mit dem **Streckfaktor a** entstehen.
- Ist $a > 1$ oder $a < -1$, so wird die Normalparabel „enger“.
  Ist $a < 1$ oder $a > -1$, so wird sie „weiter“.
- Für **positive Werte** von a ist die Parabel **nach oben geöffnet**.
- Für **negative Werte** von a ist die Parabel **nach unten geöffnet**.

Beispiele

$y = ax^2$

$a = 2$	$f_1\colon y = 2x^2$
$a = \frac{1}{2}$	$f_2\colon y = \frac{1}{2}x^2$
$a = -\frac{1}{3}$	$f_3\colon y = -\frac{1}{3}x^2$
$a = -3$	$f_4\colon y = -3x^2$

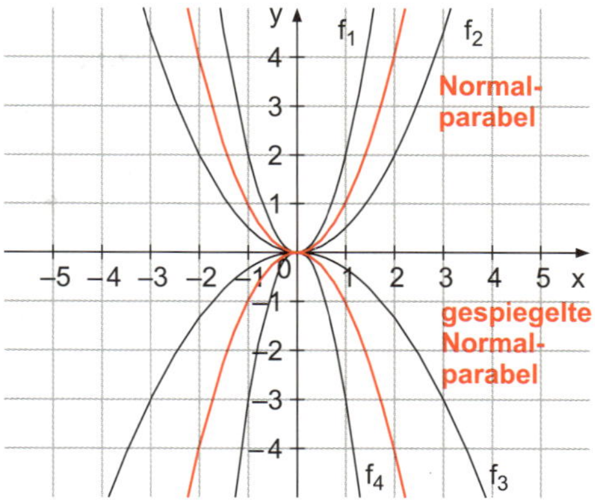

Verschiebung Normalparabel

Verschiebung der Normalparabel längs der Koordinatenachsen

Funktion	Beschreibung	Beispiel
$y = x^2 + \mathbf{n}$	Die Normalparabel verschiebt sich um n Einheiten längs der y-Achse. Scheitelpunkt S(0 | n)	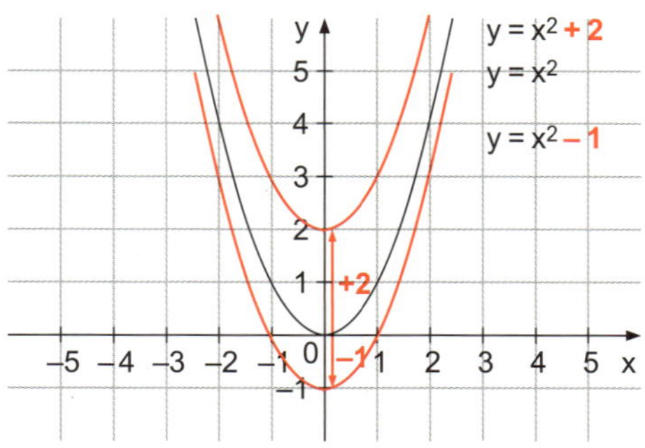
$y = (x - \mathbf{m})^2$	Die Normalparabel verschiebt sich um m Einheiten längs der x-Achse. Scheitelpunkt S(m | 0)	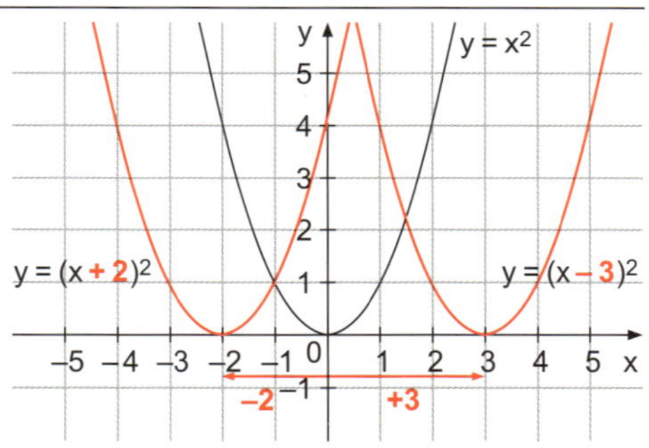
$y = (x - \mathbf{m})^2 + \mathbf{n}$	Die Normalparabel verschiebt sich um m Einheiten längs der x-Achse und um n Einheiten längs der y-Achse. Scheitelpunkt S(m | n)	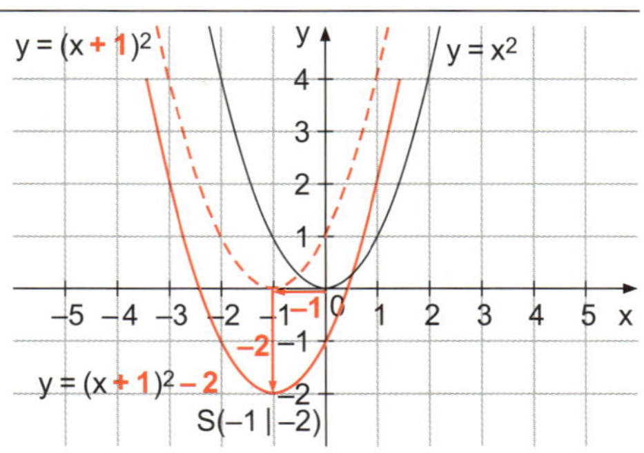

Interaktive Aufgaben

1. Parabel zuordnen
2. Reihenfolge
3. Parabel zeichnen
4. Parabel zuordnen
*5. Vogel

Scheitelpunktform einer quadratischen Funktion

Merke

Die Form $y = a \cdot (x+d)^2 + e$ heißt **Scheitelpunktform**, weil man die Koordinaten des Scheitelpunktes direkt ablesen kann.

$y = a \cdot (x+d)^2 + e$

↙ ↘↙

Streckfaktor Scheitelpunkt $S(-d \mid e)$

Die Normalparabel wird mit dem **Streckfaktor a** gestreckt, um $-d$ Einheiten längs der x-Achse und um e Einheiten längs der y-Achse verschoben.

Beispiel

Zeige grafisch, wie durch Streckung und Verschiebung der Normalparabel der Graph der Funktion $y = \frac{1}{4}(x+3)^2 + 1$ entsteht.

Lösung:

1. Normalparabel

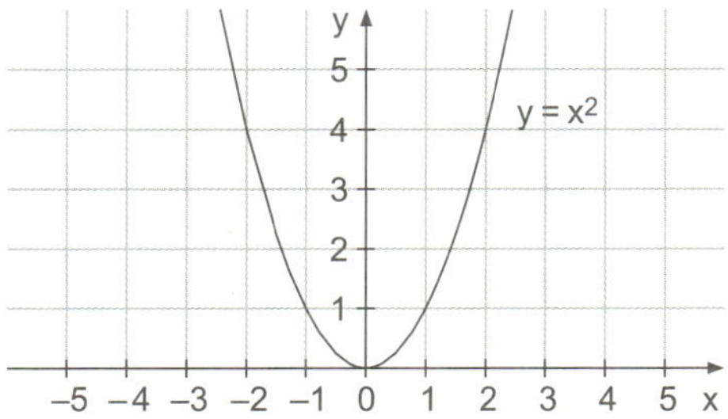

2. Strecken mit $a = \frac{1}{4}$

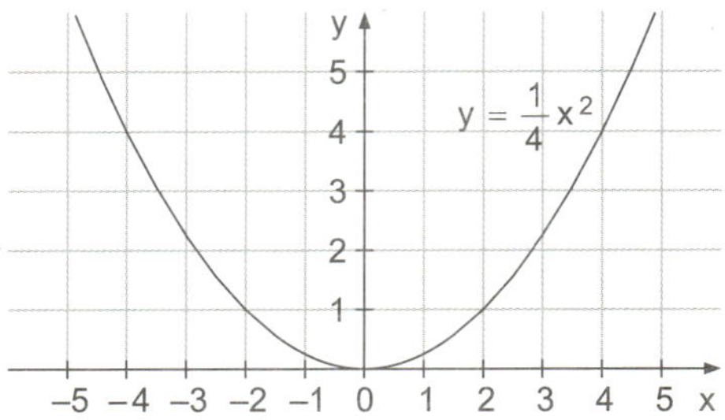

3. Verschieben längs der x-Achse um –3

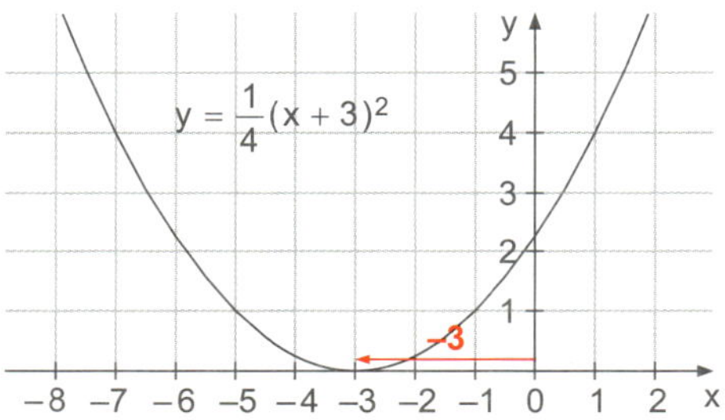

4. Verschieben längs der y-Achse um +1

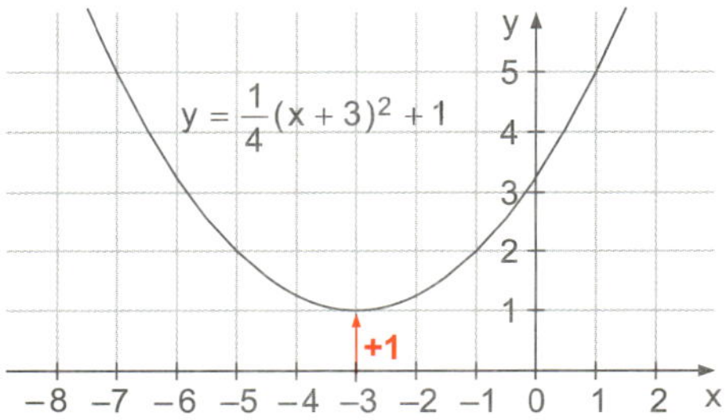

Interaktive Aufgaben

6. Parabel zeichnen
7. Parabel zuordnen
8. Parabel zeichnen
9. Parabel zuordnen
10. Parabel zeichnen

Merke

Scheitelpunktform und allgemeine Form

Eine quadratische Funktion kann in der allgemeinen Form $y = ax^2 + bx + c$ oder in der Scheitelpunktform $y = a \cdot (x+d)^2 + e$ angegeben werden.

Beispiele

1. Die Scheitelpunktform wird in die allgemeine Form umgewandelt.

$y = 3 \cdot (x-5)^2 - 2$ Streckfaktor $a = 3$; Scheitelpunkt $S(5 \mid -2)$

$y = 3(x^2 - 10x + 25) - 2$

$y = 3x^2 - 30x + 75 - 2$

$y = 3x^2 - 30x + 73$

2. Die allgemeine Form wird in die Scheitelpunktform umgewandelt.

$y = \frac{1}{2}x^2 - 4x + 5$ Streckfaktor ausklammern

$y = \frac{1}{2}(x^2 - 8x + 10)$

$y = \frac{1}{2}\left(x^2 - 8x + \left(\frac{8}{2}\right)^2 - \left(\frac{8}{2}\right)^2 + 10\right)$ Quadratische Ergänzung

$y = \frac{1}{2}(\underbrace{x^2 - 8x + 16}_{\text{Binom}} - 16 + 10)$

$y = \frac{1}{2}[(x - 4)^2 \quad - 6]$ Ausmultiplizieren

$y = \frac{1}{2} \cdot (x - 4)^2 - 3$

Scheitelpunkt $S(4|-3)$

Merke

> Man kann den Scheitelpunkt einer quadratischen Funktion in der allgemeinen Form auch durch Formeln bestimmen.
> Funktion: $y = ax^2 + bx + c$ Scheitelpunkt $S(x_S|y_S)$
> Scheitelkoordinaten $x_S = -\frac{b}{2a}$ $y_S = c - \frac{b^2}{4a}$

Beispiele

1. Bestimme den Scheitelpunkt des Graphen der Funktion $y = -2x^2 + 4x + 2$.

Lösung:

Es gibt 3 unterschiedliche Verfahren.

- Scheitelkoordinaten rechnerisch bestimmen ($a = -2$; $b = 4$; $c = 2$):

$x_S = -\frac{b}{2a}$ $y_S = c - \frac{b^2}{4a}$

$x_S = -\frac{4}{2 \cdot (-2)}$ $y_S = 2 - \frac{4^2}{4 \cdot (-2)}$

$x_S = -\frac{4}{-4}$ $y_S = 2 - \frac{16}{-8}$

$x_S = 1$ $y_S = 2 + 2$

$y_S = 4$

$S(1|4)$

oder

- Allgemeine Form in die Scheitelpunktform umwandeln

$y = -2x^2 + 4x + 2$ Streckfaktor ausklammern

$y = -2(x^2 - 2x - 1)$

$y = -2\left(x^2 - 2x + \left(\frac{2}{2}\right)^2 - \left(\frac{2}{2}\right)^2 - 1\right)$ Quadratische Ergänzung

$y = -2(x^2 - 2x + 1 - 1 - 1)$

$y = -2[(x - 1)^2 - 2]$ Ausmultiplizieren

$y = -2 \cdot (x - 1)^2 + 4$

$S(1|4)$

oder

- Zeichnerische Lösung

Wertetabelle

x	−5	−4	−3	−2	−1	0	1	2	3	4	5
y	−68	−46	−28	−14	−4	2	4	2	−4	−14	−28

Graph

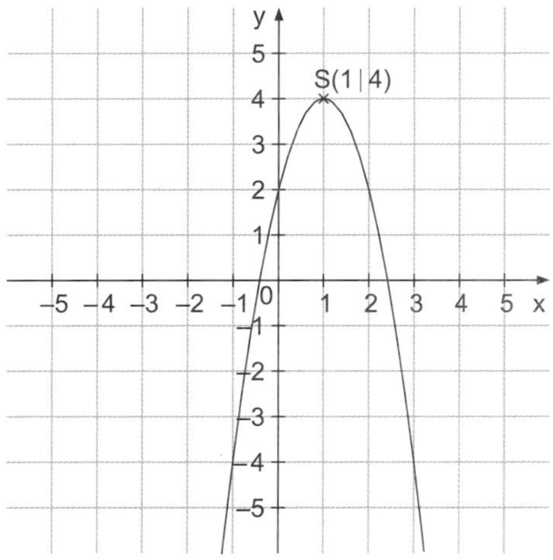

2. Im botanischen Garten werden an heißen Sommertagen Beregnungsanlagen eingeschaltet, die viele Pflanzen vor dem Austrocknen schützen. Ein Wasserbogen, der aus einer feinen Düse am Boden austritt, beschreibt annähernd eine Parabel mit der Funktionsgleichung $y = -0{,}05x^2 + 0{,}5x$ (x ist die Weite und y die Höhe des Wasserbogens in Meter).

a) Stelle die Bahn des Wasserbogens im Koordinatensystem dar ($0 \leq x \leq 11$). Lege vorher eine Wertetabelle an.

b) Lies aus deiner Zeichnung ab, welche maximale Höhe der Wasserstrahl erreicht. Überprüfe das Ergebnis rechnerisch.

c) Wie weit reicht ein Wasserbogen? Wird eine Pflanze in 12 m Entfernung noch mit Wasser versorgt?

Lösung:

Wertetabelle

a)

x	0	1	2	3	4	5	6	7	8	9	10	11
y	0	0,45	0,8	1,05	1,2	1,25	1,2	1,05	0,8	0,45	0	−0,55

Graph

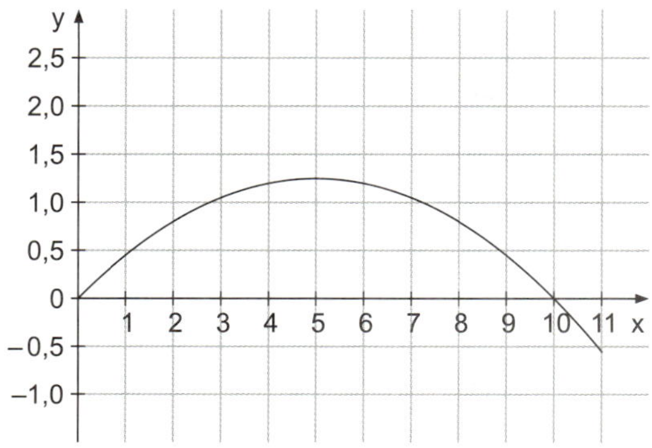

b) Aus der Zeichnung liest man eine maximale Höhe von ca. 1,25 m ab.

Rechnerische Lösung:
Gesucht ist der höchste Punkt des Graphen, also der Scheitelpunkt.
Zur Berechnung gibt es zwei Verfahren.

Scheitelpunktform: **oder** Formeln:

$y = -0{,}05x^2 + 0{,}5x$

$y = -0{,}05(x^2 - 10x)$

$y = -0{,}05\left(x^2 - 10x + \left(\frac{10}{2}\right)^2 - \left(\frac{10}{2}\right)^2\right)$

$y = -0{,}05(x^2 - 10x + 25 - 25)$

$y = -0{,}05[(x-5)^2 - 25]$

$y = -0{,}05 \cdot (x-5)^2 + 1{,}25$

S(5 | 1,25)

$x_S = -\frac{b}{2a}$

$x_S = -\frac{0{,}5}{2 \cdot (-0{,}05)} = -\frac{0{,}5}{-0{,}1} = 5$

$y_S = c - \frac{b^2}{4a}$

$y_S = 0 - \frac{0{,}5^2}{4 \cdot (-0{,}05)} = -\frac{0{,}25}{-0{,}2} = 1{,}25$

S(5 | 1,25)

Der höchste Punkt ist S(5 | 1,25), d. h. die maximale Höhe beträgt 1,25 m.

c) Der Wertetabelle oder dem Graphen in Teilaufgabe a entnimmt man, dass der Wasserbogen in 10 m Entfernung auf dem Erdboden auftrifft. Eine Pflanze in 12 m Entfernung wird demnach nicht mehr mit Wasser versorgt.

Aufgaben

89 Die Normalparabel wird im Koordinatensystem um 5 LE nach links, danach um 2 LE nach oben verschoben.

a) Welche Koordinaten hat der Scheitelpunkt?
(Tipp: Skizziere die Verschiebung der Normalparabel.)

*b) Wie heißt die Funktionsgleichung in Scheitelpunktform und in allgemeiner Form?

90 Gegeben ist die quadratische Funktion $y = -\frac{1}{3}x^2 + 2x + 3$.

a) Zeichne den Graphen im Bereich $-2 < x < 8$.

b) Überprüfe rechnerisch, ob die Punkte P(4 | 5,8) und Q(–9 | –42) auf dem Graphen liegen.

c) Lies die Koordinaten des Scheitelpunktes ab.

***91** Gib den Scheitelpunkt und die Funktionsgleichung der unten abgebildeten, verschobenen Normalparabeln in der Scheitelpunktform und in der allgemeinen Form an.

a)

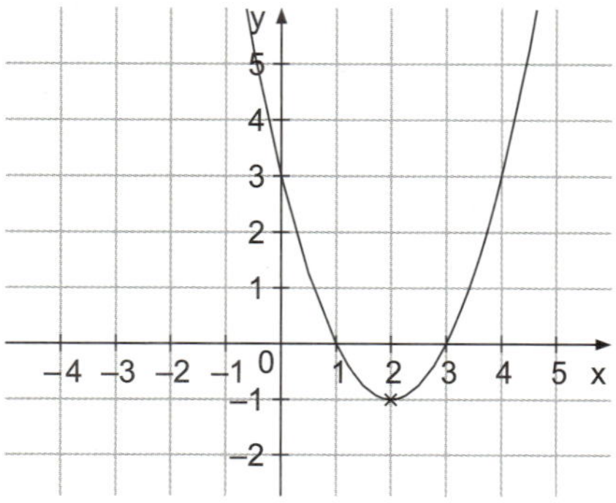

b)

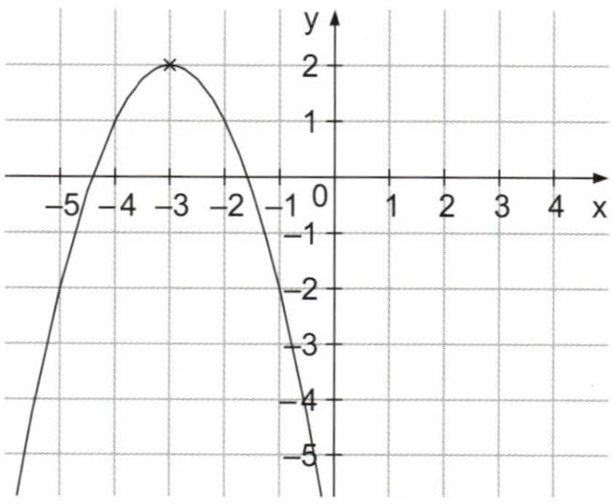

***92** Ein Golfspieler schlägt ab. Die Bahn des Golfballs kann annähernd mit der Funktion $y = -\frac{1}{125}x^2 + \frac{4}{5}x$ beschrieben werden.

y: Höhe des Balles in m; x: Weite des Balles in m

a) Zeichne den Graphen mithilfe der Wertetabelle.

x	0	10	20	30	40	50
y						

x	60	70	80	90	100	110
y						

b) Wie weit fliegt der Golfball?

c) Welche größte Höhe erreicht der Golfball?

d) 17 m hinter dem Abschlag steht zwischen Abschlag und Loch ein 11 m hoher Baum. Wie hoch fliegt der Golfball über den Baum?

***93** Welcher Graph gehört zu welcher Funktionsgleichung?

a) $y = -x^2 + 4$

b) $y = (x-2)^2$

c) $y = (x+4)^2 - 2$

d) $y = 4x^2 - 2$

e) $y = -2x^2 - 4$

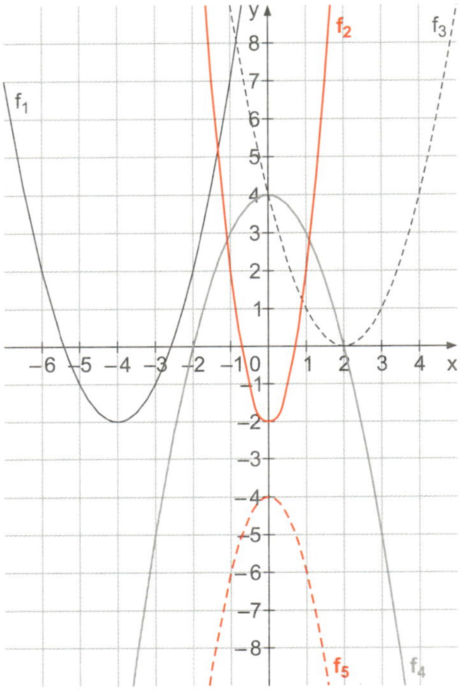

Interaktive Aufgaben

- *11. Scheitel bestimmen
- *12. Extremwert
- *13. T-Shirt-Kanone

Nullstellen einer quadratischen Funktion

Merke

- An den Punkten, an denen der Graph einer Funktion die x-Achse schneidet, sind die Funktionswerte gleich null. Die x-Koordinaten dieser Schnittpunkte bezeichnet man als **Nullstellen** der Funktion.
- Um die Nullstellen zu berechnen, setzt mal also den **Funktionsterm gleich null**.
- Eine **quadratische Funktion** kann **zwei, eine oder keine Nullstelle** besitzen.

Beispiele

1. Wie viele Nullstellen haben die folgenden Funktionen?

   $f_1: y = \frac{1}{2}x^2 - x + 2{,}5$

   $f_2: y = 1{,}5x^2 - 9x + 13{,}5$

   $f_3: y = x^2 - 14x + 47$

   Lösung:

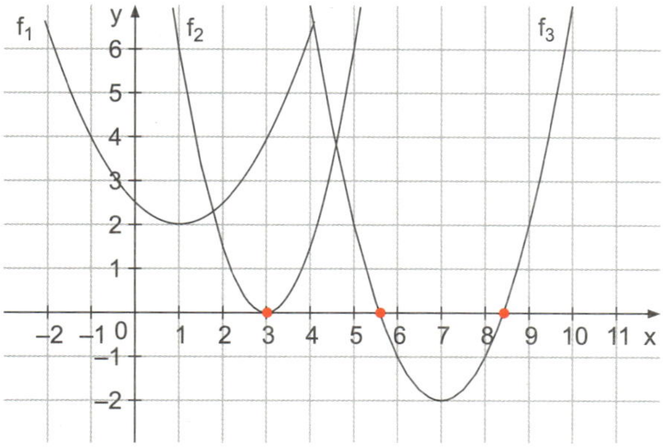

2. Berechne die Nullstellen der Funktion $y = x^2 - 3x - 4$.

   Lösung:

   Man setzt die y-Koordinate gleich null 0: $0 = x^2 - 3x - 4$
   Die Nullstellenberechnung führt auf eine **quadratische Gleichung**.
   Man löst eine quadratische Gleichung mithilfe von speziellen Lösungsverfahren (z. B. p-q-Formel), die im folgenden Abschnitt behandelt werden.

3.2 Quadratische Gleichungen

Quadratische Gleichungen

Gleichungen der Form $\mathbf{ax^2 + bx + c = 0}$ (wobei a, b, c reelle Zahlen sind und $a \neq 0$) nennen wir **quadratische Gleichungen**.

Mittels Division durch a kann jede quadratische Gleichung auf die **Normalform** $\mathbf{x^2 + px + q = 0}$ gebracht werden.

Zunächst werden zwei Sonderfälle quadratischer Gleichungen betrachtet.

Reinquadratische Gleichungen $x^2-q=0$

> **Reinquadratische Gleichungen**
>
> Quadratische Gleichungen mit $p=0$ und der Form $\mathbf{x^2-q=0}$ heißen **reinquadratische Gleichungen**.
>
> Folgende Fälle sind zu unterscheiden:
>
> $q>0$: Es gibt genau zwei Lösungen, nämlich $x_1=-\sqrt{q}$ und $x_2=\sqrt{q}$.
>
> $q=0$: Es gibt genau eine Lösung, nämlich $x=0$.
>
> $q<0$: Es gibt keine reellen Lösungen.

Beispiel

Löse folgende reinquadratische Gleichungen.

a) $x^2-4=0$

b) $3x^2+21=0$

c) $(x+4)^2-2x=6x+16$

Lösung:

a) $x^2-4=0$	Reinquadratische Gleichung
$x^2=4$	Äquivalente Umformung
$x_1=+\sqrt{4} \quad x_2=-\sqrt{4}$	Zwei verschiedene x-Werte erfüllen die Gleichung.
$x_1=+2 \quad x_2=-2$	
$L=\{-2;+2\}$	Lösungsmenge
b) $3x^2+21=0$	Reinquadratische Gleichung
$x^2=-7$	Äquivalente Umformung
$L=\varnothing$	Keine Lösung, weil es keinen reellen Wert für x gibt, der die Gleichung erfüllt.
c) $(x+4)^2-2x=6x+16$	Klammer auflösen
$x^2+8x+16-2x=6x+16$	Äquivalente Umformung
$x^2=0$	
$x=0$	Nur $x=0$ erfüllt die gegebene Gleichung.
$L=\{0\}$	Es gibt nur eine Lösung.

Aufgaben

***94** Löse die Gleichungen ($\mathbb{G}=\mathbb{R}$).

a) $2x^2-98=0$

b) $3x^2-\frac{108}{169}=0$

c) $(x-2)^2+12x=-3x^2+(x+4)^2$

d) $5x^2+45=0$

***95** Gib jeweils zu den angegebenen Lösungsmengen eine zugehörige reinquadratische Gleichung an ($\mathbb{G}=\mathbb{R}$):

a) $L=\{-3;+3\}$

b) $L=\left\{-\frac{3}{4};+\frac{3}{4}\right\}$

***96** Löse die folgenden Gleichungen mithilfe des Taschenrechners:

a) $3x^2-16{,}5265=0$

b) $2{,}5x^2-(8{,}75)^3=0$

Interaktive Aufgabe

*1. Gleichung lösen

Quadratische Gleichungen $x^2 + px = 0$

Merke

Quadratische Gleichungen $x^2 + px = 0$

Eine quadratische Gleichung der Form $x^2 + px = 0$ löst man durch Ausklammern von x:
$x^2 + px = 0 \quad \Leftrightarrow \quad x(x + p) = 0$
Da ein Produkt immer genau dann null ist, wenn (mindestens) ein Faktor null ist, erhält man die beiden Lösungen $x_1 = 0$ und $x_2 = -p$.

Beispiel

Löse folgende quadratische Gleichungen der Form $x^2 + px = 0$.

a) $x^2 + 3x = 0$ b) $x^2 - 5x = 0$

Lösung:

a) $x^2 + 3x = 0$

$x(x + 3) = 0$ Ausklammern von x

$x_1 = 0 \quad x_2 = -3$ Jeder der beiden Faktoren wird gleich null gesetzt.

$L = \{-3; 0\}$ Lösungsmenge

b) $x^2 - 5x = 0$

$x(x - 5) = 0$ Ausklammern von x

$x_1 = 0 \quad x_2 = 5$ Jeder der beiden Faktoren wird gleich null gesetzt.

$L = \{0; 5\}$ Lösungsmenge

Aufgabe *97

Löse die folgenden Gleichungen.

a) $x^2 - \frac{3}{4}x = 0$

b) $2x^2 - 5x = 0$

c) $-3x^2 + 9x = 0$

Die allgemeine quadratische Gleichung $x^2 + px + q = 0$

Merke

Lösung der allgemeinen quadratischen Gleichung $x^2 + px + q = 0$

Die allgemeine quadratische Gleichung $x^2 + px + q = 0$ löst man mit der Lösungsformel:

$$x_{1/2} = -\frac{p}{2} \pm \sqrt{\left(\frac{p}{2}\right)^2 - q}$$

Der Ausdruck unter dem Wurzelzeichen $\left(\frac{p}{2}\right)^2 - q$ heißt **Diskriminante D**.

Folgende Fälle sind zu unterscheiden:

$D > 0$: Es gibt 2 verschiedene Lösungen.

$D = 0$: Es gibt genau eine Lösung, $x_1 = x_2 = -\frac{p}{2}$.

$D < 0$: Es gibt keine Lösung, da man aus einer negativen Zahl keine Wurzel ziehen kann.

Eine solche quadratische Gleichung kann man auch mithilfe quadratischer Ergänzung lösen.

Beispiele

Gib jeweils die Lösungsmenge der quadratischen Gleichungen an:

1. $x^2+2x-8=0$ allgemeine quadratische Gleichung mit ($p=2$; $q=-8$):

$$x_{1/2}=\frac{-2}{2}\pm\sqrt{\left(\frac{2}{2}\right)^2-(-8)}$$

$$x_{1/2}=-1\pm\sqrt{9}$$

$x_1=-1+3$ $x_2=-1-3$

$x_1=2$ $x_2=-4$

$L=\{-4; 2\}$

oder

Lösung mithilfe quadratischer Ergänzung:

$$x^2+2x-8=0$$

$$x^2+2x+1-1-8=0$$ quadratische Ergänzung

$$(x+1)^2-9=0 \quad |+9$$

$$(x+1)^2=9$$

$x_1+1=3$ $x_2+1=-3$

$x_1=2$ $x_2=-4$

$L=\{-4; 2\}$

2. $9x^2-19x-10=2\cdot(x^2+4x+4)+x\cdot(x-15)$ Klammern auflösen

$9x^2-19x-10=2x^2+8x+8+x^2-15x$ Äquivalenzumformungen

$6x^2-12x-18=0 \quad |:6$ Äquivalenzumformungen

$x^2-2x-3=0$ Quadratische Gleichung (Normalform) mit $p=-2$; $q=-3$

$$x_{1/2}=-\frac{-2}{2}\pm\sqrt{\left(\frac{2}{2}\right)^2+3}$$ Werte für p und q ersetzen

$$x_{1/2}=1\pm\sqrt{4}$$

$$x_{1/2}=1\pm 2$$

$x_1=3$ $x_2=-1$

$L=\{-1; 3\}$

3. $-\frac{1}{3}x^2-2x-3=0 \quad |\cdot(-3)$ Äquivalenzumformungen

$x^2+6x+9=0$ Quadratische Gleichung (Normalform) mit $p=6$; $q=9$

$$x_{1/2}=-\frac{6}{2}\pm\sqrt{\left(\frac{6}{2}\right)^2-9}$$ Werte für p und q einsetzen

$$x_{1/2}=-3\pm\sqrt{0}$$

$x=-3$

$L=\{-3\}$

4. $3x^2 - 6x + 5 = 0 \quad |:3$

$x^2 - 2x + \frac{5}{3} = 0$ — Quadratische Gleichung (Normalform) mit $p = -2$; $q = \frac{5}{3}$

$x_{1/2} = -\frac{-2}{2} \pm \sqrt{1 - \frac{5}{3}}$ — Werte für p und q einsetzen

$x_{1/2} = 1 \pm \sqrt{-\frac{2}{3}}$ — Die quadratische Gleichung hat keine Lösung.

Lösungsmenge: $L = \varnothing$

Aufgaben

98 Löse folgende quadratischen Gleichungen ($G = \mathbb{R}$).

a) $2x^2 + 6x - 20 = 0$

b) $x^2 - 2x - 15 = 0$

*c) $\frac{1}{2}x^2 + 12{,}5x + 50 = 0$

*d) $4x^2 = 12 + 8x$

*e) $16x^2 + 25 = 40x$

*f) $-6x^2 - 9x + 6 = 0$

99 Berechne die Nullstellen der quadratischen Funktion.

a) $y = x^2 - 3x - 4$

b) $y = \frac{1}{2}x^2 - 8x + 7{,}5$

***100** Die Kuppel auf dem Reichstag hat eine Höhe von 23 m. Der Längsschnitt gleicht annähernd einer Parabel mit der Gleichung $y = -0{,}0575x^2 + 23$.

a) Skizziere die Parabel in einem Koordinatensystem.

b) Berechne den unteren Durchmesser der Kuppel.

***101** Die Länge ℓ eines rechteckigen Grundstücks ist um 20 m größer als dessen Breite b. Die Länge wird um 5 m verkürzt und zugleich die Breite verdoppelt. Der Flächeninhalt des so entstandenen Grundstücks ist um 936 m² größer als der des ursprünglichen Grundstücks. Wie groß sind Länge und Breite des ursprünglichen Grundstücks?

Interaktive Aufgaben

- 2. Anzahl der Lösungen bestimmen
- 3. p-q-Formel
- *4. Zeitungsanzeige
- 5. Nullstellen bestimmen
- 6. Nullstellen und Parabel bestimmen
- *7. Bundesjugendspiele

Der Satz von Vieta

Merke

> **Satz von Vieta**
>
> x_1 und x_2 sind genau dann die Lösungen der quadratischen Gleichung $\mathbf{x^2 + px + q = 0}$, wenn die beiden folgenden Gleichungen erfüllt sind:
>
> $\mathbf{x_1 + x_2 = -p}$ und $\mathbf{x_1 \cdot x_2 = q}$

Beispiele

1. Bestimme die Lösungen der quadratischen Gleichung $x^2 + 4x + 3 = 0$ mithilfe des Satzes von Vieta.

   Lösung:

   Für die Lösungen x_1, x_2 gelten nach dem Satz von Vieta:

   $x_1 + x_2 = -4$ (1) und $x_1 \cdot x_2 = 3$ (2)

   Aus der Gleichung (2) sieht man, dass ganzzahlige Lösungen x_1, x_2 Teiler von 3 sein müssen. Mögliche Lösungen sind also ± 1 und ± 3.

   Da $x_1 + x_2$ negativ ist, empfiehlt sich also die Wahl $x_1 = -1$ und $x_2 = -3$.

   Damit erhält man $x_1 + x_2 = -1 + (-3) = -4$ und $x_1 \cdot x_2 = (-1) \cdot (-3) = 3$.

   Somit sind $x_1 = -1$ und $x_2 = -3$ tatsächlich die Lösungen von $x^2 + 4x + 3 = 0$.

2. Gib eine quadratische Gleichung der Form $x^2 + px + q = 0$ mit den Lösungen –5 und 2 an.

   Lösung:

   $-p = -5 + 2 = -3$, also $p = 3$;

   $q = (-5) \cdot 2 = -10$

   Daher ist $x^2 + 3x - 10 = 0$ eine quadratische Gleichung mit den Lösungen –5 und 2.

Aufgaben

****102** Überprüfe mithilfe des Satzes von Vieta, ob die gegebenen Werte x_1 und x_2 tatsächlich die zugehörige quadratische Gleichung erfüllen.

a) $x_1 = 1$ und $x_2 = 3$ sind Lösungen der quadratischen Gleichungen $x^2 - 4x + 3 = 0$.

b) $x_1 = -1$ und $x_2 = 5$ sind Lösungen der quadratischen Gleichungen $4x^2 - 16x - 20 = 0$.

****103** Ermittle die Lösungen folgender quadratischer Gleichungen mithilfe des Satzes von Vieta:

a) $x^2 - 7x + 6 = 0$

b) $x^2 + 9x + 20 = 0$

c) $x^2 + 8x - 20 = 0$

d) $x^2 - x - 6 = 0$

****104** Gib eine quadratische Gleichung der Form $x^2 + px + q = 0$ mit den folgenden Lösungen an:

a) $x_1 = 2$; $x_2 = -6$

b) $x_1 = -4$; $x_2 = 7{,}5$

Interaktive Aufgaben

**8. Lösungen mit Vieta bestimmen

**9. Gleichung mit Vieta bestimmen

4 Ähnlichkeit und Strahlensätze

4.1 Maßstab

Merke

Maßstab

Der **Maßstab k** einer Zeichnung oder Landkarte gibt das **Verhältnis von Bildgröße** (Länge in der Zeichnung) **zu Originalgröße** (Länge in Wirklichkeit) an. Bildgröße und Originalgröße müssen dieselbe Einheit haben.

$$\text{Maßstab } k = \text{Bild} : \text{Original} = \frac{\text{Bild}}{\text{Original}}$$

Der Maßstab k kann auch als Quotient oder Dezimalbruch angegeben werden.

Für den Maßstab k gilt:
$0 < k < 1$: maßstäbliche Verkleinerung
$k = 1$: identische Abbildung
$k > 1$: maßstäbliche Vergrößerung

Beispiele

1. a) Maßstab 1 : 2 500
   Verkleinerung: 1 cm im Bild ≙ 2 500 cm in Wirklichkeit
   Der Maßstab kann auch als Bruch oder Dezimalbruch angegeben werden:
   $$k = 1 : 2\,500 = \frac{1}{2\,500} = 0{,}0004$$
   b) Maßstab 3 : 2
   Vergrößerung: 3 cm im Bild ≙ 2 cm in Wirklichkeit
   Der Maßstab kann auch als Bruch oder Dezimalbruch angegeben werden:
   $$k = 3 : 2 = \frac{3}{2} = 1{,}5$$

2. Auf einem Stadtplan von Berlin wird ein Maßstab von 1 : 27 000 angegeben. Zwischen Theodor-Heuss-Platz und dem Berliner Dom verläuft eine gerade Straße, die auf dem Stadtplan 34 cm misst. Wie lang ist die Entfernung in Wirklichkeit?
   Lösung:
   Maßstab 1 : 27 000 bedeutet: 1 cm im Stadtplan ≙ 27 000 cm in Wirklichkeit
   Berechnung der Länge der Originalstrecke x, wenn die Länge der Bildstrecke (34 cm) und der Maßstab (1 : 27 000) gegeben sind:
   $1 : 27\,000 = 34 : x$
   $$\frac{1}{27\,000} = \frac{34}{x} \qquad \Big|\ \cdot x \ \ \cdot 27\,000$$
   $$x = 34 \cdot 27\,000$$
   $$x = 918\,000$$
   Die Entfernung beträgt in Wirklichkeit 918 000 cm = 9 180 m = 9,18 km.

3. Der Maßstab einer Wanderkarte beträgt 1 : 30 000. Lucas Vater plant eine Wanderung von 12 km Länge. Luca misst auf der Wanderkarte 40 cm. Kann das stimmen?
   Lösung:
   Da die Strecken in unterschiedlichen Einheiten angegeben sind, muss zunächst umgerechnet werden: 12 km = 12 000 m = 1 200 000 cm

Berechnung der Länge der Bildstrecke x, wenn die Länge der Originalstrecke (1 200 000 cm) und der Maßstab (1 : 30 000) gegeben sind:

$1:30\,000 = x:1\,200\,000$

$$\frac{1}{30\,000} = \frac{x}{1\,200\,000} \quad \Big| \cdot 1\,200\,000$$

$$\frac{1\,200\,000}{30\,000} = x$$

$$x = 40$$

Der 12 km langen Wanderstrecke entspricht eine 40 cm lange Strecke in der Karte. Lucas Messung war also richtig.

oder

Berechnung der Länge der Originalstrecke x, wenn die Länge der Bildstrecke (40 cm) und der Maßstab (1 : 30 000) gegeben sind:

$1:30\,000 = 40:x$

$$\frac{1}{30\,000} = \frac{40}{x} \quad \Big| \cdot x \quad \cdot 30\,000$$

$$x = 40 \cdot 30\,000$$

$$x = 1\,200\,000$$

Die 40 cm lange Strecke auf der Karte entspricht einer 1 200 000 cm = 12 km langen Strecke in Wirklichkeit. Lucas Messung war also richtig.

oder

Überprüfung, ob der über Bildstrecke (40 cm) und Originalstrecke (1 200 000 cm) berechnete Maßstab mit dem gegebenen Maßstab 1 : 30 000 übereinstimmt:

$1:30\,000 \overset{?}{=} 40:1\,200\,000$

$$\frac{1}{30\,000} \overset{?}{=} \frac{40}{1\,200\,000}$$

$$0{,}000033 = 0{,}000033$$

Lucas Messung war richtig.

Aufgaben

105 Eine 3 cm lange Strecke auf einer Karte entspricht in Wirklichkeit 6 km. Welchen Maßstab hat die Karte?

***106** Ordne den Beispielen jeweils einen der gegebenen Maßstäbe zu.

A 1 : 100 000	B 1 : 10 000	C 1 : 5 000	D 1 : 2 000
E 1 : 1 000	F 1 : 500	G 1 : 200	H 1 : 100

a) Länge einer Joggingstrecke
Original: 5 km Bild: 5 cm

b) Länge einer Tempo-30-Zone vor einer Schule
Original: 200 m Bild: 4 cm

c) Höhe des Weihnachtsbaums am Gendarmenmarkt
Original: 25 m Bild: 5 cm

d) Durchmesser des Tiergartentunnels
Original: 9 m Bild: 45 mm

Interaktive Aufgabe

1. Fahrradtour

4.2 Vergrößern und Verkleinern von Figuren

Maßstabsgerechte Vergrößerungen und Verkleinerungen wie zum Beispiel Wohnungsgrundrisse, Modellflugzeuge oder Overhead-Projektionen spielen im Alltag eine bedeutsame Rolle. Hierbei ändert sich die Größe der Figur, jedoch nicht die Form.
Original- und Bildfigur sind zueinander **ähnliche Figuren**. Bei ähnlichen Figuren bleiben neben Winkelgrößen und Streckenverhältnissen auch Parallelitäten und Umlaufsinn erhalten.

Ähnliche Figuren können beispielsweise durch zentrische Streckungen entstehen.

Merke

Zentrische Streckung

Die **zentrische Streckung** ist eine Abbildung, die eine **Figur** mithilfe eines **Streckungszentrums Z** und eines **Streckungsfaktors k** maßstäblich **vergrößert** oder **verkleinert**. Das Zentrum kann dafür beliebig gewählt werden.

Zu jedem Punkt P der Originalfigur erhält man folgendermaßen den zugehörigen Bildpunkt P' der Bildfigur:
- Verbinde die Punkte P und Z und miss die Länge der Strecke $\overline{ZP}$.
- Trage von Z aus die Länge der Strecke $\overline{ZP'} = \overline{ZP} \cdot k$ auf der Geraden ZP ab, um den Bildpunkt P' zu erhalten.

Beispiele

1. $k = 2$ **Vergrößerung**

   Die Strecken im Bilddreieck A'B'C' sind doppelt so lang wie die Strecken im Originaldreieck ABC.

   Die entsprechenden Winkel sind gleich groß:
   $\alpha = \alpha'$; $\beta = \beta'$; $\gamma = \gamma'$

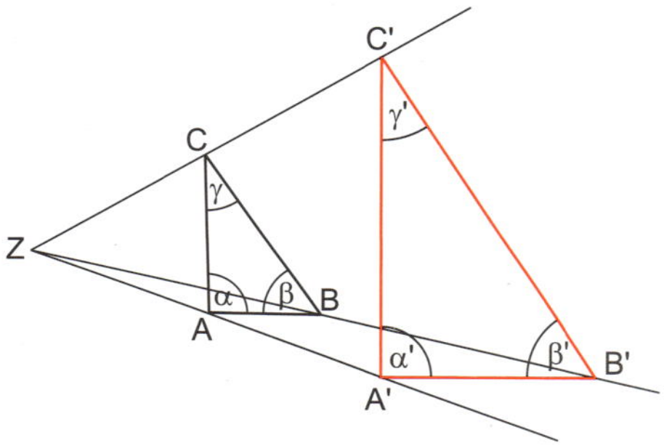

2. $k = \frac{1}{2}$ **Verkleinerung**

   Die Strecken im Bilddreieck A'B'C' sind halb so lang wie die Strecken im Originaldreieck ABC.

   Die entsprechenden Winkel sind gleich groß:
   $\alpha = \alpha'$; $\beta = \beta'$; $\gamma = \gamma'$

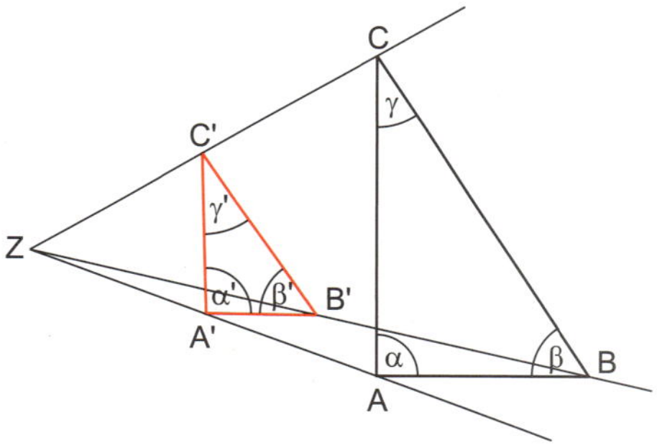

Merke

Der **Streckungsfaktor k** entspricht dem **Maßstab als Bruch bzw. in Dezimaldarstellung**:

$$k = \frac{\text{Bildgröße}}{\text{Originalgröße}}$$

Beispiele

1. Verkleinere das Dreieck ABC im Maßstab 1 : 2 mit Zentrum Z.

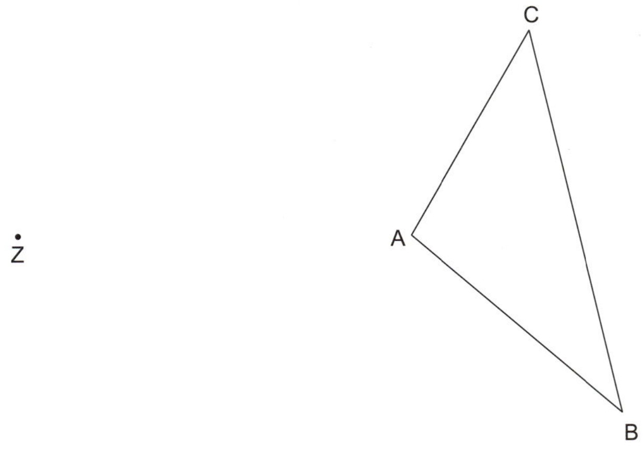

Lösung:

Streckungsfaktor: $k = 1:2 = \frac{1}{2} = 0{,}5$ (Verkleinerung)

Die Verbindungslinien zwischen Z und den Dreieckspunkten A, B, C werden gezeichnet und die Längen gemessen: $\overline{ZA} = 5$ cm; $\overline{ZB} = 8$ cm; $\overline{ZC} = 7$ cm

Berechnung der Abstände der Bildpunkte A', B' und C' zum Zentrum Z durch Multiplikation mit dem Faktor k:

$\overline{ZA'} = \overline{ZA} \cdot k = 5 \cdot 0{,}5 = 2{,}5$

$\overline{ZB'} = \overline{ZB} \cdot k = 8 \cdot 0{,}5 = 4$

$\overline{ZC'} = \overline{ZC} \cdot k = 7 \cdot 0{,}5 = 3{,}5$

Trage die Strecken $\overline{ZA'}$, $\overline{ZB'}$ und $\overline{ZC'}$ von Z aus auf den Geraden ZA, ZB und ZC ab. Verbinde dann die so erhaltenen Bildpunkte A', B' und C'.

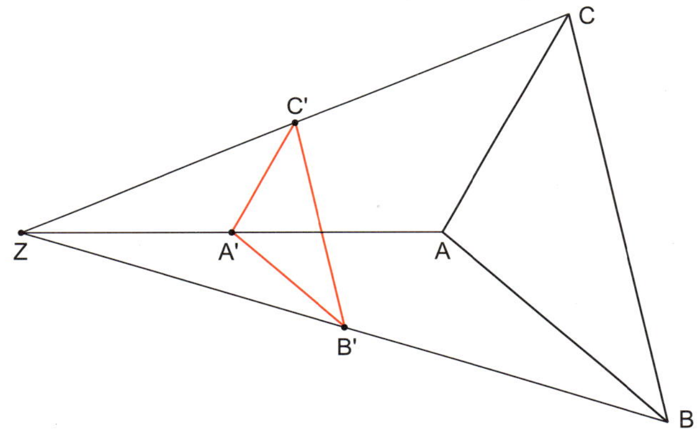

2. Vergrößere das Trapez ABCD im Maßstab 3 : 2 mit Zentrum Z = A.

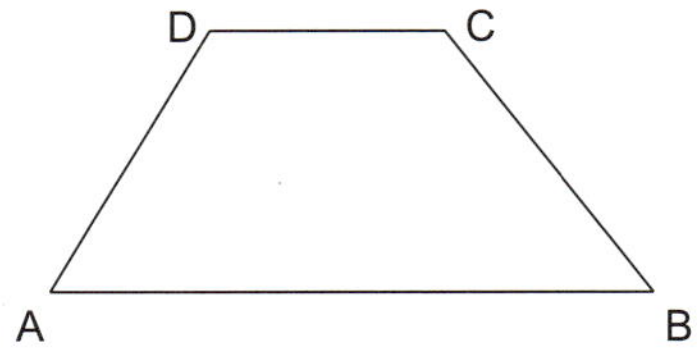

Lösung:

Streckungsfaktor: $k = 3:2 = \frac{3}{2} = 1{,}5$ (Vergrößerung)

Die Verbindungslinien zwischen A und den Punkten B, C und D werden gezeichnet und die Längen gemessen: $\overline{AB} = 4$ cm; $\overline{AC} = 3{,}1$ cm; $\overline{AD} = 2$ cm

Berechnung der Abstände der Bildpunkte zum Zentrum A:
Der Punkt A ist ein Fixpunkt und ist damit gleichzeitig A'.

$\overline{AB'} = \overline{AB} \cdot k = 4 \cdot 1{,}5 = 6$

$\overline{AC'} = \overline{AC} \cdot k = 3{,}1 \cdot 1{,}5 = 4{,}65$

$\overline{AD'} = \overline{AD} \cdot k = 2 \cdot 1{,}5 = 3$

Die Bildpunkte A', B', C' und D' werden miteinander verbunden.

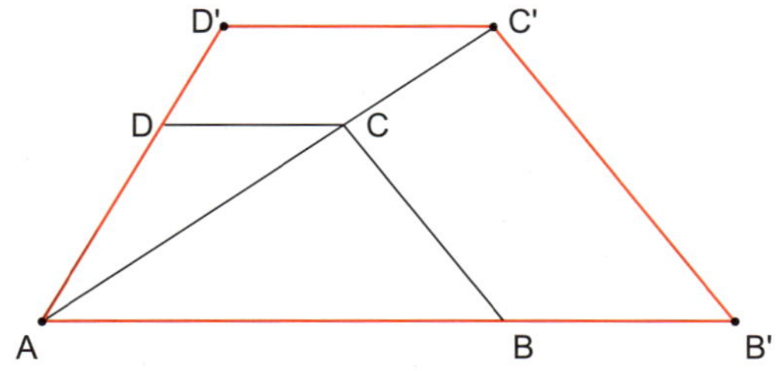

Merke

Veränderung des Flächeninhaltes bei der zentrischen Streckung

Wird eine Fläche mit dem Faktor k vergrößert oder verkleinert, so ändert sich ihr Flächeninhalt A um den Faktor k^2:
$A' = k^2 \cdot A$

Beispiel

In einem Rechteck ist die kürzere Seite 2,8 cm lang. Der Flächeninhalt beträgt 11,2 cm². In der Bildfigur ist die kürzere Seite 14 cm lang.
Welchen Flächeninhalt hat die Bildfigur?

Lösung:
Berechnung der fehlenden Seite b der Originalfigur:

$A = a \cdot b$

$11{,}2 = 2{,}8 \cdot b \qquad |:2{,}8$

$\frac{11{,}2}{2{,}8} = b$

$b = 4$

Berechnung des Streckungsfaktors k:

$k = \frac{\text{Bild}}{\text{Original}}$

$k = \frac{14}{2{,}8}$

$k = 5$

Berechnung des Flächeninhaltes A' der Bildfigur:
Der Flächeninhalt der Originalfigur A wird mit dem Faktor k^2 multipliziert.

$A' = k^2 \cdot A$

$A' = 5^2 \cdot 11{,}2$

$A' = 280$

Der Flächeninhalt der Bildfigur beträgt 280 cm².

oder

Berechnung der Seitenlänge b' der Bildfigur mithilfe von b und k:

$b' = k \cdot b$

$b' = 5 \cdot 4$

$b' = 20$

Berechnung des Flächeninhaltes A' der Bildfigur:

$A' = a' \cdot b'$

$A' = 14 \cdot 20$

$A' = 280$

Der Flächeninhalt der Bildfigur beträgt 280 cm^2.

Aufgaben

107 Das Brandenburger Tor ist 21 m hoch, 65,5 m breit, 11 m tief und wird durch eine 5 m hohe Skulptur, die Quadriga, gekrönt.
Im Kunstunterricht wird ein Modell des Brandenburger Tors im Maßstab 1 : 25 gefertigt.

a) Wo könnte das Modell aufgestellt werden? Begründe durch eine Rechnung.

A: auf einem Schultisch

B: in der Aula

C: in einer 1,50 m breiten Glasvitrine

*b) Welcher Maßstab muss gewählt werden, damit das Modell eine Höhe von 20 cm hat?

***108** Das Kupferplättchen muss im Verhältnis 2 : 5 verkleinert werden.
Konstruiere die Verkleinerung von Z aus.

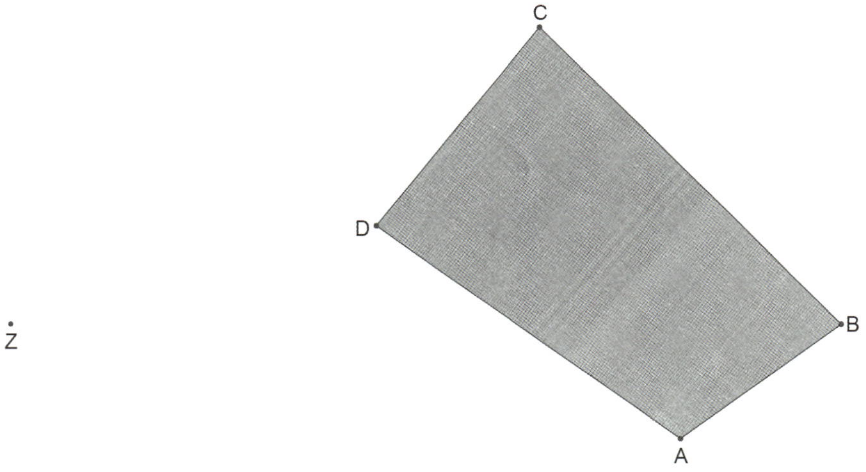

***109** Marei hat auf dem letzten Wandertag ein schönes Klassenfoto im Format 10 cm × 15 cm aufgenommen, das sie vergrößert im Klassenraum aufhängen möchte. Sie stellt auf dem Kopierer eine Vergrößerung von 200 % ein. Das bedeutet, dass die vergrößerten Seitenlängen 200 % der ursprünglichen Seitenlängen haben.

a) Sind die folgenden Aussagen mathematisch korrekt formuliert (wahr) oder nicht (falsch)? Kreuze jeweils an.

	wahr	falsch
1. Es wird mit dem Maßstab 200 : 1 vergrößert.	☐	☐
2. Eine Seite des vergrößerten Fotos ist 30 cm lang.	☐	☐
3. Die Fläche des vergrößerten Fotos ist viermal so groß wie vorher.	☐	☐
4. Das vergrößerte Foto passt in einen Bilderrahmen, der die Maße 180 mm × 300 mm hat.	☐	☐

b) Begründe **eine** deiner Entscheidungen.

Interaktive Aufgaben

1. Ähnliche Dreiecke
*2. Dreieck zeichnen

4.3 Strahlensätze

Merke

Strahlensätze

Strahlensätze

Werden zwei Strahlen mit demselben Anfangspunkt von zwei parallelen Geraden geschnitten, so gelten folgende Verhältnisse:

1. Die Längen der Strecken auf dem einen Strahl verhalten sich zueinander wie die Längen der entsprechenden Strecken auf dem anderen Strahl.

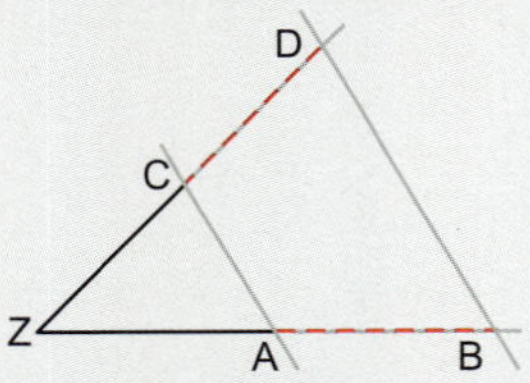

$$\frac{\overline{ZA}}{\overline{AB}} = \frac{\overline{ZC}}{\overline{CD}}$$

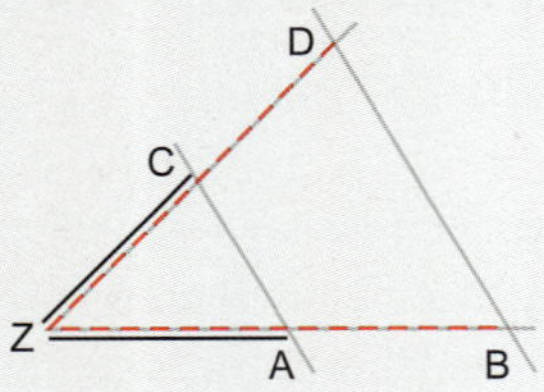

$$\frac{\overline{ZA}}{\overline{ZB}} = \frac{\overline{ZC}}{\overline{ZD}}$$

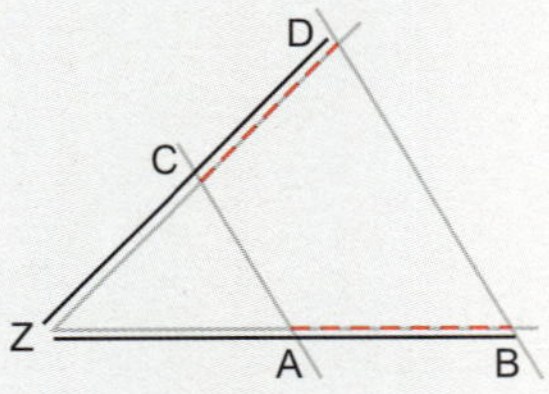

$$\frac{\overline{ZB}}{\overline{AB}} = \frac{\overline{ZD}}{\overline{CD}}$$

2. Die Längen der Strecken auf den Parallelen verhalten sich wie die Längen der entsprechenden Strecken auf einem der beiden Strahlen, ausgehend vom Anfangspunkt Z (Scheitelpunkt Z).

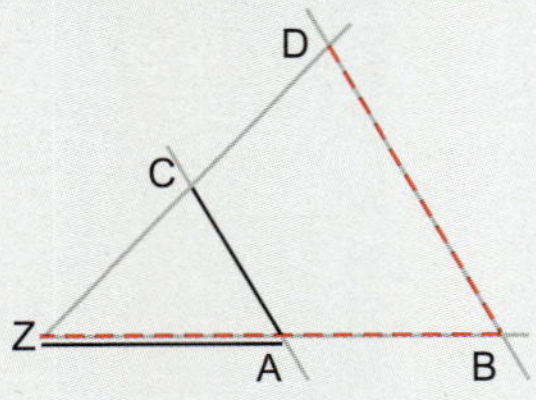

$$\frac{\overline{ZA}}{\overline{ZB}} = \frac{\overline{AC}}{\overline{BD}}$$

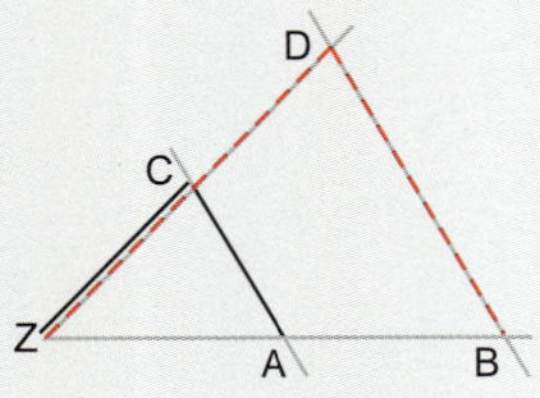

$$\frac{\overline{ZC}}{\overline{ZD}} = \frac{\overline{AC}}{\overline{BD}}$$

Beispiele

1. Berechne die Längen der beiden Strecken x und y. Alle Maße sind in cm gegeben.

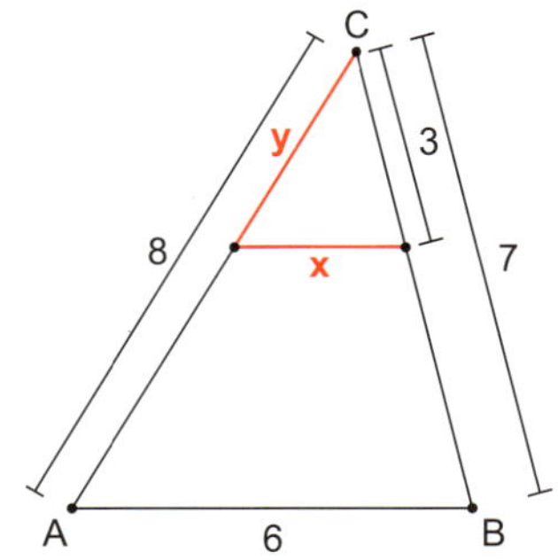

Lösung:

Berechnung von x mithilfe des 2. Strahlensatzes (mit dem Scheitelpunkt C):

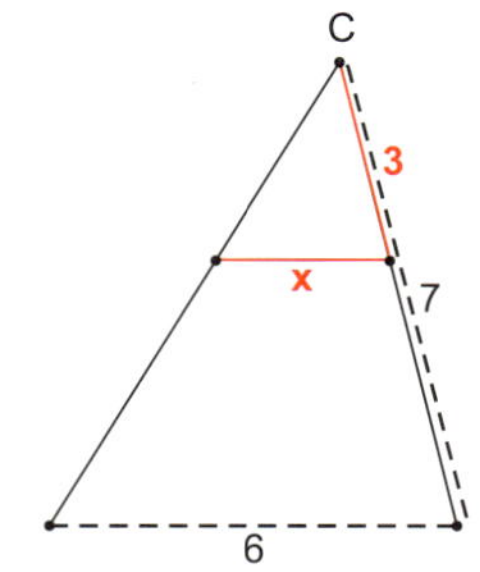

$\frac{3}{7} = \frac{x}{6} \quad |\cdot 6$

$x = \frac{3 \cdot 6}{7}$

$x \approx 2{,}57$

Berechnung von y mithilfe des 1. Strahlensatzes (mit dem Scheitelpunkt C):

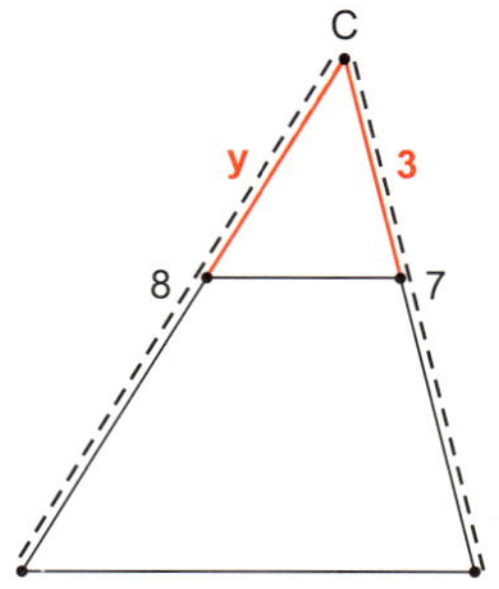

$\frac{y}{8} = \frac{3}{7} \quad |\cdot 8$

$y = \frac{3 \cdot 8}{7}$

$y \approx 3{,}43$

x ist 2,57 cm und y ist 3,43 cm lang.

2. Miriam ist 1,75 m und Jan 1,54 m groß. Miriam wirft einen Schatten von 2,50 m Länge. In welcher Entfernung muss Jan sich vor Miriam aufstellen, damit beide Schatten in einem Punkt enden?

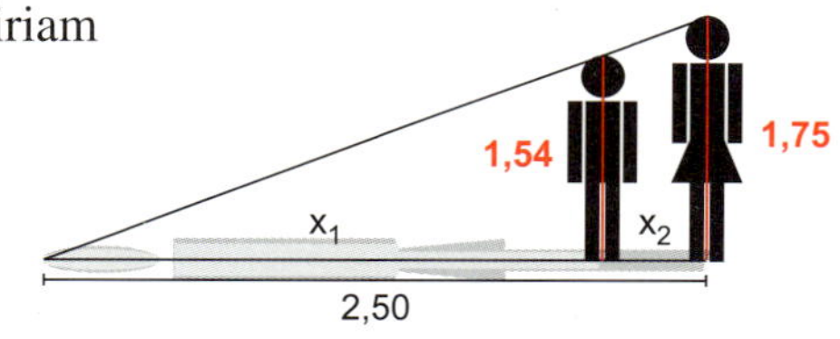

Lösung:

Berechnung von x_1 mithilfe des 2. Strahlensatzes:

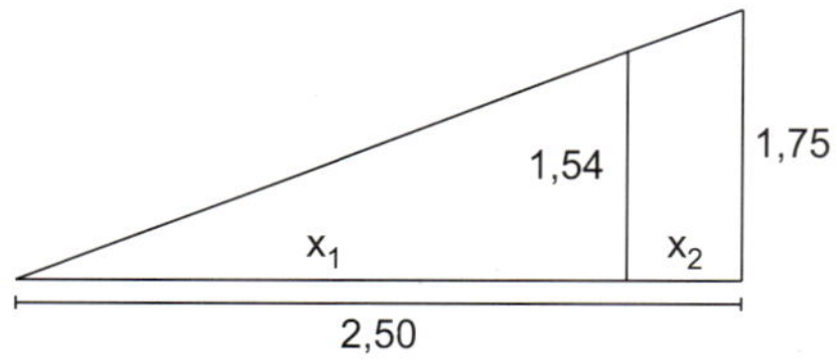

$\frac{x_1}{2{,}50} = \frac{1{,}54}{1{,}75} \quad |\cdot 2{,}50$

$x_1 = \frac{2{,}50 \cdot 1{,}54}{1{,}75}$

$x_1 = 2{,}20$

Berechnung von x_2:

$x_2 = 2{,}50 - x_1$

$x_2 = 2{,}50 - 2{,}20$

$x_2 = 0{,}30$

Jan muss sich 30 cm vor Miriam aufstellen.

Aufgaben

****110** Prüfe, ob die angegebenen Maße stimmen.

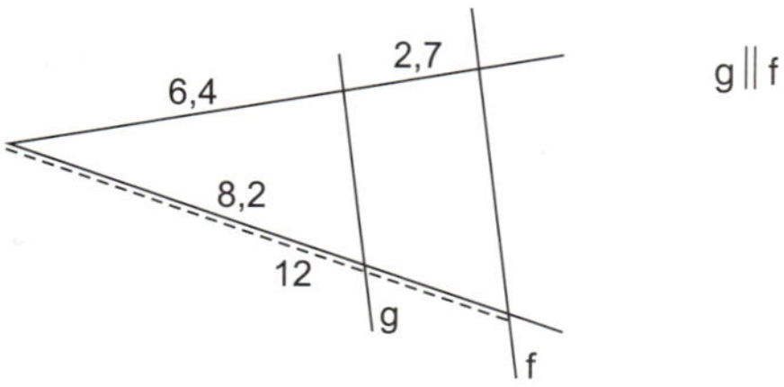

****111** a) Wie lang ist der abgebildete See?

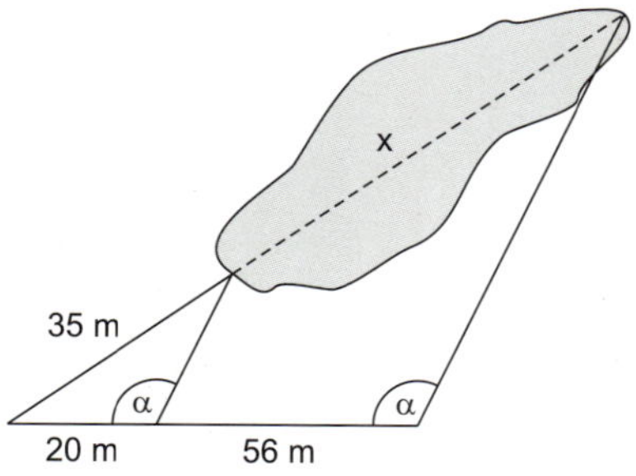

b) Wie breit ist der Fluss?

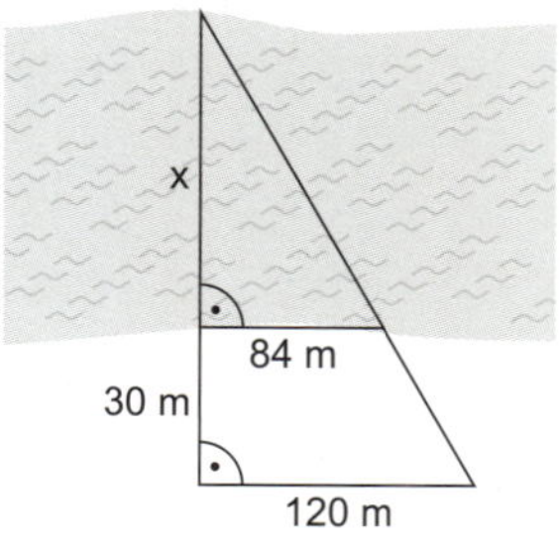

****112** Berechne die Länge der Strecke x in der nebenstehenden Zeichnung, wenn gilt:
$\overline{AB} = 12$ cm; $\overline{CA} = 18$ cm

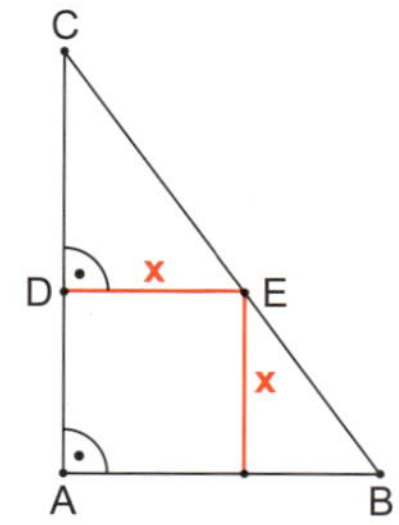

****113** Tim will in die Nische einer Dachschräge, die 1,4 m hoch und am Boden 80 cm breit ist, auf halber Höhe einen Zwischenboden aus Glas einbauen. Er findet beim Glaser vier Scheiben unterschiedlicher Länge.

Glasboden
A: 30 cm B: 35 cm
C: 40 cm D: 45 cm

a) Welchen Glasboden muss er kaufen?

b) In welcher Höhe müsste er einen 50 cm langen Glasboden einsetzen?

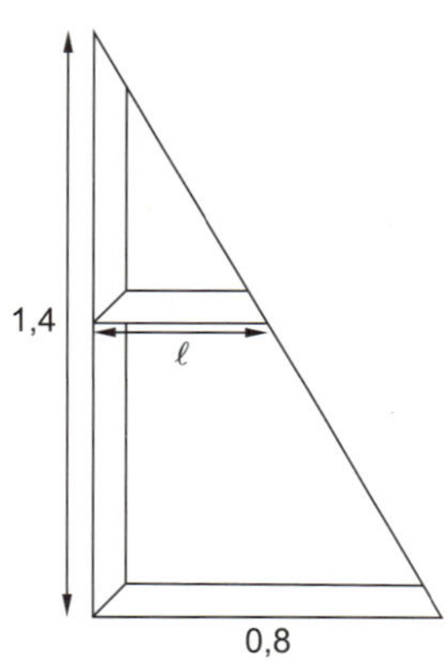

****114** Ismail peilt die 69 m hohe Siegessäule über seinen 5 cm langen Daumen an. Der Daumen ist 60 cm von seinen Augen entfernt.
Wie weit ist er von der Siegessäule entfernt?

Interaktive Aufgaben

**1. Strecke bestimmen
**2. Strecke bestimmen
**3. Strecke bestimmen
**4. Straßen

5 Der Satz des Pythagoras

Merke

Bezeichnungen im rechtwinkligen Dreieck

Ein Dreieck mit einem rechten Winkel (=90°) heißt **rechtwinkliges Dreieck**.

Die Dreiecksseite, die dem rechten Winkel gegenüberliegt, heißt **Hypotenuse**. Die Hypotenuse ist die **längste Seite**.

Die beiden Seiten, die den rechten Winkel einschließen, heißen **Katheten**.

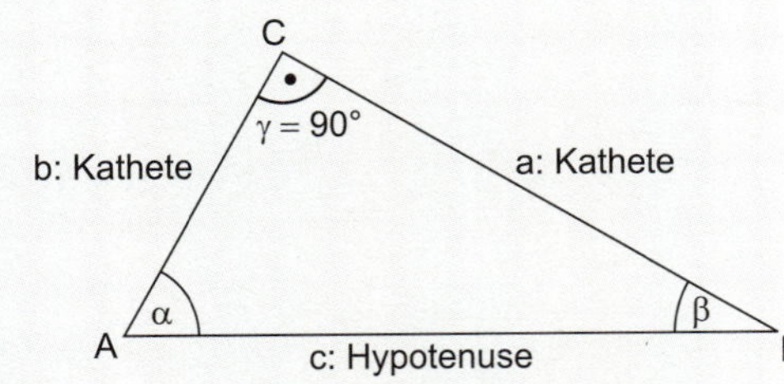

In jedem rechtwinkligen Dreieck gilt der Satz des Pythagoras.

Merke

Der Satz des Pythagoras

Das **Quadrat über der Hypotenuse** eines rechtwinkligen Dreiecks hat den **gleichen Flächeninhalt** wie die **Quadrate über den Katheten zusammen**.

$\mathbf{c^2 = a^2 + b^2}$

Es gilt auch umgekehrt:
Gilt in einem Dreieck der **Satz des Pythagoras**, so ist das **Dreieck rechtwinklig.**

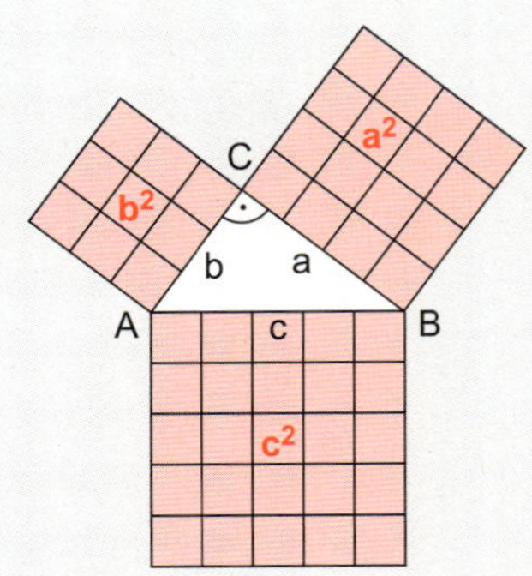

Beispiele

1. Ein rechtwinkliges Dreieck hat die Hypotenuse c = 13 cm und die Kathete a = 5 cm. Bestimme die Länge der Kathete b.
   Lösung:
   $c^2 = a^2 + b^2$ Satz des Pythagoras
   $13^2 = 5^2 + b^2 \quad | -5^2$ Werte für a und c einsetzen
   $b^2 = 13^2 - 5^2$
   $b^2 = 169 - 25$
   $b^2 = 144 \quad | \sqrt{}$
   $b = 12$
   Die Kathete b ist 12 cm lang.

2. Prüfe jeweils durch Rechnung, ob das Dreieck rechtwinklig ist:
   a) a = 8 cm; b = 6 cm; c = 10 cm b) a = 6,5 cm; b = 13,5 cm; c = 11 cm
   Lösung:
   a) Wenn das Dreieck rechtwinklig ist, ist c als längste Seite die Hypotenuse.
   $c^2 \stackrel{?}{=} a^2 + b^2$
   $10^2 \stackrel{?}{=} 8^2 + 6^2$
   $100 \stackrel{?}{=} 64 + 36$
   $100 = 100$
   Das Dreieck ist **rechtwinklig**.

b) Wenn das Dreieck rechtwinklig ist, ist b als längste Seite die Hypotenuse.

$$b^2 \stackrel{?}{=} a^2 + c^2$$
$$13{,}5^2 \stackrel{?}{=} 6{,}5^2 + 11^2$$
$$182{,}25 \stackrel{?}{=} 42{,}25 + 121$$
$$182{,}25 \neq 163{,}25$$

Das Dreieck ist **nicht rechtwinklig**.

3. Berechne die Länge der Raumdiagonale r eines Quaders mit a = 10 cm, b = 6 cm und c = 8 cm.

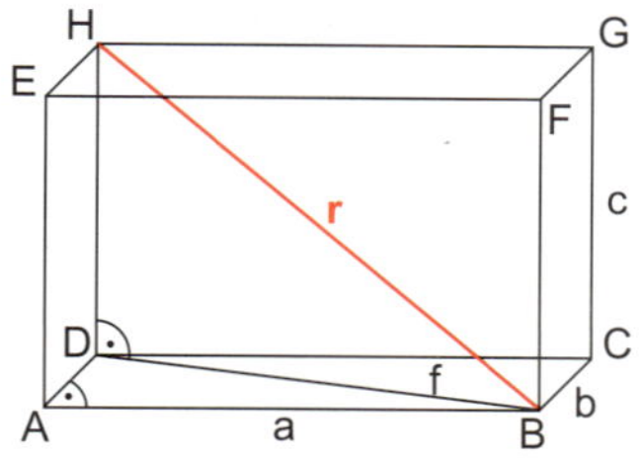

Lösung:
Berechnung der Flächendiagonale f im rechtwinkligen Dreieck ABD:

$f^2 = a^2 + b^2$ Satz des Pythagoras

$f^2 = 10^2 + 6^2$

$f^2 = 100 + 36$

$f^2 = 136 \quad |\sqrt{}$

$f \approx 11{,}66$

Berechnung der Raumdiagonale r im rechtwinkligen Dreieck DBH:

$r^2 = c^2 + f^2$ Satz des Pythagoras

$r^2 = 8^2 + 136$

$r^2 = 64 + 136$

$r^2 = 200 \quad |\sqrt{}$

$r \approx 14{,}14$

Die Länge der Raumdiagonale beträgt 14,14 cm.

4. Berechne den Abstand der beiden Punkte P(–4|–2) und Q(7|5).

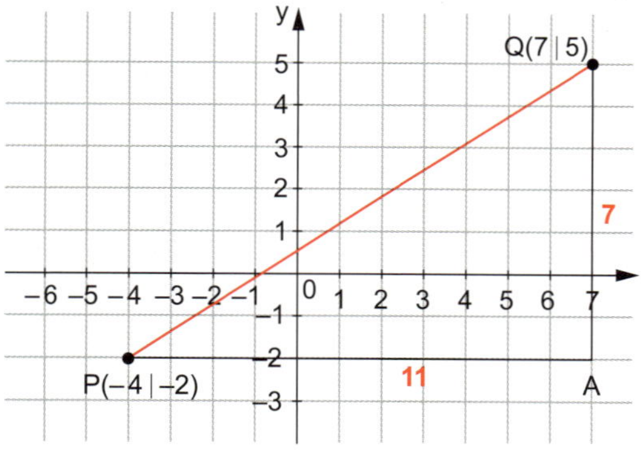

Lösung:
Im rechtwinkligen Koordinatendreieck PAQ ist $\overline{PQ}$ die Hypotenuse. Die beiden Katheten haben die Längen 7 LE + 4 LE = 11 LE und 5 LE + 2 LE = 7 LE (LE = Längeneinheit).

$\overline{PQ}^2 = 11^2 + 7^2$ Satz des Pythagoras im Koordinatendreieck PAQ

$\overline{PQ}^2 = 121 + 49$

$\overline{PQ}^2 = 170 \quad |\sqrt{}$

$\overline{PQ} \approx 13{,}04$

Die Punkte P und Q haben einen Abstand von 13,04 Längeneinheiten.

Aufgaben

115 Stimmen die Maße? Überprüfe durch Rechnung.

a) Dreieck

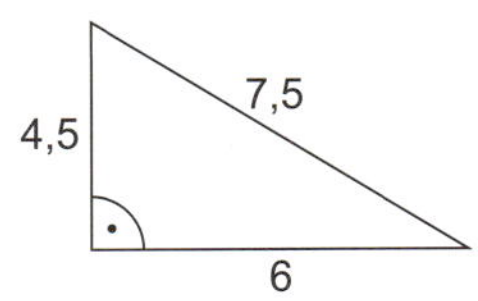

b) Gleichseitiges Dreieck

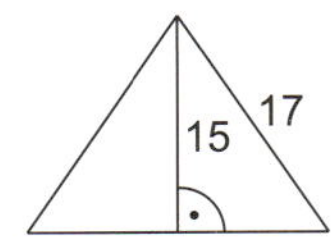

c) Raute

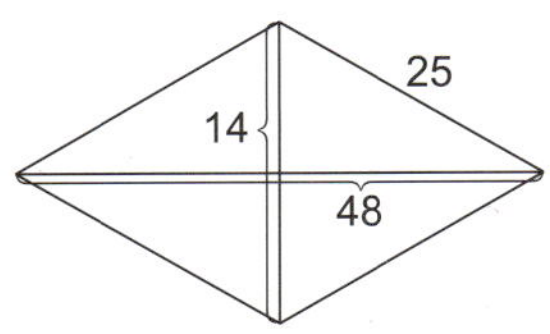

d) Quadratische Pyramide

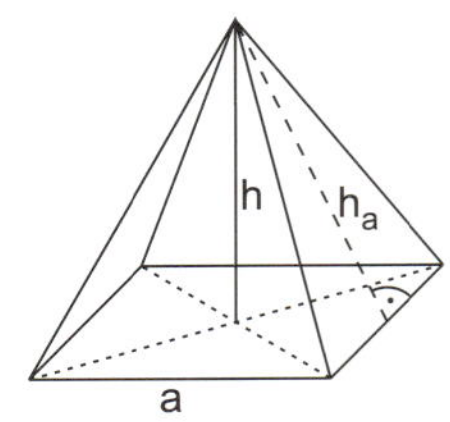

a = 16 cm
h = 15 cm
h_a = 17 cm

116 Es werden Plasma- und LCD-Fernseher mit unterschiedlichen Bildschirmmaßen angeboten. LCD-94 cm bedeutet, dass der Bildschirm eine Diagonale von 94 cm hat. Welche Bildschirmfläche hat ein LCD-94 cm, wenn der Bildschirm 78,9 cm breit ist?

***117** Beim Umzug will Mark ein Ölbild mit den Maßen 1,40 m × 1,60 m durch ein 80 cm breites und 1,20 m hohes Fenster reichen. Gelingt es ihm?

***118** Bei einem Fußballspiel wird Tom im Strafraum gefoult und es gibt einen Elfmeter. Malte knallt den Ball in einer Höhe von 1,60 m direkt an den Pfosten. Welche Strecke hat der Ball zurückgelegt, wenn das Tor 7,32 m breit und 2,44 m hoch ist und die Flugbahn des Balls geradlinig verläuft? Tipp: Denke räumlich!

Interaktive Aufgaben

Grundwissensaufgaben
1. Hypotenuse bestimmen
2. Kathete bestimmen
3. Zusammengesetzte Fläche
*4. Zweimal Pythagoras
5. Ist das Dreieck rechtwinklig?
*6. Seite gesucht

Anwendungsaufgaben
1. Spielplatz
*2. Fernseher
*3. In- und Umkreis

6 Trigonometrie

Die Grundlage der Trigonometrie sind die **Beziehungen zwischen Winkeln und Seiten** in einem Dreieck. Die Grundaufgabe besteht darin, aus 3 gegebenen Größen eines Dreiecks (Seitenlängen oder Winkelgrößen) andere Werte in diesem Dreieck zu berechnen.

6.1 Berechnungen am rechtwinkligen Dreieck

Merke

Sinus, Kosinus und Tangens

Der Sinus, der Kosinus und der Tangens eines Winkels werden durch die Seitenverhältnisse **im rechtwinkligen Dreieck** bestimmt:

$$\sin\alpha = \frac{\text{Gegenkathete}}{\text{Hypotenuse}} \qquad \sin\alpha = \frac{a}{c} \qquad \sin\beta = \frac{b}{c}$$

$$\cos\alpha = \frac{\text{Ankathete}}{\text{Hypotenuse}} \qquad \cos\alpha = \frac{b}{c} \qquad \cos\beta = \frac{a}{c}$$

$$\tan\alpha = \frac{\text{Gegenkathete}}{\text{Ankathete}} \qquad \tan\alpha = \frac{a}{b} \qquad \tan\beta = \frac{b}{a}$$

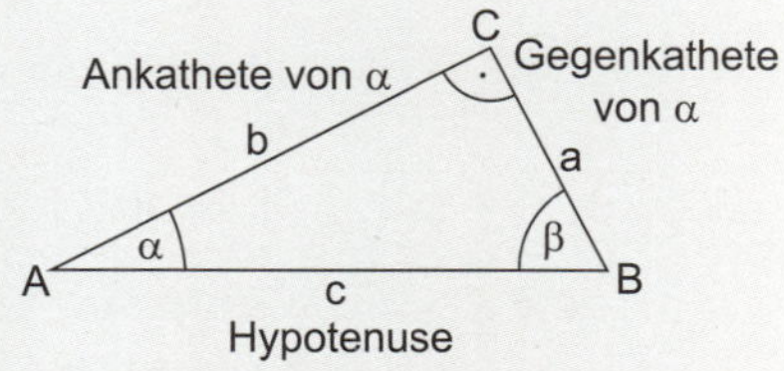

Beispiel

Bestimme zeichnerisch den Sinus von 40°, den Kosinus von 60° und den Tangens von 30°.

Lösung:

Man zeichnet rechtwinklige Dreiecke mit den angegebenen Winkeln, misst die Seiten und bestimmt die jeweiligen Seitenverhältnisse. Die Größe der Dreiecke ist beliebig, denn die Seitenverhältnisse bleiben immer gleich (Strahlensätze). Allerdings ergeben sich durch Messungenauigkeiten trotzdem leicht schwankende Werte.

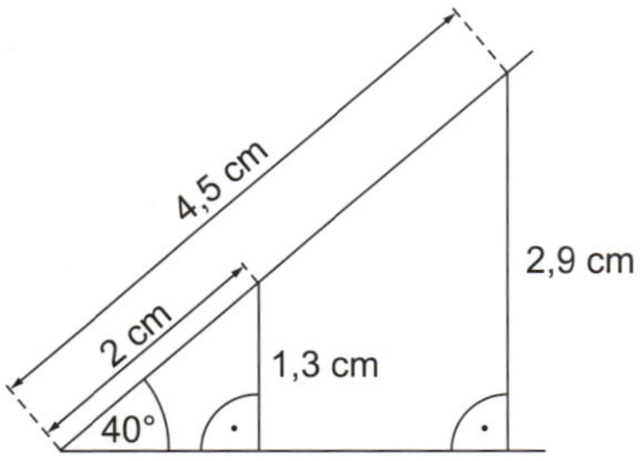

$$\sin\alpha = \frac{\text{Gegenkathete}}{\text{Hypotenuse}}$$

$$\sin 40° = \frac{1,3}{2} \quad \textbf{oder} \quad \sin 40° = \frac{2,9}{4,5}$$

$$\sin 40° = 0,65 \qquad \sin 40° \approx 0,64$$

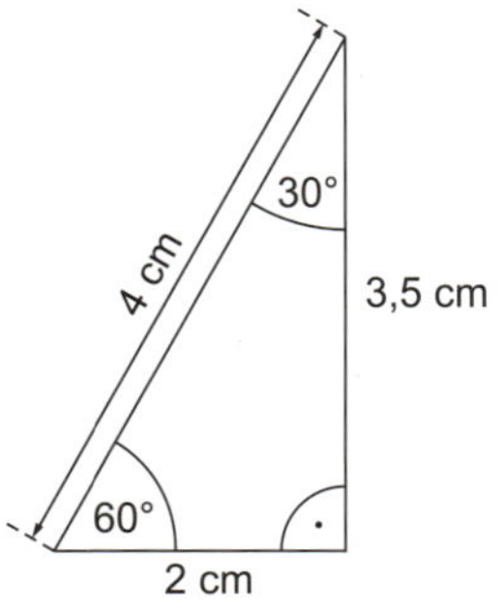

$$\cos\alpha = \frac{\text{Ankathete}}{\text{Hypotenuse}}$$

$$\cos 60° = \frac{2}{4}$$

$$\cos 60° = 0,5$$

$$\tan\gamma = \frac{\text{Gegenkathete}}{\text{Ankathete}}$$

$$\tan 30° = \frac{2}{3,5}$$

$$\tan 30° \approx 0,6$$

Achtung: Die Ankathete von γ ist nicht gleich der Ankathete von α.

Taschenrechner

Achte darauf, dass in deinem Taschenrechner der Modus DEG (= degree: dt. Grad) eingeschaltet ist.

- Gesucht ist der Sinus-, Kosinus- oder Tangenswert für einen Winkel.
  Aufgabe: $\sin 70° = ?$
  Eingabe: [SIN] 70 [=] **oder** 70 [SIN]

  Ausgabe: 0,93969262
  Ergebnis: $\sin 70° \approx 0{,}9397$

- Gesucht ist die Winkelgröße zu einem Sinus-, Kosinus- oder Tangenswert.
  Aufgabe: $\sin\alpha = 0{,}54$ $\alpha = ?$
  Eingabe: [SIN⁻¹] 0,54 [=] **oder** 0,54 [SHIFT] [SIN]

  Ausgabe: 32,68363885
  Ergebnis: $\alpha \approx 32{,}68°$

  Aufgabe: $\cos\alpha = \frac{4{,}7}{6{,}9}$ $\alpha = ?$

  Eingabe: [COS⁻¹] [(] 4,7 [÷] 6,9 [)] [=] **oder** 4,7 [÷] 6,9 [=] [SHIFT] [COS]

  Ausgabe: 47,0656892
  Ergebnis: $\alpha \approx 47{,}07°$

Beispiele

1. Überprüfe die zeichnerischen Ergebnisse aus obigem Beispiel mit dem Taschenrechner.

   Lösung:
   $\sin 40° \approx 0{,}6428$
   $\cos 60° = 0{,}5$
   $\tan 30° \approx 0{,}5774$

2. Gegeben: $\beta = 90°$; $a = 12$ cm; $b = 13$ cm
   Gesucht: α

   Lösung:

   $$\sin\alpha = \frac{\text{Gegenkathete}}{\text{Hypotenuse}}$$

   $$\sin\alpha = \frac{12}{13}$$

   $$\alpha \approx 67{,}38°$$

   Planskizze:

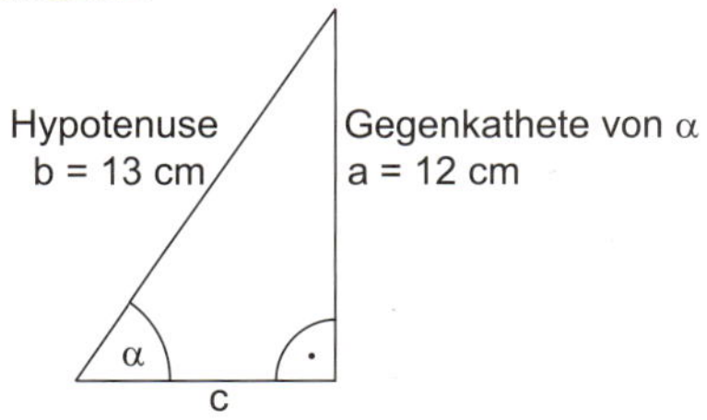

Aufgaben

119 Bestimme die zugehörigen Winkelgrößen.

a) $\sin\alpha = 0{,}67$

b) $\cos\beta = 0{,}99$

c) $\tan\delta = 5{,}5$

***120** a) Warum können Sinus- und Kosinuswerte nicht größer als 1 werden?

b) Warum ist der Tangens von 45° genau 1?

Merke

Sind von einem **rechtwinkligen Dreieck** neben dem rechten Winkel weitere **2 Größen** bekannt, darunter mindestens eine Seite (Seite + Winkel oder Seite + Seite), kann man mithilfe
- von Sinus, Kosinus oder Tangens
- des Satzes des Pythagoras
- der Winkelsumme im Dreieck

alle weiteren Größen dieses Dreiecks bestimmen.

Beispiele

1. Gegeben: $\alpha = 90°$; $\gamma = 39°$; $b = 14$ cm
   Gesucht: β, a, c, h_a, A

   Lösung:

- Berechnung von Winkel β:

Winkelsumme im Dreieck

$$\alpha + \beta + \gamma = 180°$$
$$90° + \beta + 39° = 180° \quad \left| -90° - 39° \right.$$
$$\beta = 51°$$

- Berechnung der Hypotenuse a:

Planskizze:

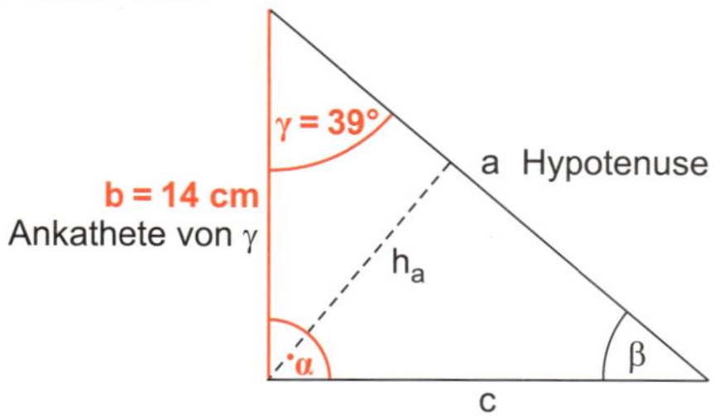

$$\cos 39° = \frac{14}{a} \quad | \cdot a$$
$$a \cdot \cos 39° = 14 \quad | : \cos 39°$$
$$a = \frac{14}{\cos 39°}$$
$$a \approx 18{,}01$$

- Berechnung der Kathete c:

$$\sin 39° = \frac{c}{18{,}01} \quad | \cdot 18{,}01$$
$$\sin 39° \cdot 18{,}01 = c$$
$$c \approx 11{,}33$$

oder

$$\cos 51° = \frac{c}{18{,}01} \quad | \cdot 18{,}01$$
$$18{,}01 \cdot \cos 51° = c$$
$$c \approx 11{,}33$$

oder

$$\tan 51° = \frac{14}{c} \quad | \cdot c$$
$$c \cdot \tan 51° = 14 \quad | : \tan 51°$$
$$c = \frac{14}{\tan 51°}$$
$$c \approx 11{,}34$$

oder

Satz des Pythagoras

$$c^2 + b^2 = a^2$$
$$c^2 + 14^2 = 18{,}01^2 \quad | -14^2$$
$$c^2 = 18{,}01^2 - 14^2$$
$$c^2 = 128{,}3601 \quad | \sqrt{}$$
$$c \approx 11{,}33$$

- Berechnung von h_a:

$$\sin 39° = \frac{h_a}{14} \qquad | \cdot 14$$
$$\sin 39° \cdot 14 = h_a$$
$$h_a \approx 8{,}81$$

Planskizze:

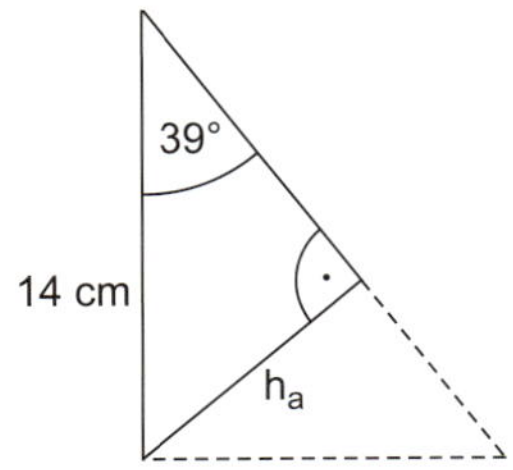

oder

$$\sin 51° = \frac{h_a}{11{,}33} \qquad | \cdot 11{,}33$$
$$\sin 51° \cdot 11{,}33 = h_a$$
$$h_a \approx 8{,}81$$

Planskizze:

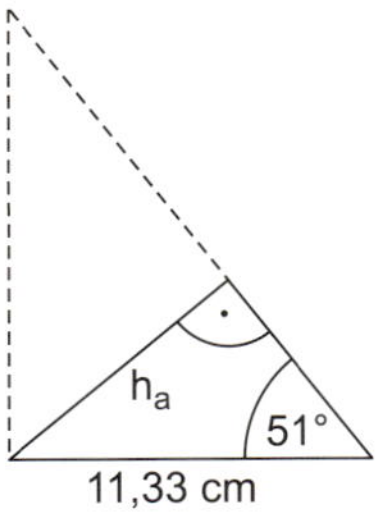

- Berechnung des Flächeninhaltes A:

$$A = \frac{g \cdot h}{2}$$

$$A = \frac{b \cdot c}{2} \qquad \textbf{oder} \qquad A = \frac{a \cdot h_a}{2}$$

$$A = \frac{14 \cdot 11{,}33}{2} \qquad A = \frac{18{,}01 \cdot 8{,}81}{2}$$

$$A = 79{,}31 \qquad A \approx 79{,}33$$

Hinweis:
Die unterschiedlichen Ergebnisse entstehen durch Rechnung mit gerundeten Werten.

Planskizze:

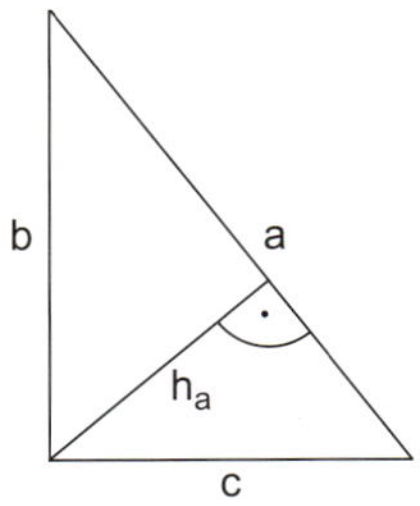

Ergebnis: $\beta = 51°$; $a = 18{,}01$ cm; $c = 11{,}33$ cm;
$h_a = 8{,}81$ cm; $A = 79{,}31$ cm^2

2. Die Steigung einer Straße wird in der Regel in Prozent angegeben.
Die Angabe 12 % $\left(= \frac{12}{100}\right)$ auf dem abgebildeten Verkehrsschild bedeutet, dass pro 100 m in waagerechter Richtung die Höhe der Straße um 12 m zunimmt.
Bestimme den Steigungswinkel der Straße.

Lösung:

$$\tan \alpha = \frac{\text{Gegenkathete}}{\text{Ankathete}}$$
$$\tan \alpha = \frac{12}{100}$$
$$\alpha \approx 6{,}84°$$

Der Steigungswinkel beträgt 6,84°.

Planskizze:

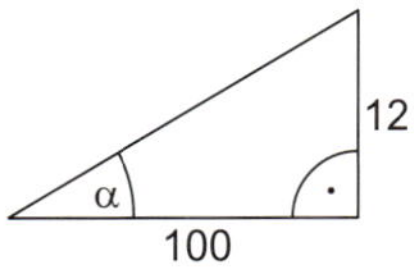

3. Ein Theodolit (Winkelmessgerät) wird im Abstand von 85 m vor einer Kirche aufgestellt. Man peilt in Augenhöhe (1,8 m über dem Erdboden) die Kirchturmspitze unter einem Höhenwinkel (Winkel, der von der Horizontalen aufwärts gemessen wird) $\alpha = 41{,}5°$ an.
Wie hoch ist der Kirchturm?

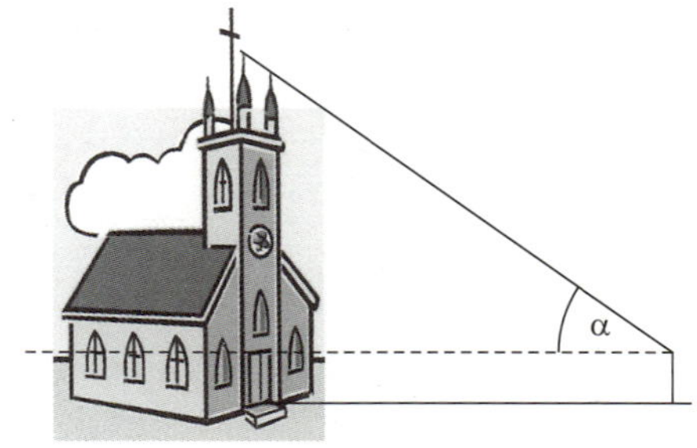

Lösung:

$$\tan\alpha = \frac{\text{Gegenkathete}}{\text{Ankathete}}$$

$$\tan 41{,}5° = \frac{h'}{85} \qquad | \cdot 85$$

$$\tan 41{,}5° \cdot 85 = h'$$

$$h' \approx 75{,}2$$

Planskizze:

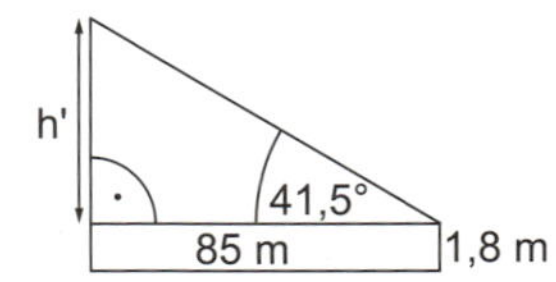

Höhe des Turms:

$h = h' + 1{,}8$

$h = 75{,}2 + 1{,}8$

$h = 77$

Der Turm ist 77 m hoch.

Aufgaben

121 Bestimme in den Figuren die rot markierten Seiten und Winkel.

a)

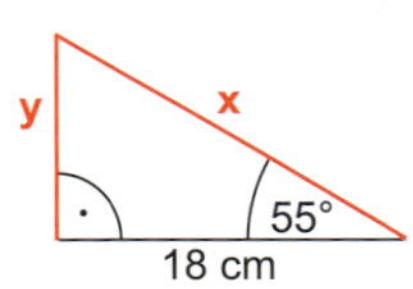

b)

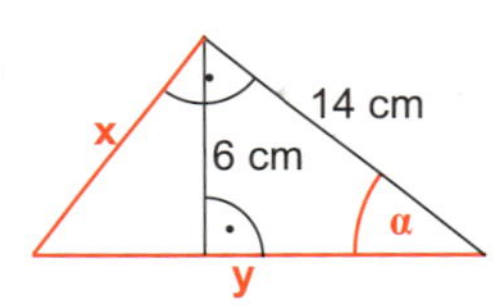

* c)

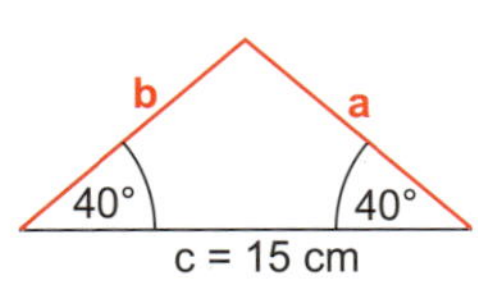

* d)

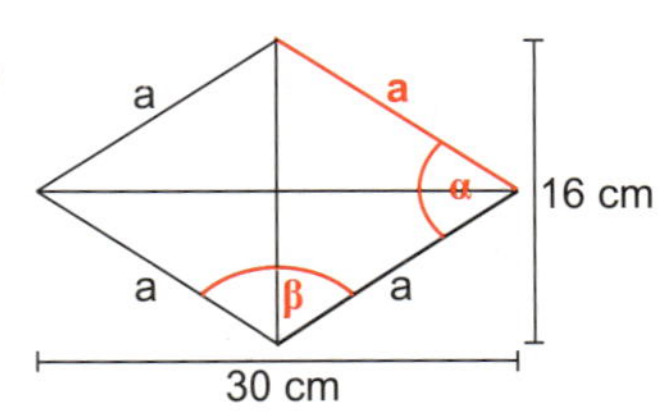

122 In den Sicherheitshinweisen der Feuerwehr heißt es:
- Leitern sind mit einem Neigungswinkel von 65° bis 75° zur Standfläche aufzustellen.
- Über Austrittsstellen müssen Leitern mindestens 1 m herausragen.

a) Weise durch eine Rechnung nach, dass eine 5,35 m lange Leiter ausreicht, wenn ein Feuerwehrmann das Dach einer 4,20 m hohen Halle besteigen möchte.

b) In welcher Entfernung von der Hallenwand muss der Feuerwehrmann das untere Ende der 5,35 m langen Leiter aufstellen?
Kreuze an!

☐ 1,9 m ☐ 1,55 m ☐ 1,13 m

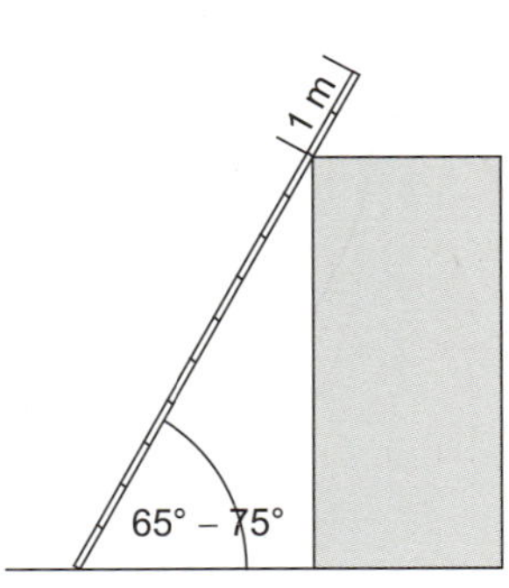

***123** Lena kommt aus den Skiferien in Oberammergau zurück und erzählt ihrer Klasse stolz, dass sie den Laber-Nordhang, eine der steilsten Abfahrten Deutschlands mit einem Gefälle von 84 %, hinuntergefahren ist. Clemens sagt: „Das kann nicht stimmen, das sind ja fast 100 % und somit wäre der Steigungswinkel fast 90°!"
Hat Lena geschwindelt?

***124** Ein gleichschenkliges Trapez hat die Seitenlängen a = 19 cm, c = 10 cm und b = d = 8 cm. Ermittle alle Winkelgrößen und den Flächeninhalt.

***125** Jakob steht in 207 m Höhe auf dem Berliner Fernsehturm am Alexanderplatz. Er peilt mit einem Winkelmessgerät die Spitze des 146 m hohen Funkturmes in Charlottenburg unter einem Tiefenwinkel (Winkel, der von der Horizontalen abwärts gemessen wird) von 0,33° an.
Wie weit sind die beiden höchsten Gebäude der Stadt voneinander entfernt?

Interaktive Aufgaben

1. Seite bestimmen
2. Seite und Winkel bestimmen
3. Gebäudehöhe bestimmen
*4. Wanderung
*5. Hängebrücke

6.2 Berechnungen an beliebigen Dreiecken – Sinus- und Kosinussatz

Die Winkelfunktionen Sinus, Kosinus und Tangens sind direkt nur in rechtwinkligen Dreiecken anwendbar. Rechte Winkel sind aber nicht in allen Dreiecken vorhanden und lassen sich auch nicht immer durch Zerlegungen herstellen. Mit dem **Sinussatz** und dem **Kosinussatz** kann man Berechnungen **im allgemeinen Dreieck** durchführen.

Sinussatz

Merke

Sinussatz

In jedem Dreieck sind die Verhältnisse aus der Länge einer Seite und dem Sinuswert des gegenüberliegenden Winkels gleich.

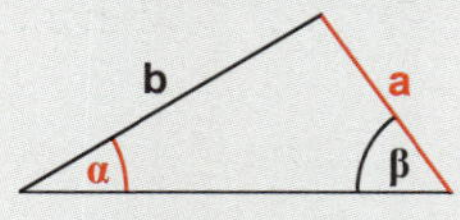

$$\frac{a}{\sin\alpha} = \frac{b}{\sin\beta}$$

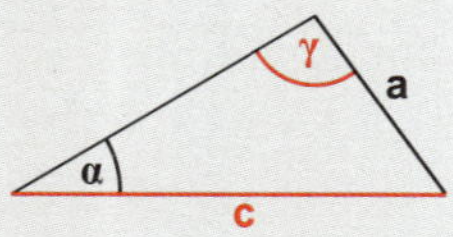

$$\frac{a}{\sin\alpha} = \frac{c}{\sin\gamma}$$

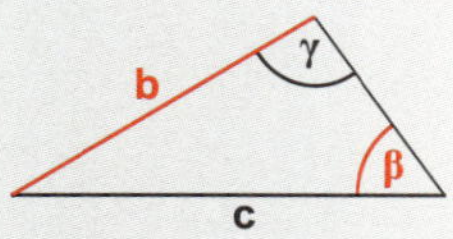

$$\frac{b}{\sin\beta} = \frac{c}{\sin\gamma}$$

Beispiele

1. Gegeben: $\alpha = 41°$; $\beta = 75°$; $c = 5$ cm

   Gesucht: γ; a; b

   Lösung:

   Man sucht zuerst ein gegebenes Seite-Winkel-Paar (Seite mit gegenüberliegendem Winkel). Ist es nicht vorhanden, bestimmt man den fehlenden Winkel über die Winkelsumme im Dreieck.

   Planskizze:

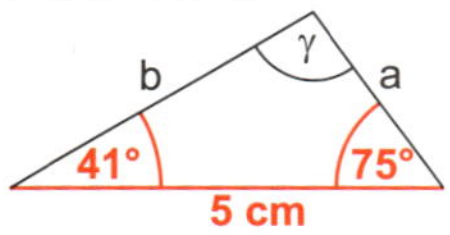

   $\gamma = 180° - \alpha - \beta = 180° - 41° - 75° = 64°$

   Berechnung von a:

$$\frac{c}{\sin\gamma} = \frac{a}{\sin\alpha}$$

$$\frac{5}{\sin 64°} = \frac{a}{\sin 41°} \quad \Big|\cdot \sin 41°$$

$$\frac{5\cdot\sin 41°}{\sin 64°} = a$$

$$a \approx 3{,}65$$

   Berechnung von b:

$$\frac{c}{\sin\gamma} = \frac{b}{\sin\beta}$$

$$\frac{5}{\sin 64°} = \frac{b}{\sin 75°} \quad \Big|\cdot \sin 75°$$

$$\frac{5\cdot\sin 75°}{\sin 64°} = b$$

$$b \approx 5{,}37$$

   oder

$$\frac{a}{\sin\alpha} = \frac{b}{\sin\beta}$$

$$\frac{3{,}65}{\sin 41°} = \frac{b}{\sin 75°} \quad \Big|\cdot \sin 75°$$

$$\frac{3{,}65\cdot\sin 75°}{\sin 41°} = b$$

$$b \approx 5{,}37$$

   Ergebnis: $\gamma = 64°$; $a = 3{,}65$ cm; $b = 5{,}37$ cm

2. Berechne den Umfang des Parallelogramms ABCD.

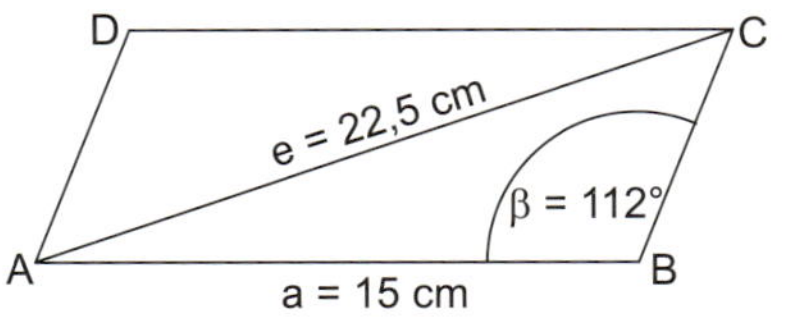

Lösung:

Gesucht ist die Seite b.

Das gegebene Seite-Winkel-Paar ist $\frac{22{,}5}{\sin 112^\circ}$.

Man bestimmt zuerst γ', weil die Seitenlänge 15 cm gegeben ist, danach α' über die Winkelsumme im Dreieck und schließlich die gegenüberliegende Seite b.

Planskizze:

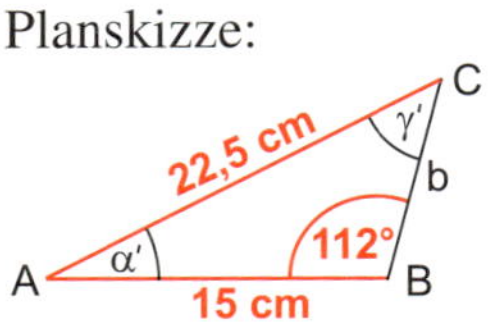

Berechnung von γ':

$$\frac{22{,}5}{\sin 112^\circ} = \frac{15}{\sin\gamma'} \qquad |\cdot \sin\gamma' \quad |\cdot \sin 112^\circ$$

$$22{,}5 \cdot \sin\gamma' = 15 \cdot \sin 112^\circ \qquad |:22{,}5$$

$$\sin\gamma' = \frac{15 \cdot \sin 112^\circ}{22{,}5}$$

$$\sin\gamma' \approx 0{,}6181\ldots$$

$$\gamma' \approx 38{,}18^\circ$$

Berechnung von α':

$\alpha' = 180^\circ - 112^\circ - 38{,}18^\circ$

$\alpha' = 29{,}82^\circ$

Berechnung von b:

$$\frac{22{,}5}{\sin 112^\circ} = \frac{b}{\sin 29{,}82^\circ} \qquad |\cdot \sin 29{,}82^\circ$$

$$\frac{22{,}5 \cdot \sin 29{,}82^\circ}{\sin 112^\circ} = b$$

$$b \approx 12{,}07$$

oder

$$\frac{15}{\sin 38{,}18^\circ} = \frac{b}{\sin 29{,}82^\circ} \qquad |\cdot \sin 29{,}82^\circ$$

$$\frac{15 \cdot \sin 29{,}82^\circ}{\sin 38{,}18^\circ} = b$$

$$b \approx 12{,}07$$

Berechnung des Umfangs:

$u = 2a + 2b$

$u = 2 \cdot 15 + 2 \cdot 12{,}07$

$u = 54{,}14$

Der Umfang des Parallelogramms beträgt 54,14 cm.

Interaktive Aufgaben

1. Winkel berechnen
2. Seite berechnen

Flächeninhalt eines Dreiecks

Merke

Flächeninhalt eines Dreiecks

Von jedem Dreieck kann der Flächeninhalt berechnet werden, wenn zwei Seiten und der eingeschlossene Winkel bekannt sind.

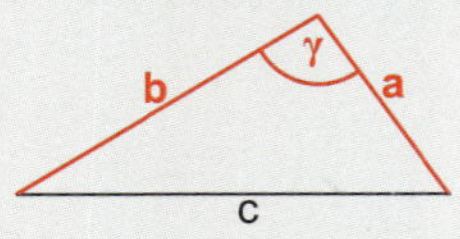

$A = \frac{1}{2} \cdot a \cdot b \cdot \sin \gamma$

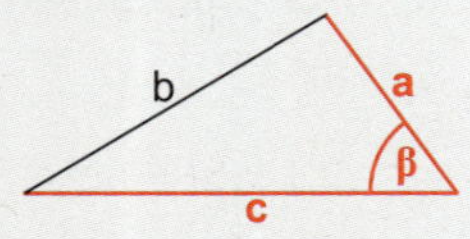

$A = \frac{1}{2} \cdot a \cdot c \cdot \sin \beta$

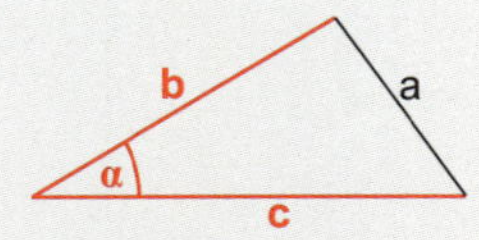

$A = \frac{1}{2} \cdot b \cdot c \cdot \sin \alpha$

Beispiel

Für das Dreieck aus dem vorangegangenen Beispiel gilt:
$\alpha = 41°$; $\beta = 75°$; $\gamma = 64°$; $a = 3{,}65$ cm; $b = 5{,}37$ cm; $c = 5$ cm

Damit gilt für den Flächeninhalt des Dreiecks:

$$A = \frac{1}{2} \cdot a \cdot b \cdot \sin \gamma$$

$$A = \frac{1}{2} \cdot 3{,}65 \cdot 5{,}37 \cdot \sin 64°$$

$$A \approx 8{,}81$$

Planskizze:

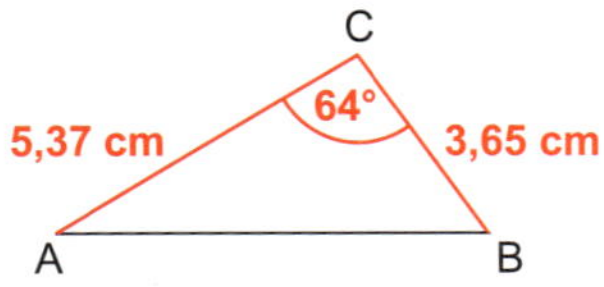

oder

$$A = \frac{1}{2} \cdot a \cdot c \cdot \sin \beta$$

$$A = \frac{1}{2} \cdot 3{,}65 \cdot 5 \cdot \sin 75°$$

$$A \approx 8{,}81$$

Planskizze:

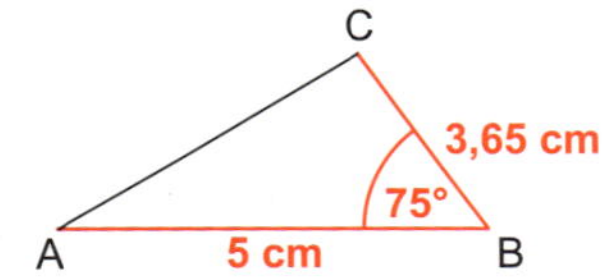

oder

$$A = \frac{1}{2} \cdot b \cdot c \cdot \sin \alpha$$

$$A = \frac{1}{2} \cdot 5{,}37 \cdot 5 \cdot \sin 41°$$

$$A \approx 8{,}81$$

Planskizze:

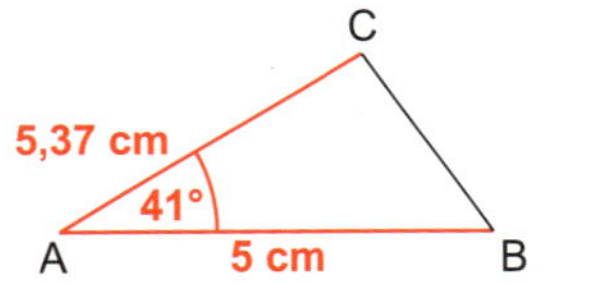

Interaktive Aufgabe

3. Fläche berechnen

Kosinussatz

Merke

Kosinussatz

In jedem Dreieck ist das Quadrat einer beliebigen Seitenlänge gleich der Summe der Quadrate der beiden anderen Seitenlängen, vermindert um das Doppelte des Produkts aus diesen Seitenlängen und dem Kosinus des eingeschlossenen Winkels.

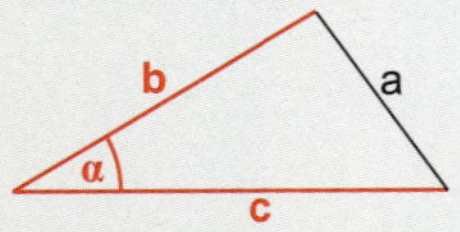

$a^2 = b^2 + c^2 - 2bc \cdot \cos \alpha$

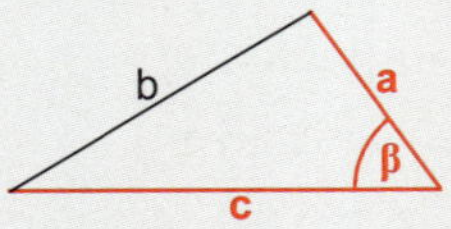

$b^2 = a^2 + c^2 - 2ac \cdot \cos \beta$

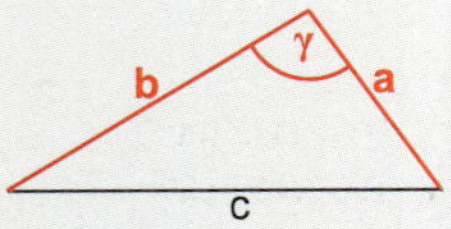

$c^2 = a^2 + b^2 - 2ab \cdot \cos \gamma$

Zusammenhang mit dem Satz von Pythagoras:
Ist der eingeschlossene Winkel 90°, so wird der Kosinuswert 0. Damit erhält man:
$a^2=b^2+c^2$ bzw. $b^2=a^2+c^2$ bzw. $c^2=a^2+b^2$

Beispiele

1. Um die Länge eines Sees zu bestimmen, misst man die Strecken $\overline{AB}$, $\overline{AC}$ und den Winkel BAC:
$\overline{AB}=350$ m
$\overline{AC}=168$ m
$\sphericalangle BAC=65°$
Wie lang ist der See?

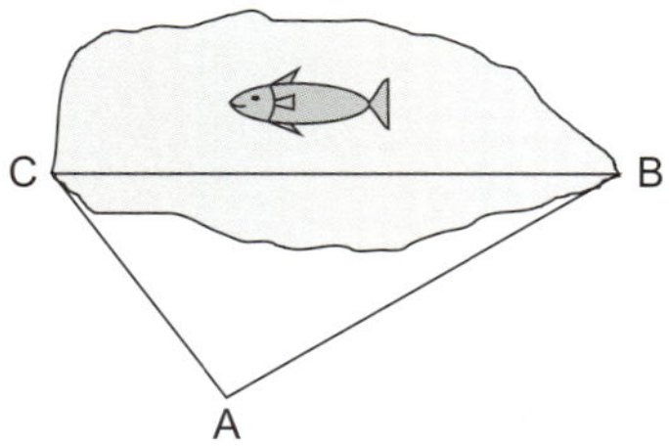

Lösung:
Aus zwei Seiten und dem eingeschlossenen Winkel bestimmt man die Länge der dritten Seite mit dem Kosinussatz.

Planskizze:

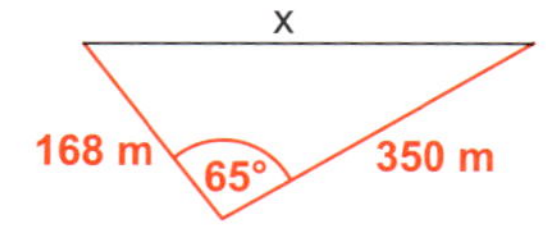

$x^2=168^2+350^2-2\cdot 168\cdot 350\cdot \cos 65°$
$x^2\approx 28\,224+122\,500-49\,699{,}91$
$x^2=101\,024{,}09 \qquad |\sqrt{}$
$x\approx 317{,}84$
Der See ist ca. 318 m lang.

2. Berechne die Winkel im Dreieck mit den Seitenlängen a = 4,5 cm, b = 3,5 cm und c = 4 cm. Konstruiere anschließend das Dreieck und überprüfe die Werte.

Lösung:
Bei 3 gegebenen Seiten muss man sich entscheiden, welchen der eingeschlossenen Winkel man zuerst berechnen möchte.

Planskizze:

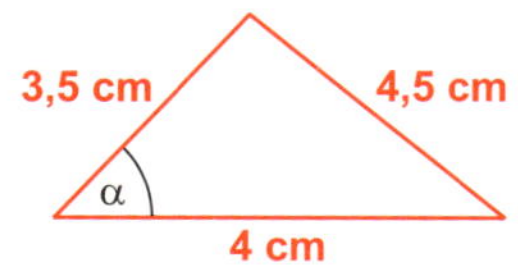

Bestimmung von α:

$$a^2=b^2+c^2-2\cdot b\cdot c\cdot \cos\alpha$$
$$4{,}5^2=3{,}5^2+4^2-2\cdot 3{,}5\cdot 4\cdot \cos\alpha \qquad |-3{,}5^2-4^2$$
$$4{,}5^2-3{,}5^2-4^2=-2\cdot 3{,}5\cdot 4\cdot \cos\alpha$$
$$-8=-28\cdot \cos\alpha \qquad |:(-28)$$
$$\cos\alpha=0{,}2857\ldots$$
$$\alpha\approx 73{,}40°$$

Berechnung von β mit dem Kosinussatz:

$$b^2=a^2+c^2-2\cdot a\cdot c\cdot \cos\beta$$
$$3{,}5^2=4{,}5^2+4^2-2\cdot 4{,}5\cdot 4\cdot \cos\beta \qquad |-4{,}5^2-4^2$$
$$3{,}5^2-4{,}5^2-4^2=-2\cdot 4{,}5\cdot 4\cdot \cos\beta$$
$$-24=-36\cdot \cos\beta \qquad |:(-36)$$
$$\cos\beta=0{,}6666\ldots$$
$$\beta\approx 48{,}19°$$

oder

Berechnung von β mit dem Sinussatz:

$$\frac{4{,}5}{\sin 73{,}4°}=\frac{3{,}5}{\sin\beta} \qquad |\cdot \sin 73{,}4° \quad |\cdot \sin\beta$$
$$4{,}5\cdot \sin\beta=3{,}5\cdot \sin 73{,}4° \qquad |:4{,}5$$
$$\sin\beta=\frac{3{,}5\cdot \sin 73{,}4°}{4{,}5}$$
$$\sin\beta=0{,}7453...$$
$$\beta\approx 48{,}19°$$

Berechnung von γ:
$\gamma = 180° - 73{,}40° - 48{,}19° = 58{,}41°$

Konstruktion des Dreiecks:
- $c = \overline{AB} = 4$ cm zeichnen
- Kreisbogen um A mit $r = 3{,}5$ cm
- Kreisbogen um B mit $r = 4{,}5$ cm
- Schnittpunkt der Kreisbögen ist C

Winkel messen: $\alpha = 73°$; $\beta = 48°$; $\gamma = 59°$

Die Winkelgrößen stimmen mit den berechneten Werten überein.

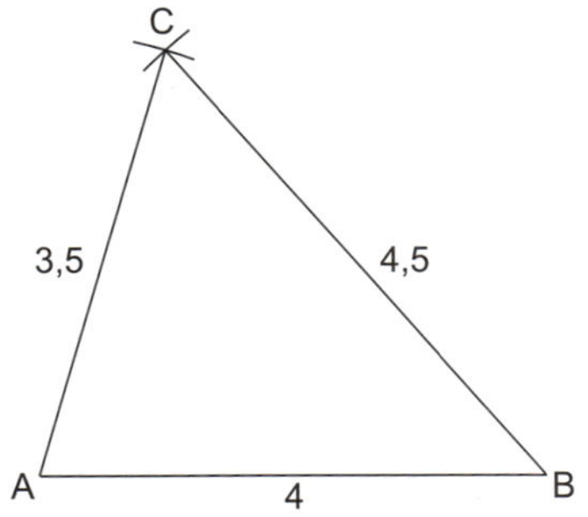

Interaktive Aufgaben

**4. Seite berechnen
**5. Winkel berechnen

Sinussatz oder Kosinussatz – das ist die Frage

Merke

Sinussatz oder Kosinussatz – das ist die Frage

Sind von einem beliebigen Dreieck 3 Größen bekannt, so ist es vor der Berechnung weiterer Größen von Vorteil, sich zunächst zu überlegen, welcher Fall vorliegt:

Gegeben	Kurz	Wähle
3 Seiten	SSS	Kosinussatz
2 Seiten und der eingeschlossenen Winkel	SWS	Kosinussatz

In **allen anderen Fällen** (WSW, SSW) verwendet man den Sinussatz, evtl. mithilfe der Winkelsumme.

Beispiel

Sinussatz oder Kosinussatz? Welchen Satz wendest du für die erste Berechnung an?

a) 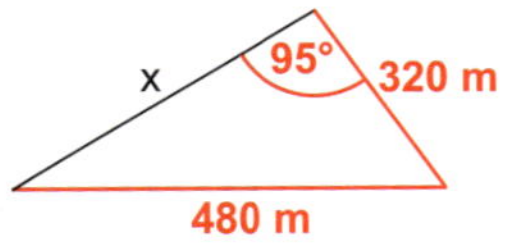

b) 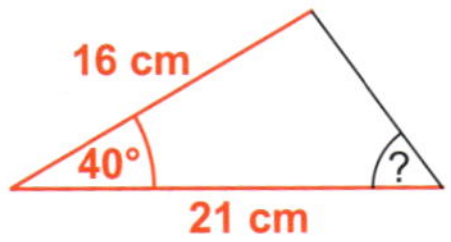

c) 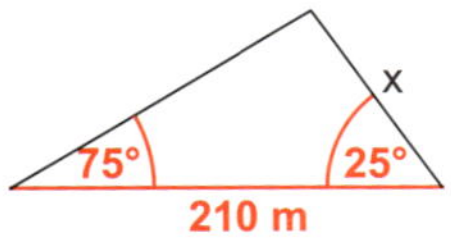

Lösung:

a) Gegeben: SSW $\rightarrow$ Sinussatz
Ansatz: $\dfrac{480}{\sin 95°} = \dfrac{320}{\sin \alpha}$
Bestimme dann β über die Winkelsumme und x mit dem Sinus- oder Kosinussatz.
[Ergebnisse: $\alpha = 41{,}62°$; $\beta = 43{,}38°$; $x = 330{,}94$ m]

b) Gegeben: SWS $\rightarrow$ Kosinussatz
Ansatz: $b^2 = 16^2 + 21^2 - 2 \cdot 16 \cdot 21 \cdot \cos 40°$
Bestimme dann β mit dem Sinus- oder dem Kosinussatz.
[Ergebnisse: $b = 13{,}50$ cm; $\beta = 49{,}63°$]

c) Gegeben: WSW $\rightarrow$ Sinussatz mithilfe der Winkelsumme
Bestimme zunächst γ mithilfe der Winkelsumme: $\gamma = 180° - 75° - 25° = 80°$
Sinussatz: $\dfrac{210}{\sin 80°} = \dfrac{x}{\sin 75°}$
[Ergebnis: $x = 205{,}97$ m]

Aufgaben

126 Berechne jeweils die Länge der Strecke x und den Flächeninhalt des Dreiecks.

a)

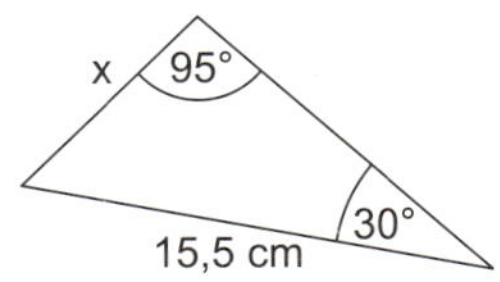

*b)

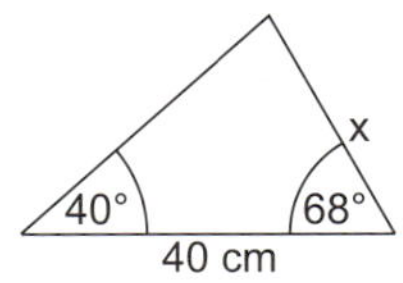

**c)

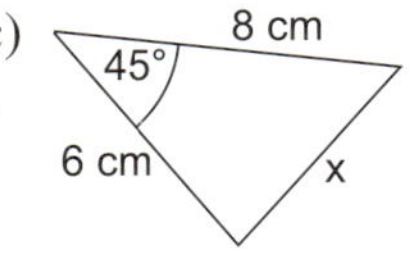

***127** Zur Bestimmung der Höhe h einer Kletterwand werden mithilfe eines Messgeräts 2 Winkel gemessen. Das Messgerät steht 1,60 m über dem waagerechten Erdboden.
Strecke $\overline{AB} = 10$ m; Winkel $\alpha = 42{,}4°$; $\beta = 65{,}6°$

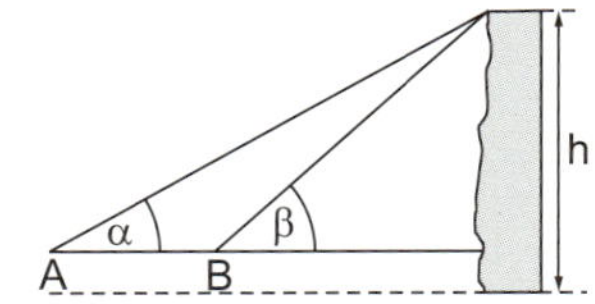

***128** Einmal im Jahr findet der Schwimmwettkampf „Internationales Müggelseeschwimmen" statt. Ein Schwimmverein möchte dafür trainieren und steckt sich eine Trainingsstrecke ab (siehe Zeichnung). Start und Ziel ist das Strandbad Müggelsee (S). Die Schwimmer müssen um die Bojen A und B herumschwimmen.

Folgende Maße sind bekannt:
Winkel SBA = 56°, Winkel BAS = 96°, $\overline{BS} = 1\,200$ m.

Entspricht die Länge dieser Schwimmstrecke (S → A → B → S) der Wettkampflänge von 2,6 km?

****129** Stelle den Kosinussatz schrittweise nach $\cos\alpha$ um.

****130** Der Grunewaldturm steht auf dem Karlsberg am Ostufer der Havel. Die Aussichtsplattform A auf einer Turmhöhe von 36 m liegt 100 m über dem Wasserspiegel. Von einem Segelboot aus peilt man die Turmspitze S unter einem Höhenwinkel von 11,2° und die Aussichtsplattform A unter einem Höhenwinkel von 9,5° an. Die Luftlinie zwischen dem Segelboot und der Turmspitze S beträgt 612 m. Fertige eine Skizze an und berechne die Höhe des Grunewaldturms. Vernachlässige dabei den Höhenunterschied vom Messpunkt im Boot zum Wasserspiegel.

Interaktive Aufgaben

**6. Winkel berechnen in 2 Schritten
*7. Feuer

6.3 Sinus und Kosinus im Einheitskreis

Der Einheitskreis ist ein Kreis, in dem der Radius die Maßzahl 1 ($r = 1$) hat und dessen Mittelpunkt im Ursprung des Koordinatensystems liegt.
Zeichnet man einen Radius in den Einheitskreis, der mit der x-Achse den Winkel α einschließt, so entstehen durch Fällen eines Lotes auf die x-Achse rechtwinklige Dreiecke.
Alle diese Dreiecke haben folgende besondere Eigenschaften:

- Die Hypotenuse (Radius) hat immer die Länge 1.
- Die Gegenkathete des Winkels α entspricht dem Sinuswert von α.
- Die Ankathete des Winkels α entspricht dem Kosinuswert von α.

Merke

Sinus und Kosinus im Einheitskreis

Im Einheitskreis kann man den **Sinuswert** des Winkels α direkt an der **y-Achse** ablesen, den **Kosinuswert** des Winkels α kann man direkt an der **x-Achse** ablesen.

Es gilt:

- allgemein: $\sin\alpha = \dfrac{\text{Gegenkathete}}{\text{Hypotenuse}}$
- im Einheitskreis: $\sin\alpha = \dfrac{y}{1} = y$

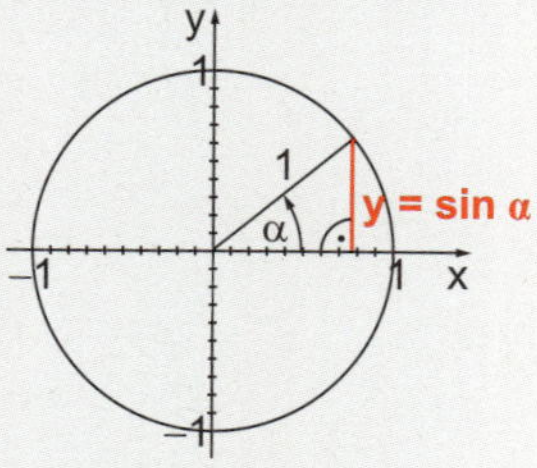

Es gilt:

- allgemein: $\cos\alpha = \dfrac{\text{Ankathete}}{\text{Hypotenuse}}$
- im Einheitskreis: $\cos\alpha = \dfrac{x}{1} = x$

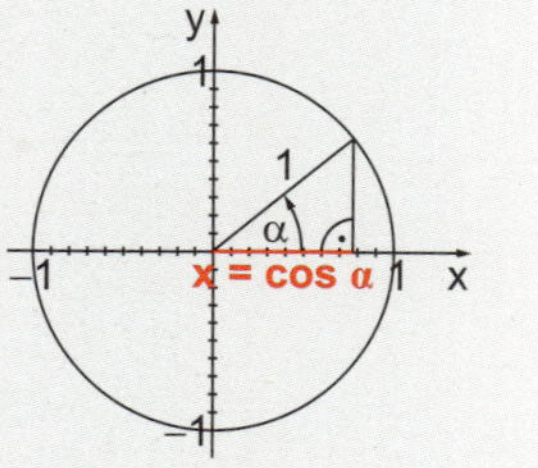

Beispiele

1. Winkel zwischen 0° und 90°:

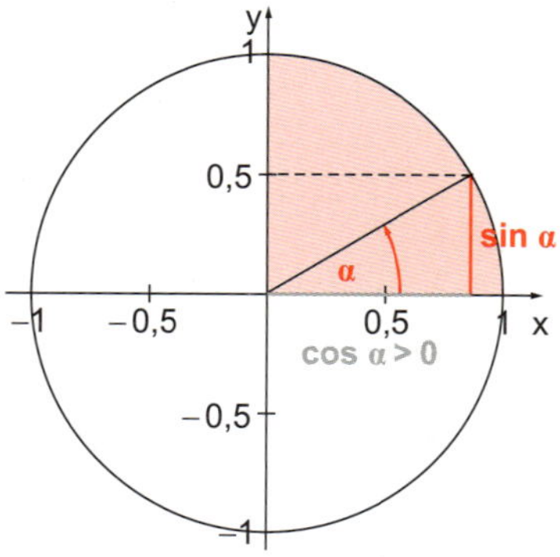

Vorzeichen der Sinuswerte: +
Vorzeichen der Kosinuswerte: +

2. Winkel zwischen 90° und 180°:

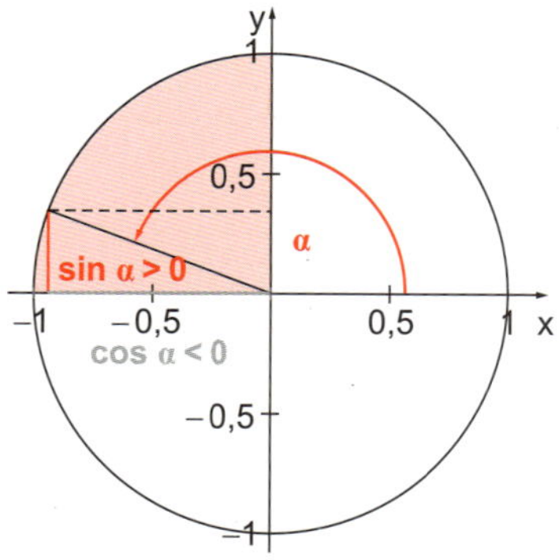

Vorzeichen der Sinuswerte: +
Vorzeichen der Kosinuswerte: –

3. Winkel zwischen 180° und 270°:

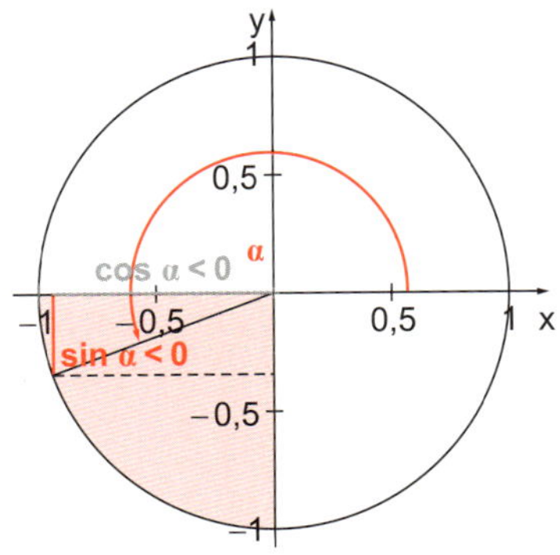

Vorzeichen der Sinuswerte: –

Vorzeichen der Kosinuswerte: –

4. Winkel zwischen 270° und 360°:

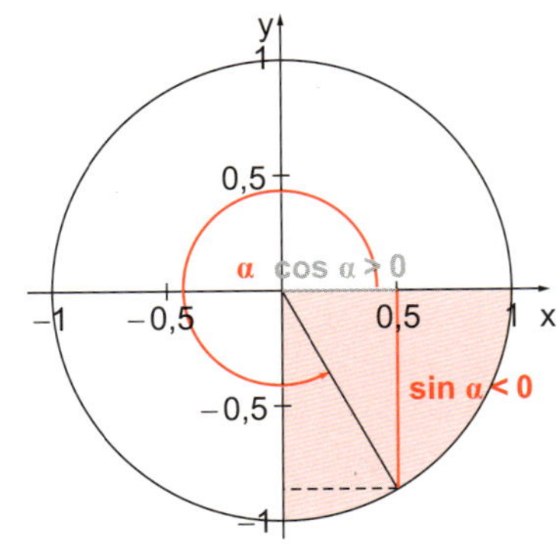

Vorzeichen der Sinuswerte: –

Vorzeichen der Kosinuswerte: +

5.

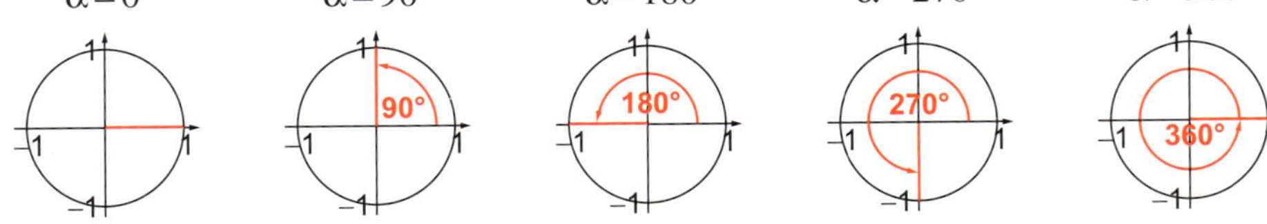

α = 0°	α = 90°	α = 180°	α = 270°	α = 360°
sin 0° = 0	sin 90° = 1	sin 180° = 0	sin 270° = –1	sin 360° = 0
cos 0° = 1	cos 90° = 0	cos 180° = –1	cos 270° = 0	cos 360° = 1

Merke

Winkel mit negativem Vorzeichen

Öffnet sich ein Winkel **mit dem Uhrzeigersinn**, so erhält der Winkel ein **negatives** Vorzeichen.

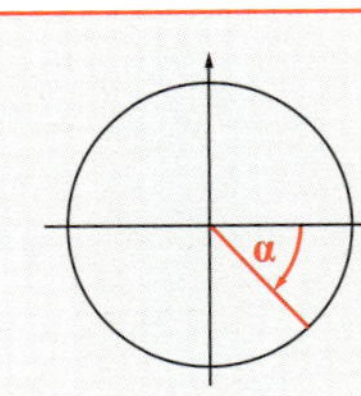

$\alpha = -50°$

Beispiele

1. Bestimme am Einheitskreis: sin (–140°).

Lösung:

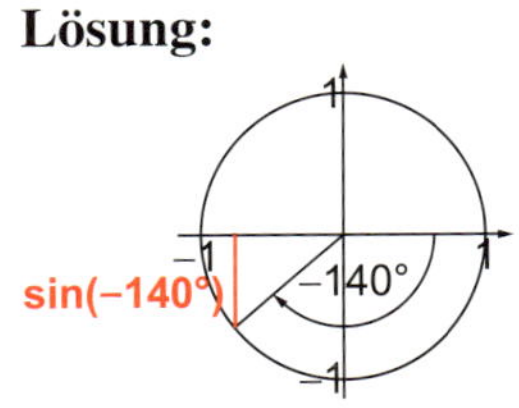

$\sin(-140°) \approx -0{,}6$

2. Bestimme mithilfe des Einheitskreises alle Winkel zwischen –360° und +360°, deren Sinuswert 0,5 ist.

Lösung:

Positive Winkel:

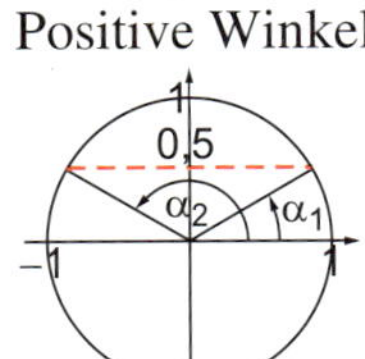

$\alpha_1 \approx 30°$ und $\alpha_2 \approx 150°$

Vorgehen:
- Zeichne eine Parallele zur x-Achse mit dem Achsenabschnitt n = 0,5.
- Die Schnittpunkte mit dem Einheitskreis sind die Endpunkte des freien Schenkels der gesuchten Winkel.
- Miss die Winkel mit dem Geodreieck.

Negative Winkel:

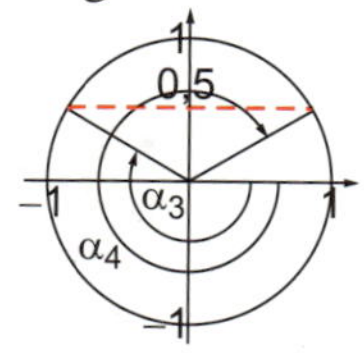

$\alpha_3 \approx -210°$ und $\alpha_4 \approx -330°$

Gehe vor wie bei den positiven Winkeln, miss die Winkel jedoch diesmal mit dem Uhrzeigersinn.

Merke

Winkel mit gleichen Funktionswerten

$\sin(\alpha + 360°) = \sin\alpha$

$\cos(\alpha + 360°) = \cos\alpha$

Beispiel

Bestimme den Sinuswert von 400°.

Lösung:

$\sin(400°) = \sin(40° + 360°) = \sin(40°) \approx 0{,}64$

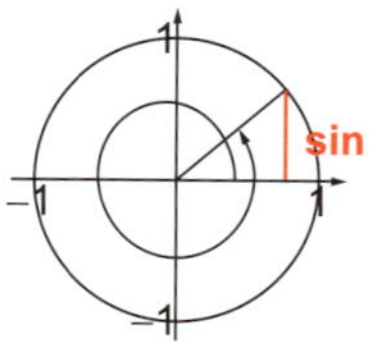

Aufgaben

****131**

Zeichne einen Einheitskreis (2,5 cm ≙ Einheit 1).
Zeichne folgende Winkel ein und bestimme durch Ablesen ihren Sinus- und Kosinuswert.

a) $\alpha = 65°$
b) $\beta = 100°$
c) $\gamma = 200°$
d) $\delta = -70°$

Überprüfe deine Lösungen anschließend mit dem Taschenrechner.

****132**

Welcher Winkel zwischen 0° und 360° hat denselben Sinuswert wie:

a) $\alpha = 60°$
b) $\alpha = 100°$
c) $\alpha = 230°$
d) $\alpha = -210°$

****133**

Welcher Winkel zwischen 0° und 360° hat denselben Kosinuswert wie:

a) $\alpha = 60°$
b) $\alpha = 100°$
c) $\alpha = 230°$
d) $\alpha = -210°$

****134**

Gleich oder nicht gleich? Setze = oder ≠ ein.
Überlege und benutze nicht den Taschenrechner.

a) $\sin 15° \ \square\ \sin 165°$
b) $\cos 40° \ \square\ \cos 220°$
c) $\sin 90° \ \square\ \sin(-90°)$
d) $\sin(-180°) \ \square\ \sin 180°$
e) $\cos 60° \ \square\ \cos(-60°)$
f) $\sin 200° \ \square\ \sin(-20°)$

Interaktive Aufgaben

**1. Gleicher Sinus-/Kosinuswert
**2. Zurückführung auf stumpfe Winkel

6.4 Trigonometrische Funktionen – Sinus- und Kosinusfunktion

Merke

Sinusfunktion

Ordnet man jedem Winkel α seinen Sinuswert zu, erhält man die Sinusfunktion mit der Funktionsgleichung $y = \sin \alpha$.

Eigenschaften der Sinusfunktion:

- Punktsymmetrisch zum Ursprung
- Nullstellen sind Vielfache von 180°

Wertetabelle

α	–360°	–315°	–270°	–225°	–180°	–135°	–90°	–45°
sin α	0	0,7071	1	0,7071	0	–0,7071	–1	–0,7071

α	0°	45°	90°	135°	180°	225°	270°	315°	360°
sin α	0	0,7071	1	0,7071	0	–0,7071	–1	–0,7071	0

Graph

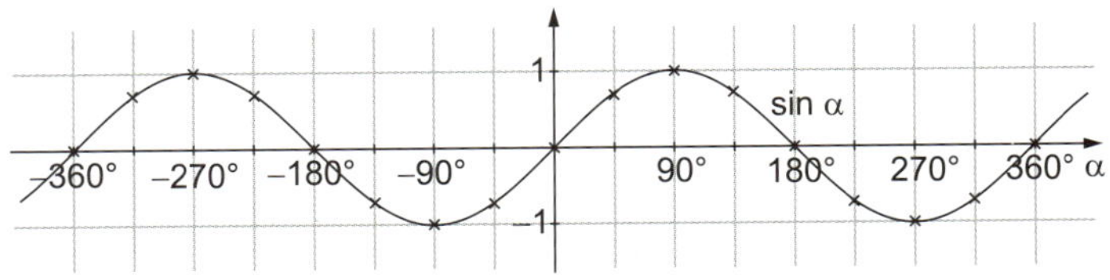

Merke

Kosinusfunktion

Ordnet man jedem Winkel α seinen Kosinuswert zu, erhält man die Kosinusfunktion mit der Funktionsgleichung $y = \cos \alpha$.

Eigenschaften der Kosinusfunktion:

- Achsensymmetrisch zur y-Achse
- Nullstellen sind 90° plus oder minus Vielfache von 180°

Wertetabelle

α	–360°	–315°	–270°	–225°	–180°	–135°	–90°	–45°
cos α	1	0,7071	0	–0,7071	–1	–0,7071	0	0,7071

α	0°	45°	90°	135°	180°	225°	270°	315°	360°
cos α	1	0,7071	0	–0,7071	–1	–0,7071	0	0,7071	1

Graph

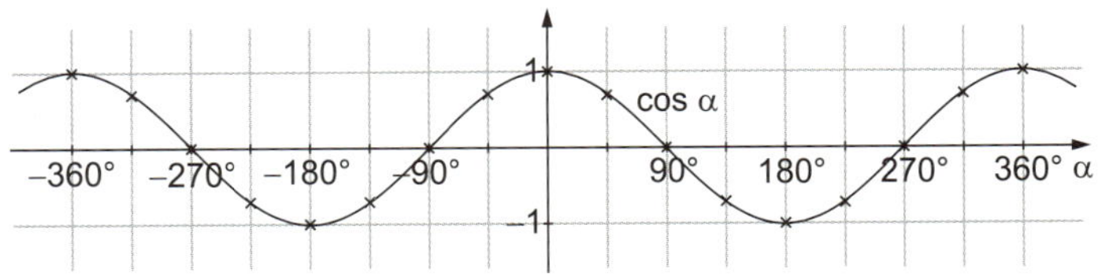

Regelmäßig wiederkehrende Vorgänge bezeichnet man im allgemeinen Sprachgebrauch als periodisch. In Natur und Technik gibt es zahlreiche Beispiele dafür, z. B. elektromagnetische Schwingungen, Töne, die tägliche Helligkeitsdauer oder den Wasserstand bei Ebbe und Flut. Entsprechend heißt eine Funktion in der Mathematik **periodisch**, wenn sich ihre Werte in regelmäßigen Abständen wiederholen. Die Abstände bis zum wiederholten Auftreten desselben Funktionswertes werden **Periode** genannt.

Merke

Periodizität der Sinus- und Kosinusfunktion

Die Sinusfunktion und die Kosinusfunktion sind periodische Funktionen, weil sich die Funktionswerte nach einem gewissen Abstand (Periode) immer wiederholen. Die (kleinste) Periode beträgt bei beiden Funktionen 360°.

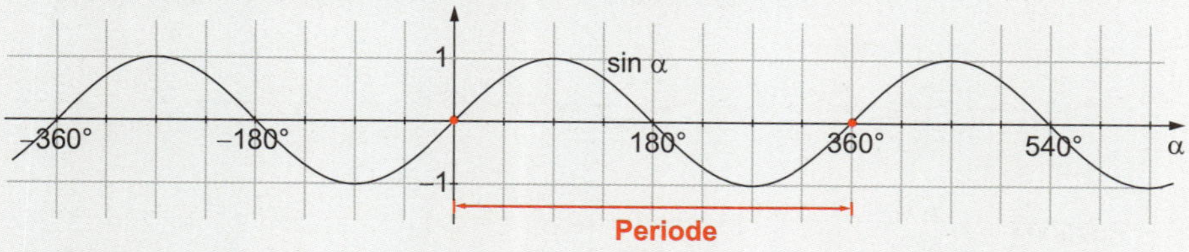

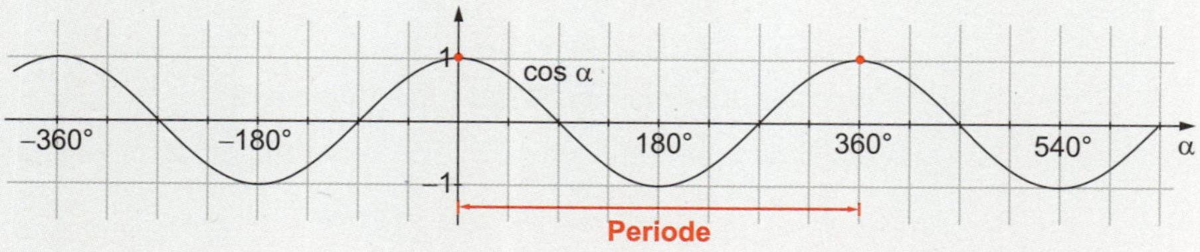

Beispiel

Bestimme die Nullstellen der Sinusfunktion $y = \sin\alpha$ im Bereich $-360° < \alpha < +360°$. Was fällt dir auf?

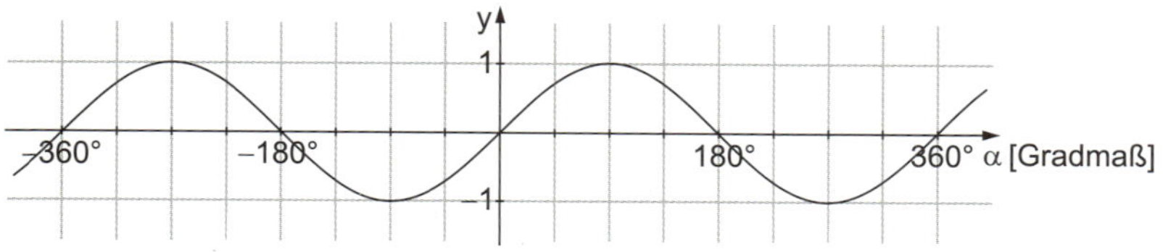

Lösung:
Die Nullstellen liegen bei –360°, –180°, 0°, 180° und 360°.
Alle Nullstellen sind ganzzahlige Vielfache von 180°.

Sinus- und Kosinusfunktion mithilfe des Bogenmaßes

Ein Winkel kann sowohl im Gradmaß als auch im Bogenmaß angegeben werden.

Merke

Bogenmaß

Das Bogenmaß ist die Länge des Kreisbogens b, der dem Winkel α im Einheitskreis gegenüberliegt.

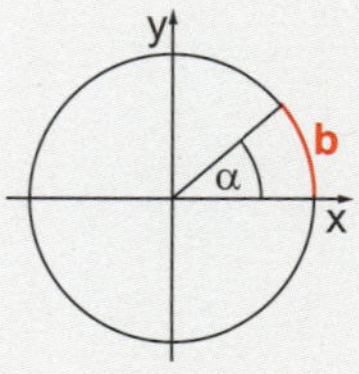

Oft wird das Bogenmaß als Vielfaches von π angegeben. Das Bogenmaß von 360° (Vollkreis) ist 2π, denn der Kreisbogen b, der dem Winkel α im Einheitskreis gegenüberliegt, ist der Umfang des Einheitskreises. Weil der Radius r im Einheitskreis gleich 1 ist, folgt:
$b = 2 \cdot \pi \cdot r = 2\pi$

Entsprechend ist π das Bogenmaß von 180° (Halbkreis), $\frac{1}{2}\pi$ das Bogenmaß von 90° (Viertelkreis) usw.

Gradmaß	–360°	–270°	–180°	–90°	0°	90°	180°	270°	360°
Bogenmaß als Vielfaches von π	-2π	$-1\frac{1}{2}\pi$	$-\pi$	$-\frac{1}{2}\pi$	0	$\frac{1}{2}\pi$	π	$1\frac{1}{2}\pi$	2π
Bogenmaß als Zahlenwert	–6,28	–4,71	–3,14	–1,57	0	1,57	3,14	4,71	6,28

Da das Verhältnis von Bogenmaß b zu Winkel α (in Grad) dem Verhältnis von Umfang u des Einheitskreises zu 360° entspricht, gilt folgende proportionale Zuordnung:

$\frac{b}{\alpha} = \frac{u}{360°}$ Setze $u = 2\pi$.

$\frac{b}{\alpha} = \frac{2\pi}{360°}$ Kürze.

$\frac{b}{\alpha} = \frac{\pi}{180°}$

Merke

Umrechnung zwischen Grad- und Bogenmaß

Vom Grad- zum Bogenmaß:

$x = \frac{\pi \cdot \alpha}{180°}$

Vom Bogen- zum Gradmaß:

$\alpha = \frac{x \cdot 180°}{\pi}$

Beispiele

1. Welches Bogenmaß gehört zu $\alpha = 60°$?

   Lösung:

   $x = \frac{\pi \cdot 60°}{180°}$

   $x \approx 1{,}05$

2. Welcher Winkel in Grad gehört zum Bogenmaß $b = 6$?
   Schätze die Gradzahl, bevor du rechnest.

   Lösung:

   Schätzung:
   Zu 360° gehört das Bogenmaß 6,28 $(= 2 \cdot \pi)$, das ist der volle Umfang des Einheitskreises. Das Bogenmaß 6 ist etwas weniger, also schätzungsweise 340°.

   Rechnung:

   $\alpha = \frac{6 \cdot 180°}{\pi}$

   $\alpha \approx 343{,}77°$

Interaktive Aufgabe

** 1. Umrechnung ins Bogenmaß

Merke

Die Funktionen $y = \sin x$ und $y = \cos x$

Ordnet man **jedem Bogenmaß x** seinen Sinus- bzw. Kosinuswert zu, erhält man die Sinus- bzw. Kosinusfunktion. In der graphischen Darstellung haben nun die x- und die y-Achse dieselben Maßeinheiten.

$y = \sin x$:

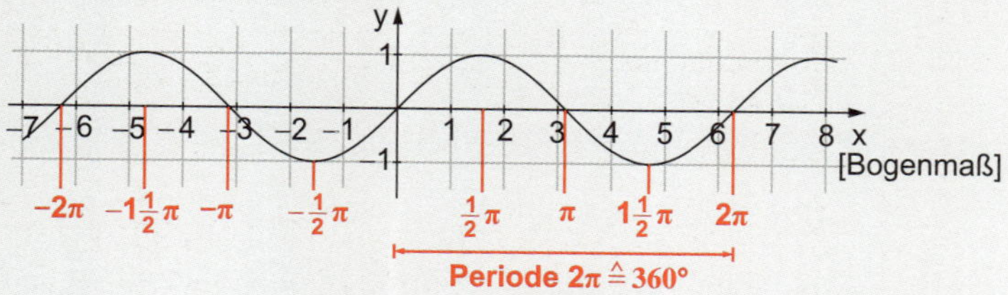

$y = \cos x$:

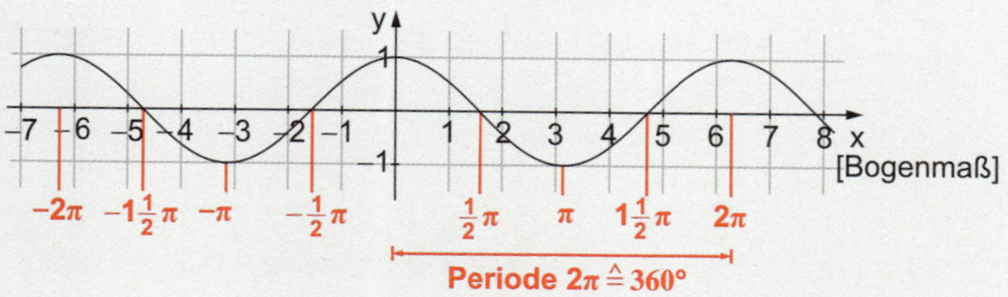

Beispiel

Im folgenden Diagramm ist die Bewegung des Pendels einer Pendeluhr festgehalten. Vor der ersten Schwingung befindet sich das Pendel in der Mitte in Ruhestellung.

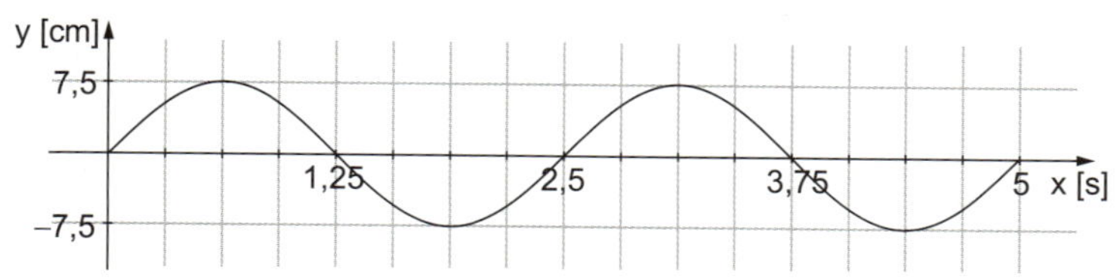

a) Wie groß ist der Abstand zwischen den Maximalausschlägen?
Wie lange dauert eine Schwingungsbewegung von links nach rechts?

b) Wie viele Schwingungen finden pro Stunde statt?

c) Begründe, warum es sich um eine periodische Funktion handelt.

Lösung:

a)

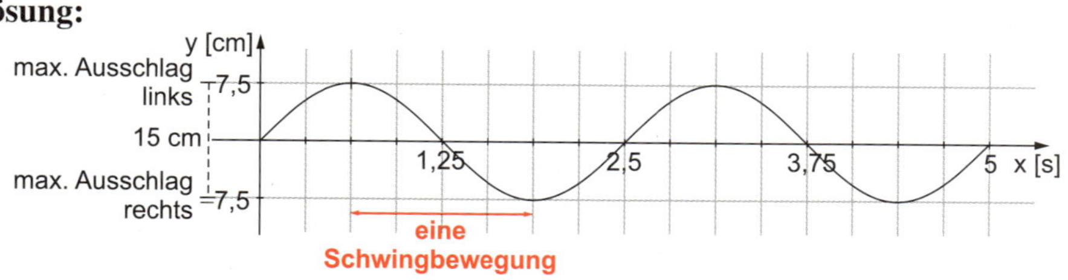

Der Abstand zwischen den Maximalausschlägen beträgt 15 cm.
Eine Schwingbewegung dauert 1,25 Sekunden.

b) 1 Schwingung ≙ 1,25 s; x Schwingungen ≙ 1 Stunde = 3 600 Sekunden

$3\,600 : 1{,}25 = 2\,880$ **oder** $\frac{1}{1{,}25} = \frac{x}{3\,600} \quad | \cdot 3\,600$

$$x = \frac{1 \cdot 3\,600}{1{,}25}$$

$$x = 2\,880$$

In einer Stunde schwingt das Pendel 2 880-mal von rechts nach links oder von links nach rechts.

c) Es handelt sich um eine regelmäßig wiederkehrende Bewegung, solange die Uhr aufgezogen ist. Nach 2,5 Sekunden wiederholt sich die gesamte Bewegung.

Aufgaben

****135** Bestimme die Nullstellen der Kosinusfunktion $y = \cos \alpha$ im Bereich $-360° < \alpha < +360°$. Was fällt dir auf?

****136** Handelt es sich um periodische Vorgänge? Begründe.

a) Formveränderung des Mondes innerhalb eines Jahres

b) Mündliche Mitarbeit eines Schülers an einem Schultag

c) Verkehrsaufkommen auf dem Berliner Stadtring in einer Arbeitswoche

d) Gewichtszunahme im ersten Lebensjahr

****137** In einer Jugendzeitschrift findet Marie folgende Kurve:

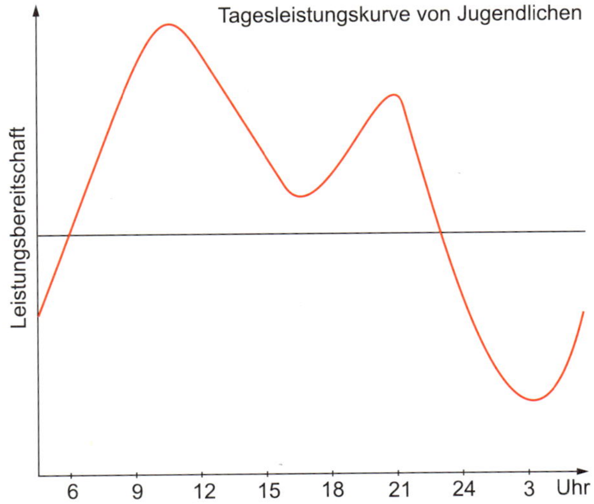

a) Welche Informationen kannst du der graphischen Darstellung entnehmen?

b) Begründe, warum es sich hier um eine periodische Funktion handelt.

c) Gib die Länge einer Periode an.

d) Wo liegen die Nullstellen des Graphen? Welche Bedeutung haben sie in diesem Sachzusammenhang?

7 Körper

7.1 Darstellungen von Körpern

Geometrische Körper wie z. B. Würfel, Quader, Pyramide und Kegel sind dreidimensionale Gebilde.
Um zeichnerisch einen räumlichen Eindruck zu erhalten, stellt man Körper in einem **Schrägbild** dar. Die Kanten in den Raum (Tiefenkanten) werden hierbei im **45° Winkel** und **auf die Hälfte verkürzt** dargestellt.

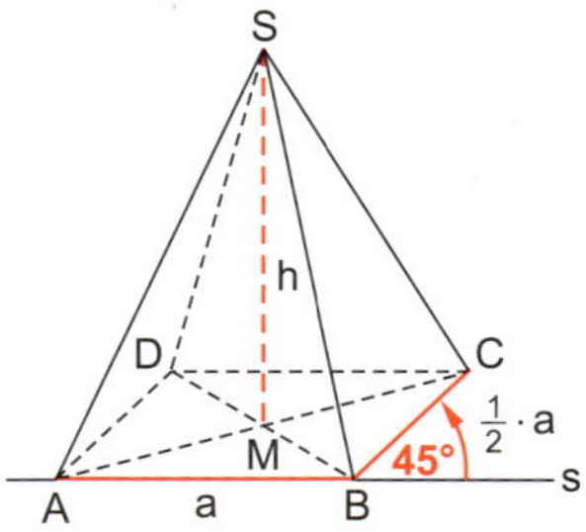

Das **Netz** eines Körpers ist eine zweidimensionale Darstellung seiner Oberfläche. Der Körper wird dabei in geeigneter Weise entlang seiner **Kanten aufgeschnitten und in der Ebene ausgebreitet**. Grund-, Deck- und Seitenflächen werden in wahrer Größe oder maßstabsgerecht verändert dargestellt.

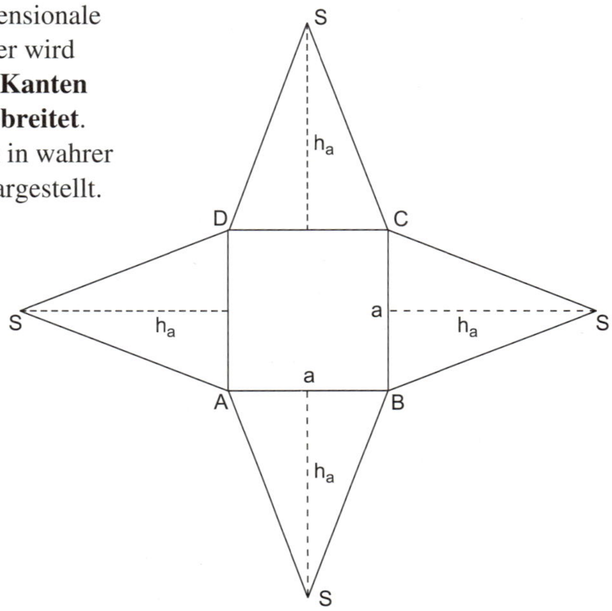

7.2 Berechnungen an Körpern

Bei allen Körpern sind das Volumen, der Mantel, die Oberfläche und die Masse wichtige Werte, die berechnet werden.

Massenberechnung

Merke

> Die Masse eines jeden Körpers ist abhängig vom Volumen und der Dichte (ρ) des Materials, aus dem der Körper besteht. Die Dichte ρ (rho) wird in Gramm pro Kubikzentimeter oder entsprechenden Einheiten angegeben.
>
> $$\frac{g}{cm^3} \triangleq \frac{kg}{dm^3} \triangleq \frac{t}{m^3}$$
>
> Masse = Volumen · Dichte $\quad$ $\mathbf{m = V \cdot \rho}$

Prismen

Ein **Prisma** ist ein Körper mit kongruenter (flächengleicher) Grund- und Deckfläche und gleich langen, zueinander parallelen Seitenkanten. Stehen die Seitenflächen senkrecht auf der Grundfläche, so spricht man von einem **geraden Prisma**.

Merke

Für alle **geraden Prismen** gilt:

Volumen = Grundfläche · Höhe des Prismas	$\mathbf{V = G \cdot h}$
Mantel = Umfang der Grundfläche · Höhe des Prismas	$\mathbf{M = u \cdot h}$
Oberfläche = 2 · Grundfläche + Mantel	$\mathbf{O = 2 \cdot G + M}$

Körper	Grundfläche	Volumen	Mantel	Oberfläche
Würfel 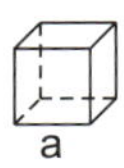	$G = a^2$	$V = a^3$	$M = 4a^2$	$O = 2a^2 + 4a^2$ $O = 6a^2$ 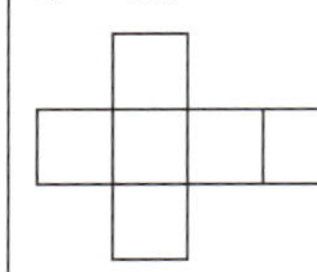
Quader 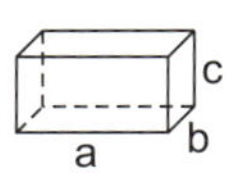	$G = a \cdot b$	$V = a \cdot b \cdot c$	$M = (2a + 2b) \cdot c$ $M = 2ac + 2bc$	$O = 2ab + 2ac + 2bc$ $O = 2(ab + ac + bc)$ 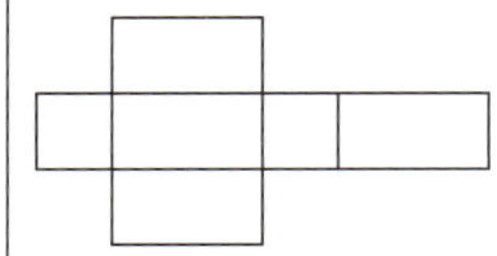
Regelmäßiges dreiseitiges Prisma 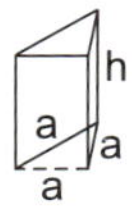	$G = \frac{\sqrt{3}}{4} a^2$	$V = \frac{\sqrt{3}}{4} a^2 \cdot h$	$M = 3ah$	$O = \frac{\sqrt{3}}{2} a^2 + 3ah$ 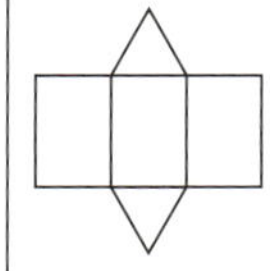
Regelmäßiges sechsseitiges Prisma 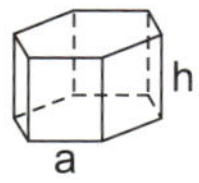	$G = \frac{3\sqrt{3}}{2} a^2$	$V = \frac{3\sqrt{3}}{2} a^2 \cdot h$	$M = 6ah$	$O = 3\sqrt{3}a^2 + 6ah$ 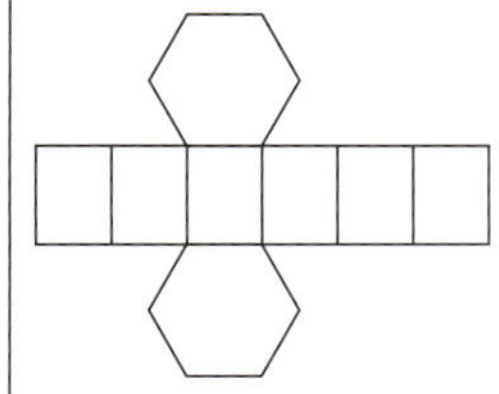
Zylinder 	$G = \pi \cdot r^2$	$V = \pi \cdot r^2 \cdot h$	$M = 2\pi \cdot r \cdot h$	$O = 2\pi \cdot r^2 + 2\pi \cdot r \cdot h$ $O = 2\pi \cdot r(r + h)$ 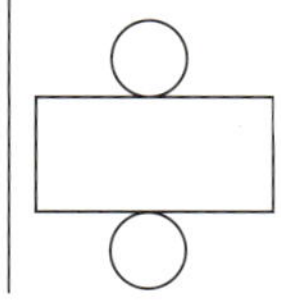

Beispiele

1. Aus einem quaderförmigen Bleistück (a = 9,6 cm; b = 6,8 cm; c = 5 cm) sollen Würfel von 2 cm Kantenlänge geschmolzen werden.
   a) Wie viele Würfel erhält man?
   b) Vergleiche die Oberfläche des Bleistücks mit der Summe aller Würfeloberflächen.
   c) Blei hat eine Dichte von $11{,}3\,\frac{\text{g}}{\text{cm}^3}$. Reichen die Kräfte eines 16-jährigen Schülers, um den Quader anzuheben?
   d) Luca behauptet: Verdoppelt man die Kantenlängen der Würfel, so halbiert sich die Anzahl der Würfel.
   Überprüfe den Wahrheitsgehalt dieser Aussage und begründe deine Antwort.

Lösung:

a) Volumen des Quaders:

$V_1 = a \cdot b \cdot c$

$V_1 = 9{,}6 \cdot 6{,}8 \cdot 5$

$V_1 = 326{,}4$

Volumen des Würfels:

$V_2 = a^3$

$V_2 = 2 \cdot 2 \cdot 2$

$V_2 = 8$

Das Volumen des Quaders beträgt 326,4 cm^3 und das eines Würfels 8 cm^3.

$326{,}4 : 8 = 40{,}8$

Man erhält 40 Würfel.

b) Oberfläche des Quaders:

$O_1 = 2(ab + ac + bc)$

$O_1 = 2(9{,}6 \cdot 6{,}8 + 9{,}6 \cdot 5 + 6{,}8 \cdot 5)$

$O_1 = 294{,}56$

Oberfläche des Würfels:

$O_2 = 6 \cdot a^2$

$O_2 = 6 \cdot 2^2$

$O_2 = 24$

Würfeloberfläche · Anzahl:

$24 \cdot 40 = 960$

Die Würfeloberflächen sind mit 960 cm^2 mehr als dreimal so groß wie die Quaderoberfläche mit 294,56 cm^2.

c) Masse des Quaders:

$m = V \cdot \rho$

$m = 326{,}4 \cdot 11{,}3 = 3\,688{,}32$

$3\,688{,}32\text{ g} \approx 3{,}7\text{ kg}$

Ein 16-jähriger kann den Quader mit einer Masse von ca. 3,7 kg leicht anheben.

d) Verdoppelte Kantenlänge: a = 4

Volumen eines Würfels: $V = 4^3 = 64$

$326{,}4 : 64 = 5{,}1$

Die Aussage stimmt nicht, man würde nur 5 Würfel erhalten.

2. Der Grundkreisradius eines Messzylinders beträgt 1,5 cm. In welcher Höhe müssen die Markierungen für 20 cm^3, 40 cm^3, 60 cm^3, 80 cm^3 und 100 cm^3 angebracht werden?

Lösung:

$V = \pi \cdot r^2 \cdot h \quad |:(\pi \cdot r^2)$ Äquivalenzumformung (nach der gesuchten Größe h auflösen)

$h = \frac{V}{\pi \cdot r^2}$

$h = \frac{V}{\pi \cdot 1{,}5^2}$ r = 1,5 cm einsetzen

V in cm^3	20	40	60	80	100
h in cm	2,83	5,66	8,49	11,32	14,15

3. Zylinderförmige Getränkedosen haben einen Innendurchmesser von 8 cm und eine Höhe von 10 cm.

a) Weise rechnerisch nach, dass ein halber Liter (500 cm^3) Flüssigkeit in die Dosen gefüllt werden kann.
b) Welcher Prozentteil des Dosenvolumens wird dabei nicht genutzt?
c) Der Dosenmantel wird mit einer 8 cm hohen Banderole beklebt, wobei für den Kleberand 1 cm zusätzlich berücksichtigt werden muss.
Wie viel Papier wird für 10 000 Dosen benötigt?

Lösung:

a) Berechnung des Volumens:

$V = \pi \cdot r^2 \cdot h$
$V = \pi \cdot 4^2 \cdot 10$
$V \approx 502{,}65$

Da das Dosenvolumen 502,65 cm^3 beträgt, kann ein halber Liter (500 cm^3) eingefüllt werden.

b) Differenz der Volumina: 2,65 cm^3

$\frac{502{,}65}{100} = \frac{2{,}65}{x} \quad |\cdot x \cdot 100$
$502{,}65 \cdot x = 2{,}65 \cdot 100$
$x \approx 0{,}53$

0,53 % des Doseninhalts werden nicht genutzt.

c) Die Banderole für eine Dose hat die Form eines Rechtecks mit den Seiten $u + 1$ cm und 8 cm.

Berechnung der Fläche einer Banderole:

$A = (u + 1) \cdot 8$
$A = (2\pi \cdot r + 1) \cdot 8$
$A = (2\pi \cdot 4 + 1) \cdot 8$
$A \approx 209{,}06$

Papierfläche für 10 000 Dosen:
$209{,}06 \cdot 10\,000 = 2\,090\,600$

Man benötigt 2 090 600 cm^2 bzw. 209,06 m^2 Papier.

Aufgaben

138 Das nebenstehende Bild stellt das Netz eines Prismas dar, wobei die eingefärbte Fläche die Grundfläche ist. Berechne Volumen und Oberfläche des Prismas.

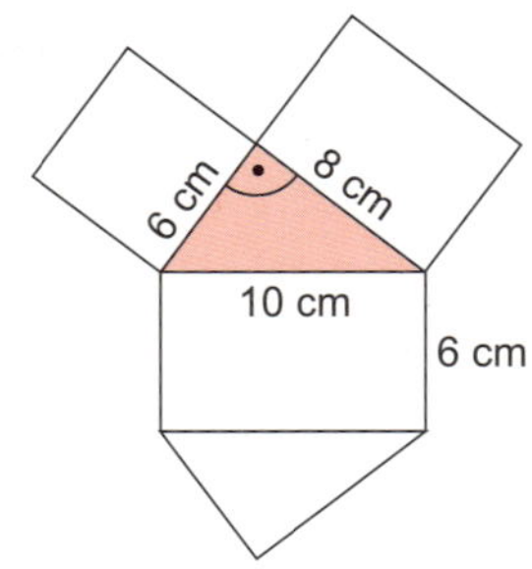

139 Auf einem Biohof in Brandenburg wird nitrofenfreies Kraftfutter in die 25 Futtertröge gefüllt. Die Seitenflächen der Futtertröge haben die Form eines gleichseitigen Trapezes mit den Maßen a = 50 cm, c = 70 cm und h_T = 3,5 dm. Ihre Länge beträgt 10 dm.
Wie viel Kraftfutter wird verteilt, wenn die Tröge zweimal täglich randvoll gefüllt werden?

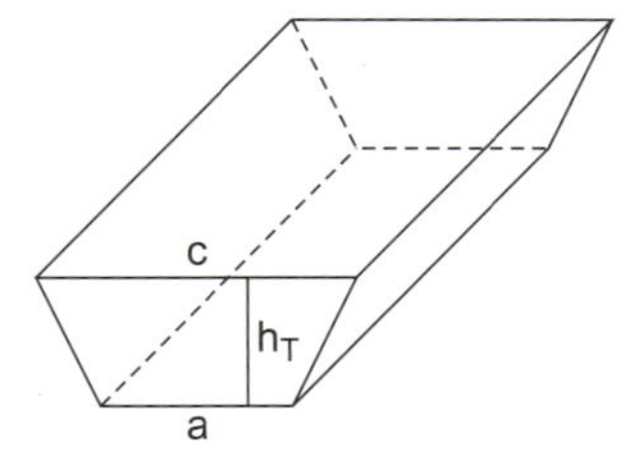

140 Unternehmen versuchen ihre Produktionskosten so gering wie möglich zu halten. Eine Molkerei prüft, ob die Verpackungskosten für Milch gesenkt werden können.
Bisher hat der Getränkekarton folgende Maße:
a = 9 cm
b = 6 cm
h = 19 cm
Eine Verpackungsfirma bietet folgende Formen an.

a) Welche Oberflächen haben die Verpackungen bei gleichem Volumen?
b) Für welche Verpackung sollte sich die Firma entscheiden? Begründe.
Berücksichtige auch praktische Gesichtspunkte bei deiner Antwort.

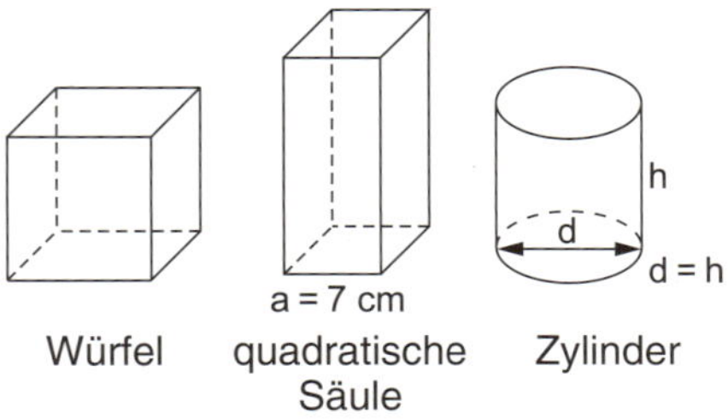

***141** Aus einem DIN-A4-Blatt mit den Maßen 29,7 cm × 21 cm lassen sich auf zwei Arten offene Zylinder herstellen. Welcher der beiden Zylinder hat das größere Volumen?

***142** Auf einer Baustelle streiten sich zwei Bauarbeiter. Sie wollen eine riesige Betonröhre ins Erdreich schaffen. Der Auszubildende Jan meint, dass der kleine Kran die Röhre nicht heben kann und umkippen wird. Die beiden Bauarbeiter sagen, dass die Röhre doch hohl sei und demnach nicht so schwer sein kann. Immerhin könne der Kran 2,4 t heben. Das würde reichen. Er könne sich ja in den Bauwagen setzen und das Gewicht ausrechnen, wenn er ihnen nicht glaube. Sie würden schon mal die Röhre an den Kran ketten.
Nimm Stellung zu dieser Auseinandersetzung.
Maße: äußerer Durchmesser: 1,40 m
innerer Durchmesser: 1,20 m
Länge der Röhre: 3,50 m

(Dichte $\rho = 2{,}5\ \frac{g}{cm^3}$)

***143** In einer integrierten Schaltung werden die Bauteile mit sehr dünnen Drähten ($r = 0{,}005$ mm) aus fast reinem Gold verbunden.
Wie lang ist ein Draht, der 1 g wiegt?
Dichte der Goldlegierung: $19{,}1\,\frac{g}{cm^3}$

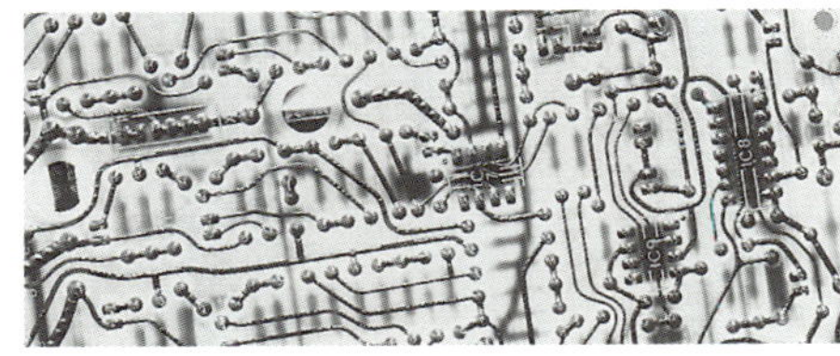

Interaktive Aufgaben

1. Prisma mit rechteckiger Grundfläche
2. Prisma mit dreieckiger Grundfläche
*3. Netz
4. Kakaodose
5. Werkstück
6. Einbeschriebener Zylinder
*7. Farbeimer

Pyramiden

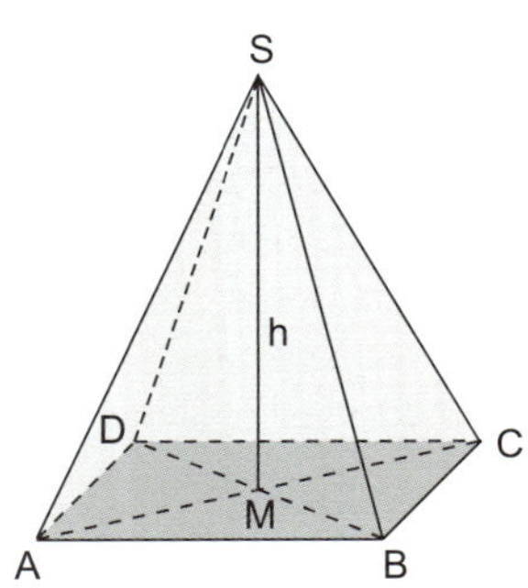

vierseitige quadratische Pyramide

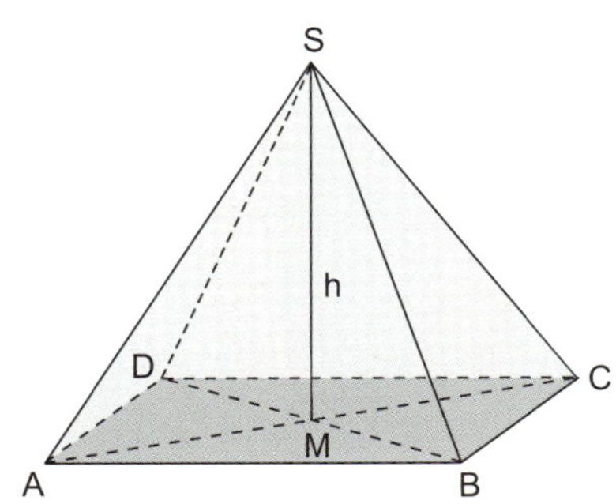

vierseitige rechteckige Pyramide

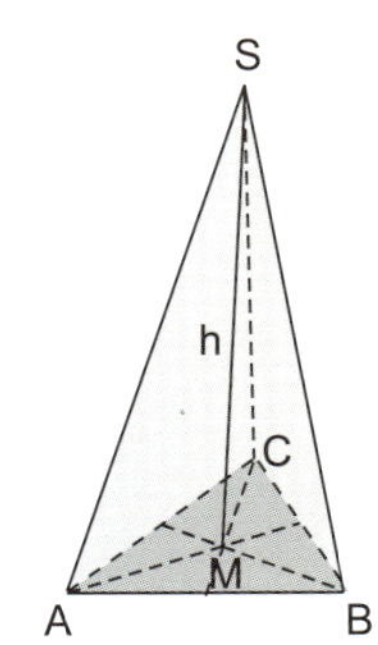

dreiseitige Pyramide

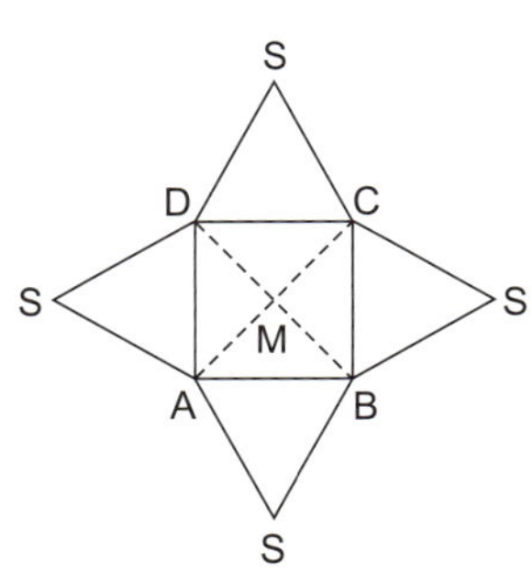

Netz einer vierseitigen quadratischen Pyramide

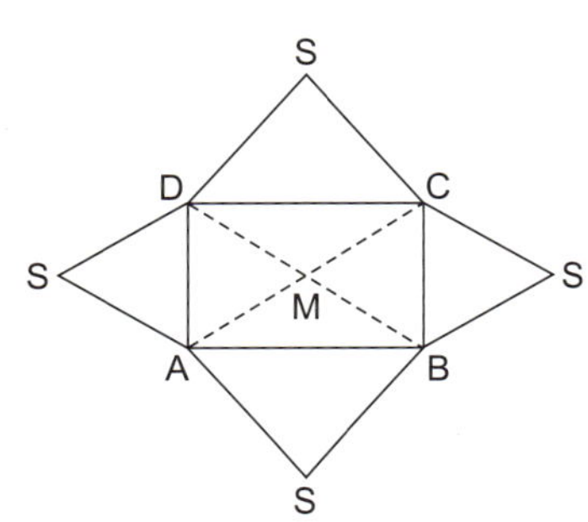

Netz einer vierseitigen rechteckigen Pyramide

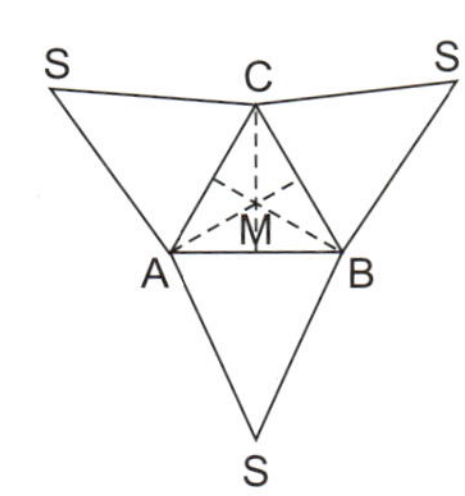

Netz einer dreiseitigen Pyramide

Die Grundfläche und der Mantel bilden die Oberfläche einer Pyramide. Der Mantel besteht aus Dreiecken, deren Höhe mithilfe des Satzes des Pythagoras berechnet wird. Haben ein Prisma und eine Pyramide die gleiche Grundfläche und Höhe, beträgt das Pyramidenvolumen $\frac{1}{3}$ des Prismenvolumens.

Merke

Oberfläche der Pyramide:	$\mathbf{O = G + M}$
Volumen der Pyramide:	$\mathbf{V = \frac{1}{3} \cdot G \cdot h}$

Beispiel

Steffi kauft für Sarah zum Geburtstag eine quadratische Pyramide aus Marmor, die 8 cm hoch ist und eine Seitenlänge von 6 cm hat. (Dichte von Marmor: $2{,}5\,\frac{g}{cm^3}$)

a) Welches Volumen hat die Pyramide und wie schwer ist sie?

b) Steffi will die Pyramide mit Klarlack beschichten.
Welche Fläche muss sie lackieren?

Lösung:

a) Gegeben: $a = 6$ cm; $h = 8$ cm; $\rho = 2{,}5\,\frac{g}{cm^3}$

Gesucht: V; m

Berechnung von V:

$V = \frac{1}{3} a^2 \cdot h$

$V = \frac{1}{3} \cdot 6^2 \cdot 8$

$V = 96$

Berechnung von m:

$m = V \cdot \rho$

$m = 96 \cdot 2{,}5$

$m = 240$

Die Pyramide hat ein Volumen von 96 cm^3 und wiegt 240 g.

b) Gesucht: h_a; O

Berechnung von h_a mithilfe des Satzes des Pythagoras:

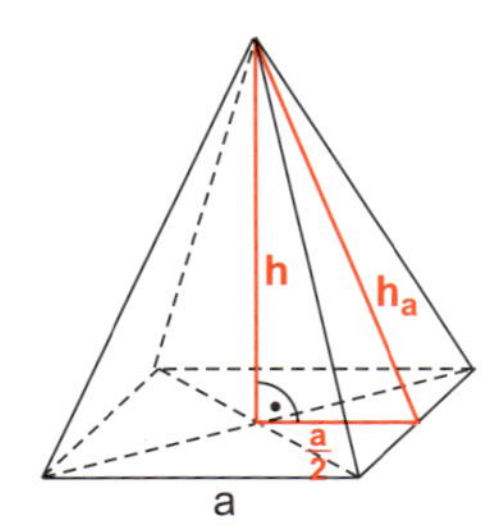

${h_a}^2 = \left(\frac{a}{2}\right)^2 \cdot h^2$

${h_a}^2 = 3^2 + 8^2$

${h_a}^2 = 73$

$h_a \approx 8{,}54$

Berechnung der Oberfläche:

$O = a^2 + 4 \cdot \frac{a \cdot h_a}{2}$

$O = 6^2 + 2 \cdot 6 \cdot 8{,}54$

$O = 36 + 102{,}48$

$O = 138{,}48$

Sie muss eine Fläche von 138,48 cm^2 lackieren.

Aufgaben

144 Die Eingangspyramide für ein neues Einkaufszentrum hat eine quadratische Grundfläche mit einer Grundkante von 30 m und eine Seitenkante von 25 m.
In einem Zeitungsbericht stand zur Eröffnung des Einkaufszentrums: „Fantastischer Eingangsbereich – Pyramide mit 2 000 m^2 Glasfläche führt ins Einkaufszentrum.“
Stimmt die Berechnung des Redakteurs oder handelt es sich um eine Übertreibung?

***145** Trinkpäckchen $\left(\frac{1}{4}\,\ell\right)$ werden im 6er-Pack angeboten. Die 6 Päckchen passen auf eine rechteckige Unterlage (30 cm × 20 cm) und haben die Form einer Pyramide.
Wie viel Material benötigt man für die Verpackung von 1 Päckchen, wenn mit 5 % Verschnitt zu rechnen ist?

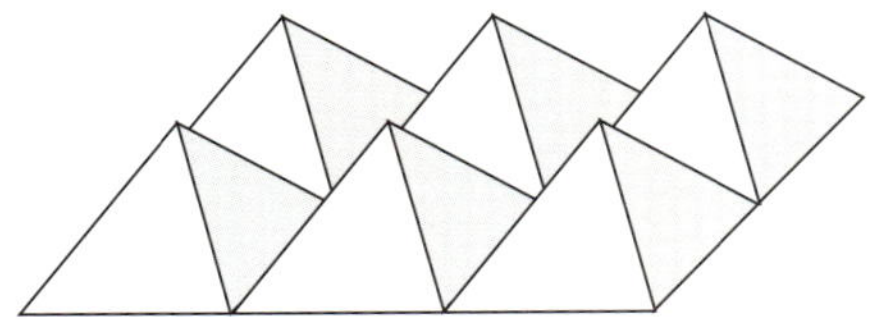

***146** Tim soll eine rechteckige Pyramide basteln, deren Grundseiten a = 4 cm und b = 2 cm lang sind. Das Volumen dieser Pyramide soll 8 cm³ betragen.

a) Welche Größen muss Tim berechnen? Berechne diese Größen.
Tipp: Zeichne als Berechnungshilfe ein Schrägbild!

b) Wie sieht das Netzbild aus, das Tim zeichnen sollte, um die Pyramide zu basteln?

Interaktive Aufgaben

1. Tetraeder
2. Volumen quadratische Pyramide
3. Volumen rechteckige Pyramide
4. Höhe quadratische Pyramide
5. Volumen quadratische Pyramide

Kegel

Die Grundfläche eines Kegels ist ein Kreis mit dem Radius r. Die Spitze S befindet sich senkrecht über dem Kreismittelpunkt. Schneidet man den Kegel längs einer Mantellinie s auf, so bildet der Mantel des Kegels einen Kreissektor. Die Bogenlänge b dieses Kreissektors entspricht dem Umfang u des Grundflächenkreises ($u = 2\pi \cdot r$).

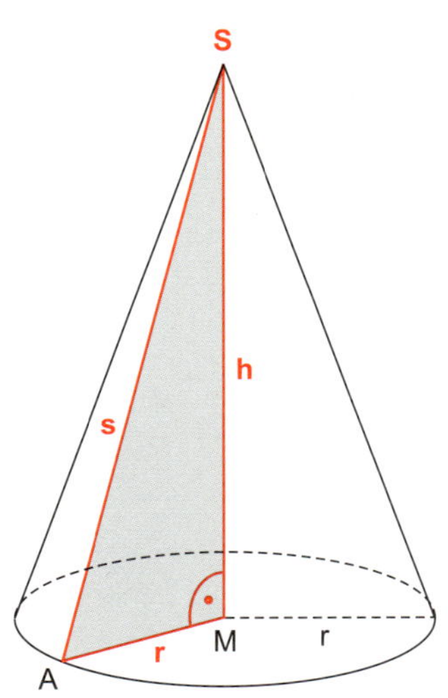

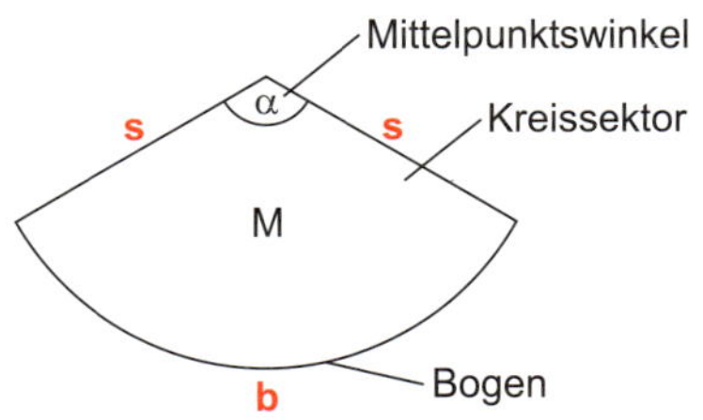

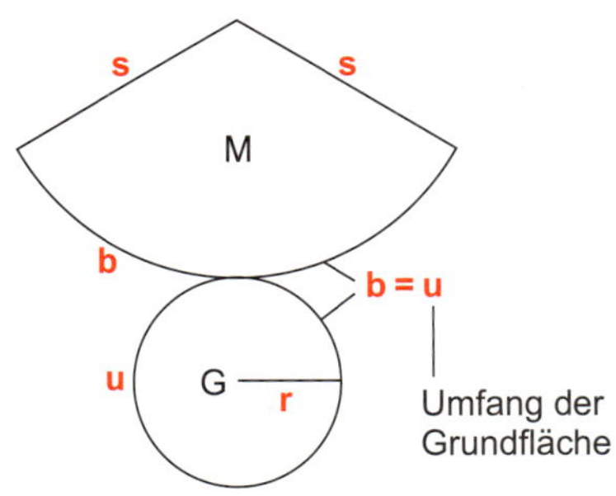

Merke

Kegel

Volumen: $\mathbf{V = \frac{1}{3} G \cdot h}$

$\mathbf{V = \frac{1}{3} \pi \cdot r^2 \cdot h}$

Mantel: $\mathbf{M = \pi \cdot r \cdot s}$

Oberfläche: $\mathbf{O = G + M}$

$\mathbf{O = \pi \cdot r^2 + \pi \cdot r \cdot s}$

$\mathbf{O = \pi \cdot r(r + s)}$

Beispiel

Eine Firma stellt kegelförmige Salzstreuer mit den Maßen $r = 3{,}5$ cm und $h = 7$ cm her.

a) Ein gastronomischer Betrieb erkundigt sich beim Hersteller, ob in einen Streuer 100 cm^3 Salz passen. Wie muss die Antwort lauten?

b) Von außen werden die Streuer mit einer spiegelnden Folie beklebt.
Wie viel Folie benötigt man zum Bekleben von 1 000 Streuern, wenn mit 15 % Verschnitt gerechnet werden muss?

Lösung:

a) Berechnung des Volumens:

$V = \frac{1}{3} \pi \cdot r^2 \cdot h$

$V = \frac{1}{3} \pi \cdot 3{,}5^2 \cdot 7$

$V \approx 89{,}8$

Die gewünschte Menge passt nicht in den Streuer, da sein Volumen nur 89,8 cm^3 beträgt.

b) Berechnung von s:

$s^2 = r^2 + h^2$

$s^2 = 3{,}5^2 + 7^2 \quad |\sqrt{}$

$s = \sqrt{12{,}25 + 49}$

$s \approx 7{,}83$

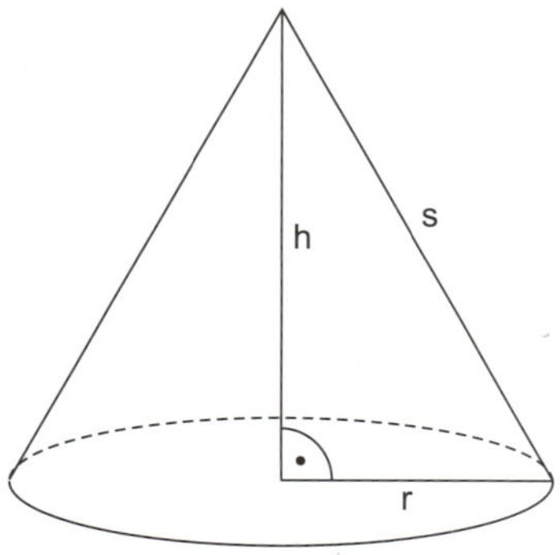

Berechnung der Oberfläche:

$O = \pi \cdot r^2 + \pi \cdot r \cdot s$

$O = \pi \cdot 3{,}5^2 + \pi \cdot 3{,}5 \cdot 7{,}83$

$O \approx 124{,}58$

Berechnung des Folienverbrauchs für 1 000 Streuer inklusive Verschnitt:

$124{,}58 \cdot 1\,000 \cdot 1{,}15 = 143\,267 \; (cm^2)$

Es werden ca. 14,33 m^2 Folie benötigt.

Aufgaben

147 Der obere Teil eines Sektglases hat die Form eines Kegels mit einer Höhe von 12 cm und einer oberen Öffnung von 8 cm.
Passen in ein solches Glas 0,2 ℓ Sekt?

148 Bojen werden in den Maßen h = 75 cm und d = 32 cm für 199,00 € angeboten. Sie bestehen aus 2 identischen, aufeinandergesetzten Kegeln. Zum Schutz vor Algen müssen sie jährlich mit einem Spezialmittel gestrichen werden. Welche Fläche muss der Hafenmeister des Segelclubs am Wannsee an 38 Bojen streichen?

***149** Ein runder Turm mit einem Umfang von 15,70 m hat ein Dach in der Form eines Kegels, der in der Spitze einen rechten Winkel bildet. Das Dach des Turms soll neu gedeckt werden. Wie hoch sind die entstehenden Kosten, wenn ein Quadratmeter 86,40 € zuzüglich 19 % Mehrwertsteuer kostet?

Interaktive Aufgaben

1. Mantellinie Kegel
2. Oberfläche Kegel
*3. Tipi

Kugeln

Jeder Punkt P auf der Oberfläche einer Kugel hat vom Kugelmittelpunkt M den gleichen Abstand r.
Der ebene Schnitt einer Kugel ist ein Kreis.

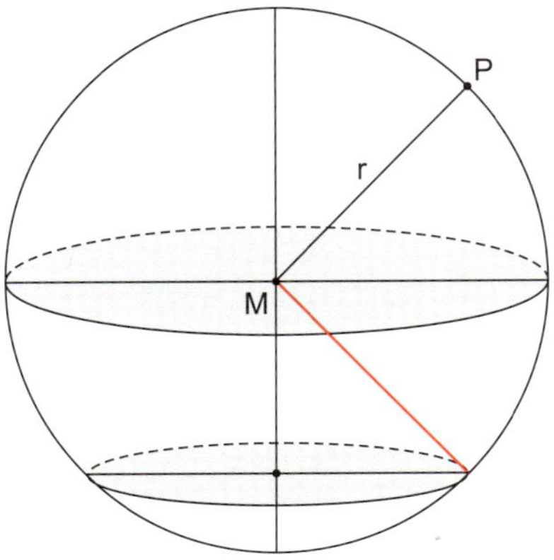

Merke

Kugel
Volumen der Kugel: $\mathbf{V = \frac{4}{3}\pi \cdot r^3}$
Oberfläche der Kugel: $\mathbf{O = 4\pi \cdot r^2}$

Beispiele

1. Wenn ein Poolball eine Oberfläche von O = 113,1 cm² hat, dann beträgt das Volumen 113,1 cm³.
   Stimmt diese Aussage?

   Lösung:
   Gegeben: $O = 113{,}1\ \text{cm}^2$
   Gesucht: r; V
   Berechnung des Radius:

$$O = 4\pi \cdot r^2$$
$$113{,}1 = 4\pi \cdot r^2 \quad |:(4\pi)$$
$$r^2 = \frac{113{,}1}{4\pi}$$
$$r^2 \approx 9 \quad |\sqrt{\ }$$
$$r = 3$$

Berechnung des Volumens:

$V = \frac{4}{3}\pi \cdot r^3$

$V = \frac{4}{3}\pi \cdot 3^3$

$V \approx 113{,}1\,cm^3$

Die Aussage stimmt.

2. Nimm Stellung:
   a) Wenn ich den Radius einer Kugel verdopple, dann verdoppelt sich auch ihre Oberfläche.
   b) Wenn ich das Volumen einer Kugel verdopple, so verlängert sich der Radius um das 1,26-fache.

Lösung:

a) Untersuchung an Beispielen:

$r_1 = 1$ cm:	$r_2 = 2$ cm:	$r_3 = 4$ cm:
$O_1 = 4\pi \cdot 1^2$	$O_2 = 4\pi \cdot 2^2$	$O_3 = 4\pi \cdot 4^2$
$O_1 \doteq 12{,}57\,(cm^2)$	$O_2 = 50{,}26\,(cm^2)$	$O_3 = 201{,}06\,(cm^2)$

Allgemein:

$O_r = 4\pi \cdot r^2$

$O_{2r} = 4\pi \cdot (2 \cdot r)^2$

$O_{2r} = 4\pi \cdot 4 \cdot r^2$

$O_{2r} = \mathbf{4} \cdot 4\pi \cdot r^2$

Die Aussage stimmt nicht, denn die Oberfläche vervierfacht sich.

b) $V_1 = \frac{4}{3}\pi \cdot {r_1}^3$ $\quad V_2 = \frac{4}{3}\pi \cdot {r_2}^3$ bzw. $V_2 = 2 \cdot \frac{4}{3}\pi \cdot {r_1}^3$

Daher gilt:

$\frac{4}{3}\pi \cdot {r_2}^3 = 2 \cdot \frac{4}{3}\pi \cdot {r_1}^3 \quad \left| : \left(\frac{4}{3}\pi\right)\right.$

${r_2}^3 = 2{r_1}^3 \quad \left| \sqrt[3]{\ }\right.$

$r_2 = \sqrt[3]{{r_1}^3 \cdot 2}$

$r_2 = r_1 \sqrt[3]{2}$

$r_2 \approx 1{,}26 \cdot r_1$

Die Aussage stimmt.

Aufgaben

150 Anlässlich der WM 2006 stand ein Fußballglobus vor dem Brandenburger Tor in Berlin. Die 15 Meter hohe, nachts blau leuchtende Weltkugel ist das Produkt des österreichischen Künstlers André Heller und soll die weltweit Völker verbindende Faszination des Fußballsports symbolisieren. Im Inneren des Balls fand auf mehreren Etagen eine Ausstellung statt.

a) Vergleiche die Fläche eines Fußballfeldes (68 m × 105 m) mit der Fläche der Außenhülle des Fußballglobus.

*b) Wie viele echte Fußbälle (d = 22 cm) würden ungefähr in den Globus passen? Kreuze an.

☐ 3 000 ☐ 30 000 ☐ 300 000 ☐ 3 000 000 ☐ 30 000 000

151 Die Erde hat einen Radius von $r_E = 6\,371$ km, der Mars einen Radius von $r_M = 3\,400$ km (beide als ideale Kugeln gedacht).
In welchem Verhältnis stehen die Volumina der beiden Planeten?

152 Ein als „Stehaufmännchen" bekanntes Spielzeug hat die Form einer Halbkugel mit aufgesetztem Kegel. Der Radius der Halbkugel beträgt r = 5 cm, die Höhe des Kegels h = 7 cm. Berechne Volumen und Oberfläche des Spielzeugs.

***153** Das bislang größte und schwerste Hagelkorn hatte angeblich ein Gewicht von 10 Kilogramm. Normalerweise ist es ausgeschlossen, dass ein Hagelkorn so groß und schwer wird, da es schon lange vorher zu Boden fällt. Möglicherweise hat sich besagtes Riesenkorn aber aus Wasser gebildet, das ein Flugzeug in sehr großer Höhe verloren hat.
Zeigt die Abbildung das angesprochene Hagelkorn? Begründe.
(Dichte von Eis: $0{,}92\,\frac{g}{cm^3}$; Dichte von Wasser: $1\,\frac{g}{cm^3}$)

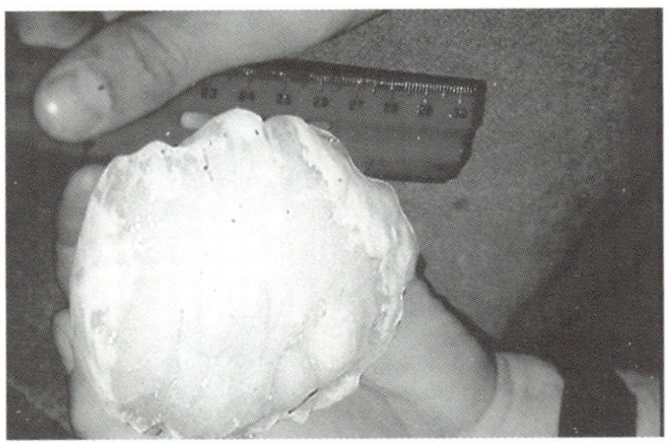

Interaktive Aufgaben

1. Bowlingkugel
*2. Planet

8 Daten und Zufall

Die Gebiete Wahrscheinlichkeitsrechnung und Statistik fasst die Mathematik unter dem Begriff Stochastik (altgriechisch: „Ratekunst“) zusammen.

Stochastik

Statistik (Daten) | **Wahrscheinlichkeit (Zufall)**

In der Statistik werden Daten erfasst, dargestellt, reduziert und interpretiert. Die Statistik wertet also Geschehenes aus.
Die Wahrscheinlichkeitsrechnung hingegen trifft Vorhersagen für die Zukunft.

8.1 Statistik

Die Statistik lässt sich gliedern in:

- Daten erfassen
- Daten reduzieren
- Daten darstellen
- Graphische Darstellungen analysieren

Merke

Daten erfassen

Urliste: Sammlung der erfassten Daten
Rangliste: Geordnete Daten nach ihrer Größe
Strichliste: Häufigkeitstabelle der erfassten Daten
Gesamtzahl n: Anzahl der erfassten Daten

Absolute Häufigkeit H: Gibt an, wie oft ein bestimmter Wert vorkommt.

Relative Häufigkeit h: Gibt an, wie oft ein bestimmter Wert im Verhältnis zur Gesamtzahl der Daten vorkommt. Wird meist in Prozent angegeben.

$$\text{Relative Häufigkeit} = \frac{\text{absolute Häufigkeit}}{\text{Gesamtzahl}} \text{ bzw. } h = \frac{H}{n}$$

Beispiel

Ergebnisse einer Klassenarbeit

- Urliste:
  Noten: 2; 3; 1; 6; 2; 4; 3; 5; 2; 5; 2; 4; 3; 2; 3; 1; 5; 4; 3; 3
- Rangliste:
  Die Noten werden nach ihrer Größe geordnet:
  1; 1; 2; 2; 2; 2; 2; 3; 3; 3; 3; 3; 3; 4; 4; 4; 5; 5; 5; 6
- Strichliste:

Note:	1	2	3	4	5	6
Anzahl:	||	卌	卌 |	|||	|||	|

- Gesamtzahl n:
  n = 20, da 20 Noten erfasst wurden.

- Absolute Häufigkeit H:

Note:	1	2	3	4	5	6
H	2	5	6	3	3	1

Die absolute Häufigkeit H der Note 2 ist 5, da 5 Schüler diese Note erreicht haben.

- Relative Häufigkeit h:

Note:	1	2	3	4	5	6
h	$\frac{2}{20}=0{,}1$	$\frac{5}{20}=0{,}25$	$\frac{6}{20}=0{,}3$	$\frac{3}{20}=0{,}15$	$\frac{3}{20}=0{,}15$	$\frac{1}{20}=0{,}05$
h in %	10 %	25 %	30 %	15 %	15 %	5 %

Die relative Häufigkeit der Note 6 ist $\frac{1}{20}$ (=0,05 oder 5 %), da 1 Schüler von 20 diese Note erreicht hat.

Merke

Daten reduzieren (zusammenfassen)

Modalwert (Modus): Wert, der am häufigsten vorkommt

Arithmetisches Mittel m (Mittelwert, Durchschnitt): Summe aller Werte dividiert durch die Anzahl aller Werte:

$$m = \frac{x_1 + x_2 + x_3 + \ldots + x_n}{n}$$

Zentralwert Z (Median): Wert, der genau in der Mitte aller erfassten Daten liegt, wenn sie der Größe nach geordnet sind.
Bei einer **ungeraden Anzahl** von Werten ist der mittlere Wert der Zentralwert.
Bei einer **geraden Anzahl** von Werten stehen 2 Werte in der Mitte. Der Mittelwert dieser beiden Werte ist dann der Zentralwert Z (Median).

Spannweite w: Differenz zwischen dem **Maximum** (größter Datenwert) und dem **Minimum** (kleinster Datenwert).

$$w = x_{max} - x_{min}$$

Mittlere Abweichung a: Maß für die Streuung der Daten, wobei die einzelnen Daten mit dem arithmetischen Mittel verglichen werden. Die Summe der betragsmäßigen Unterschiede zum arithmetischen Mittel wird durch die Anzahl der Werte (Gesamtzahl) n dividiert.

$$a = \frac{|x_1 - m| + |x_2 - m| + |x_3 - m| + \ldots + |x_n - m|}{n}$$

Beispiel

Bei einer Umfrage werden 14 Jugendliche einer 10. Klasse gefragt, wie viele Stunden sie im letzten Monat für den MSA Mathematik gelernt haben.
Die folgenden Antworten wurden gegeben. Werte diese aus.
Antworten: 30; 17; 8; 5; 23; 15; 11; 3; 5; 10; 14; 20; 16; 9

Lösung:

- Rangliste:
  3; 5; 5; 8; 9; 10; 11; 14; 15; 16; 17; 20; 23; 30
- Gesamtzahl:
  n = 14

- Modalwert:
  Die Zahl 5 kommt bei den genannten Antworten am häufigsten vor. (3; **5**; **5**; 8; 9; 10; 11; 14; 15; 16; 17; 20; 23; 30)

  Modalwert 5

  Resultat: Die meisten Schüler haben 5 Stunden für den MSA gelernt.

- Arithmetisches Mittel:
  Alle erfassten Daten werden addiert und durch die Anzahl der Daten dividiert.

  $3+5+5+8+9+10+11+14+15+16+17+20+23+30=186$
  $186:14 \approx 13{,}29$
  $m \approx 13{,}29$

  Resultat: Im Durchschnitt haben die Schüler 13,29 Stunden für den MSA gelernt.

- Zentralwert (Median):
  Die Gesamtzahl n ist gerade. Somit ist der Zentralwert der Mittelwert der beiden in der Mitte liegenden Werte 11 und 14:

  $Z = \frac{11+14}{2} = 12{,}5$

  $\underbrace{3;\ 5;\ 5;\ 8;\ 9;\ 10;\ 11;}_{\text{7 Werte}} \ \underset{\mathbf{12{,}5}}{|} \ \underbrace{14;\ 15;\ 16;\ 17;\ 20;\ 23;\ 30}_{\text{7 Werte}}$

  Resultat: Der Zentralwert beträgt 12,5 und liegt genau in der Mitte der erfassten Daten.

- Spannweite:
  Bilde die Differenz zwischen dem größten und kleinsten Wert:
  $w = 30 - 3 = 27$

  Resultat: Die Schüler haben zwischen 3 Stunden und 30 Stunden für den MSA gelernt. Der Unterschied zwischen der höchsten Stundenzahl und der niedrigsten Stundenzahl beträgt 27.

- Mittlere Abweichung:
  Der Abstand, d. h. der betragsmäßige Unterschied zwischen dem ersten Wert 3 und dem arithmetischen Mittel 13,29, beträgt 10,29, der Abstand zwischen dem zweiten Wert 5 und dem arithmetischen Mittel 13,29 beträgt 8,29, usw.
  $|3-13{,}29| = 10{,}29;\ |5-13{,}29| = 8{,}29\ \ldots$

  Alle Abstände werden addiert:
  $10{,}29+8{,}29+8{,}29+5{,}29+4{,}29+3{,}29+2{,}29+0{,}71+1{,}71+2{,}71+3{,}71+6{,}71+9{,}71+16{,}71=84$

  Die Summe der Abstände wird durch die Anzahl der erfassten Daten geteilt.
  $84:14$
  $a=6$

  Resultat: Die mittlere Abweichung beträgt 6, d. h. im Durchschnitt weichen die Arbeitsstunden etwa 6 Stunden vom arithmetischen Mittel (Mittelwert) ab.

Interaktive Aufgaben

1. Arithmetisches Mittel
2. Spaß-Hockeyturnier
3. Schulmeisterschaft

Merke

Diagramme in Mathe

Daten darstellen

Säulendiagramm: Eignet sich zur Verdeutlichung von Entwicklungstendenzen oder zeitlichen Abläufen. Die Werte lassen sich anschaulich miteinander vergleichen. Die Säulen stehen in gleichen Abständen nebeneinander.

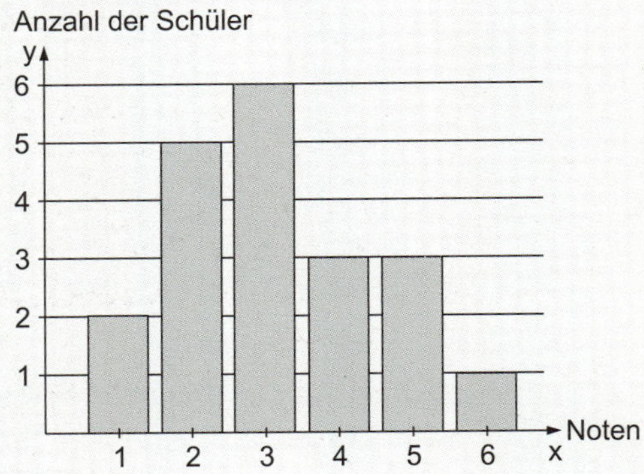

Streifendiagramm: Eignet sich speziell für die Darstellung der relativen Häufigkeit in Prozent. Diese wird in einen 10 cm langen Streifen eingetragen. Dabei gilt: 1 cm entspricht 10 %.

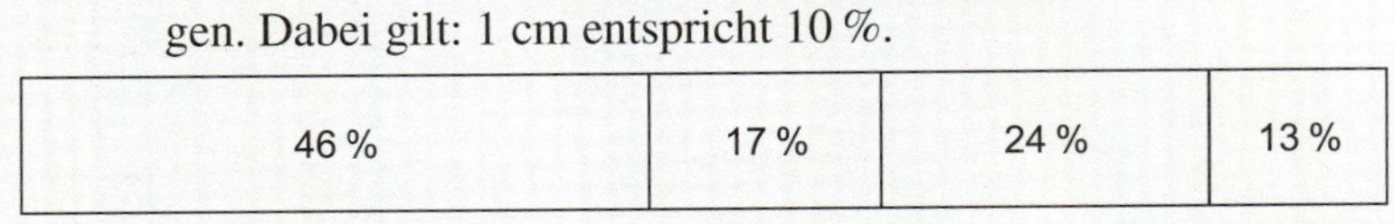

Kreisdiagramm: Eignet sich zur Darstellung von Größenverhältnissen und Anteilen von einem Ganzen. Es wird verwendet für die Darstellung der relativen Häufigkeit in Prozent. Dabei gilt: 3,6° entsprechen 1 %.

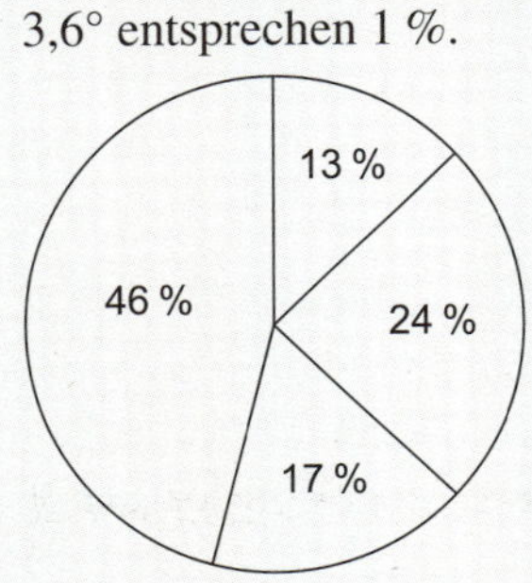

Liniendiagramm: Eignet sich besonders zur Veranschaulichung einer Entwicklung (z. B. Börsenwerte, Preisentwicklungen) über einen Zeitraum mit vielen Messwerten. Es können auch mehrere Linien im Diagramm miteinander verglichen werden.

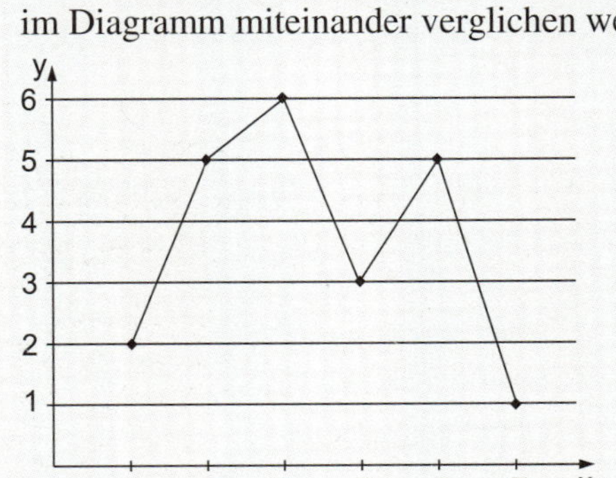

Boxplot: Eignet sich zur Veranschaulichung der Streuung und Lage der Daten. Eine nach Rangliste geordnete Datenmenge wird in 4 gleich große Teile zerlegt. Teilt man die linke und die rechte Hälfte vom Zentralwert (Median) aus jeweils wieder in zwei Hälften, erhält man Viertel.

- Der Zentralwert der linken Hälfte liegt zwischen 1. und 2. Viertel und wird als **unteres Quartil q_u (1. Quartil)** bezeichnet.
- Das **2. Quartil** ist mit dem **Median** (Zentralwert) identisch.
- Der Zentralwert der rechten Hälfte liegt zwischen 3. und 4. Viertel und wird als **oberes Quartil q_o (3. Quartil)** bezeichnet.

Die beiden mittleren Viertel enthalten 50 % der Daten und werden als Kasten, Box genannt, dargestellt. Die Box wird links vom unteren Quartil, rechts vom oberen Quartil begrenzt. Der Median wird als Strich in der Box gekennzeichnet und Minimum und Maximum begrenzen die an die Box anschließenden Antennen.

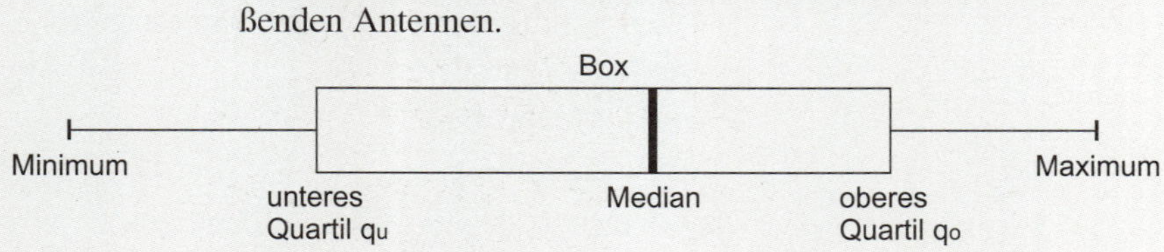

Beispiele

1. Stelle die Ergebnisse der Klassenarbeit in einem Säulen, Streifen- und Kreisdiagramm dar.

Note	1	2	3	4	5	6
Absolute Häufigkeit H	2	5	6	3	3	1

Lösung:

- Säulendiagramm:

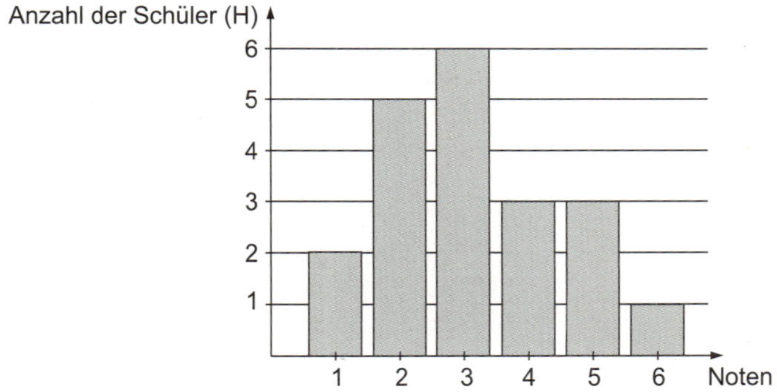

- Streifendiagramm:

Bestimme zunächst die relative Häufigkeit h:

Note:	1	2	3	4	5	6
h	$\frac{2}{20}=0,1$	$\frac{5}{20}=0,25$	$\frac{6}{20}=0,3$	$\frac{3}{20}=0,15$	$\frac{3}{20}=0,15$	$\frac{1}{20}=0,05$
h in %	10 %	25 %	30 %	15 %	15 %	5 %

Zeichne nun das Streifendiagramm (1 cm entspricht 10 %)

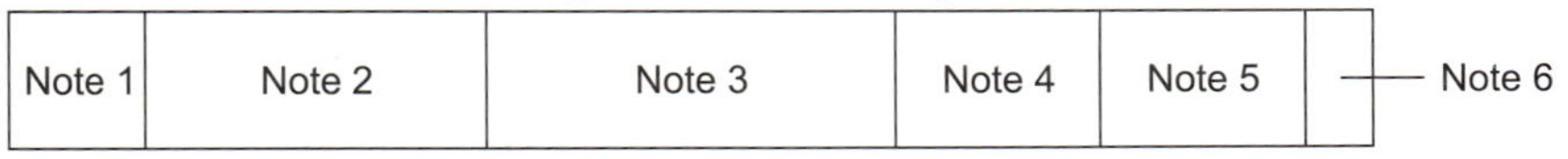

- Kreisdiagramm:
  Zum Zeichnen eines Kreisdiagramms müssen die Prozentsätze in Grad umgerechnet werden. 100 % entsprechen einem Winkel von 360°, deshalb multipliziert man den Prozentsatz mit 3,6.

Note	1	2	3	4	5	6
h in %	10 %	25 %	30 %	15 %	15 %	5 %
Winkelmaß	36°	90°	108°	54°	54°	18°

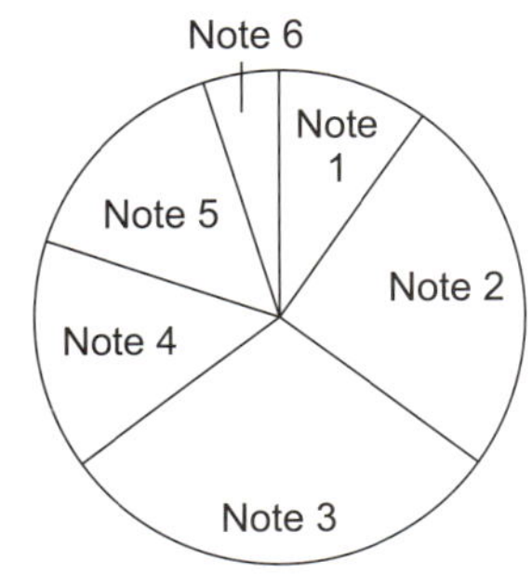

2. Stelle die Ergebnisse der MSA-Umfrage (Schüler antworten, wie viele Stunden sie für den MSA Mathematik gelernt haben) als Boxplot dar.
   Antworten: 30; 17; 8; 5; 23; 15; 11; 3; 5; 10; 14; 20; 16; 9

Lösung:
Zunächst werden die Daten der Größe nach geordnet:
Rangliste: 3; 5; 5; 8; 9; 10; 11; 14; 15; 16; 17; 20; 23; 30

Im Boxplot werden 5 Kenngrößen verwendet, die zunächst ermittelt werden.
1. Minimum (kleinster Wert der Datenreihe)
2. Maximum (größter Wert der Datenmenge)
3. Median (Zentralwert) Z
4. unteres Quartil q_u
5. oberes Quartil q_o

Die ersten drei Kenngrößen wurden bereits weiter oben bestimmt:
Minimum: 3
Maximum: 30
Median: Z = 12,5

$\underbrace{3; 5; 5; 8; 9; 10; 11;}_{7\ \text{Werte}}$ | $\underbrace{14; 15; 16; 17; 20; 23; 30}_{7\ \text{Werte}}$
12,5

Links und rechts von Z liegen jeweils 50 % der Daten, d. h. bei einer Gesamtzahl n = 14 haben mindestens 7 Schüler höchstens 12,5 Stunden gelernt und mindestens 7 Schüler mindestens 12,5 Stunden gelernt.

unteres Quartil:
Bestimme den Zentralwert für die Werte links von Z:
Links von Z liegt eine ungerade Anzahl (7) von Werten. Demnach ist der Zentralwert der mittlere Wert: $q_u = 8$
Mindestens 25 % aller Schüler haben also höchstens 8 Stunden gelernt .

oberes Quartil:
Bestimme den Zentralwert für die Werte rechts von Z:
Rechts von Z liegt eine ungerade Anzahl (7) von Werten. Demnach ist der Zentralwert der mittlere Wert: $q_o = 17$
Mindestens 25 % aller Schüler haben also mindestens 17 Stunden gelernt.

Quartile und Median: 3; 5; 5; **8**; 9; 10; 11; | 14; 15; 16; **17**; 20; 23; 30
q_u **Z = 12,5** **q_o**

Boxplot:
Zwischen oberem und unterem Quartil, d. h. innerhalb der Box, liegen 50 % aller Daten. Wegen $q_o - q_u = 17 - 8 = 9$ ist die Box 9 Einheiten lang.

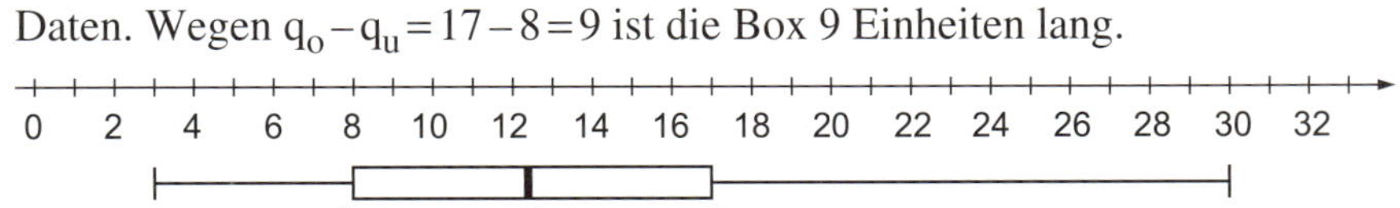

Die 50 % aller Daten innerhalb der Box sind relativ gleichmäßig um den Zentralwert verteilt. Der Extremwert von 30 fällt sofort ins Auge.

Merke

Graphische Darstellungen analysieren

Statistiken dienen dazu, Sachverhalte zu verdeutlichen.

Mithilfe einer graphischen Darstellung kann man sich schnell einen Überblick über vorhandenes Zahlenmaterial verschaffen. Die Graphiken können entweder den Sachverhalt veranschaulichen oder auch verfälschen.

Durch geschickte Wahl der Skalen oder durch ungleichmäßige Einteilungen auf den Achsen können die Daten so manipuliert werden, dass ein bestimmter gewünschter Eindruck entsteht.

Beispiele

1. Übernachtungen in Berlin

   a) Korrekte Darstellung des Sachverhaltes

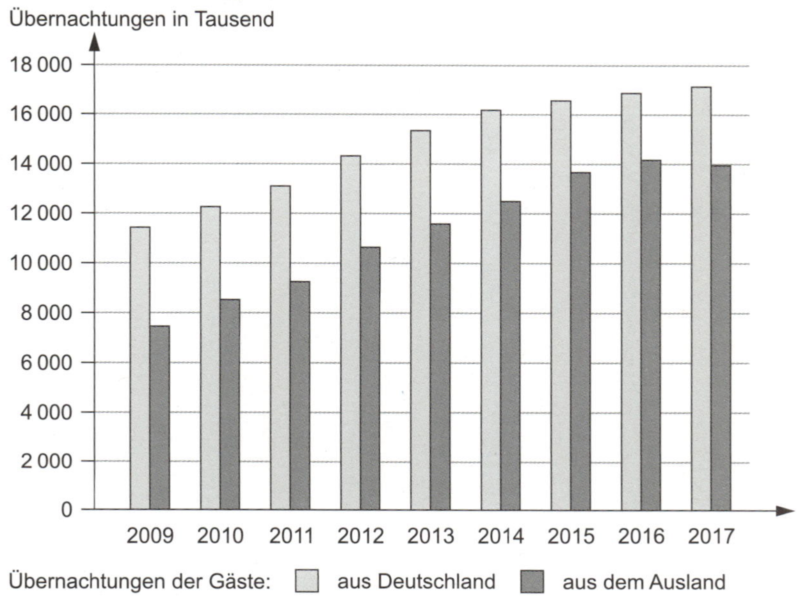

Quelle: Kleine Berlin-Statistik 2018, Seite 39, https://www.statistik-berlin-brandenburg.de/produkte/kleinestatistik/AP_KleineStatistik_DE_2018_BE.pdf

Die Graphik zeigt die Anzahl der Übernachtungen in Hotels, Pensionen und anderen Übernachtungsbetrieben in Berlin, unterschieden nach der Herkunft der Gäste.

In diesem Säulendiagramm wird ein Sachverhalt korrekt dargestellt. Auf der x-Achse werden fortlaufend die Jahre 2009 bis 2017 dargestellt, die Zeitabstände sind einheitlich. Die Achseneinteilung der y-Achse ist ebenfalls gleichmäßig (1 Einheit entspricht 2 000 000 Übernachtungen). In jedem Jahr wurden die meisten Übernachtungen von Gästen aus Deutschland gebucht, im Jahr 2014 waren es z. B. über 16 000 000. Ausländische Gäste kamen im selben Jahr auf etwas mehr als 12 000 000 Übernachtungen.

Das Diagramm verdeutlicht, dass in Berlin die Zahl der Übernachtungen deutscher Gäste seit 2009 in jedem Jahr gestiegen ist. Die der ausländischen Gäste bis zum Jahr 2016 ebenfalls, nur im Jahr 2017 gab es einen leichten Rückgang.

b) Verfälschte Darstellungen des Sachverhaltes
In den beiden folgenden Diagrammen werden korrekte Daten aus dem vorhergehenden Diagramm herausgenommen. Diese verfälschten Darstellungen führen trotz des selben Datenmaterials sogar zu zwei gegensätzlichen Aussagen.

Gäste aus dem Ausland lieben Berlin:
Übernachtungszahlen 2017 stark angestiegen

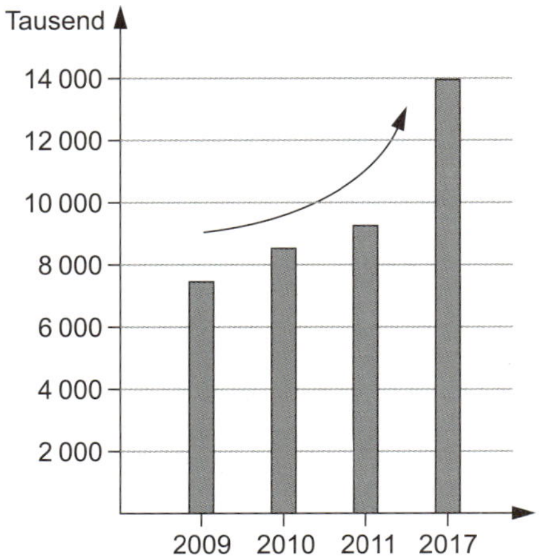

Die ungleichmäßige Einteilung der x-Achse mit dem Sprung vom Jahr 2011 auf 2017 vermittelt einen starken Anstieg der Übernachtungszahlen im Jahr 2017 (im Vergleich zu 2011). Der Pfeil nach oben verstärkt diesen Eindruck.

Gäste aus dem Ausland meiden Berlin:
Übernachtungszahlen 2017 gehen zurück

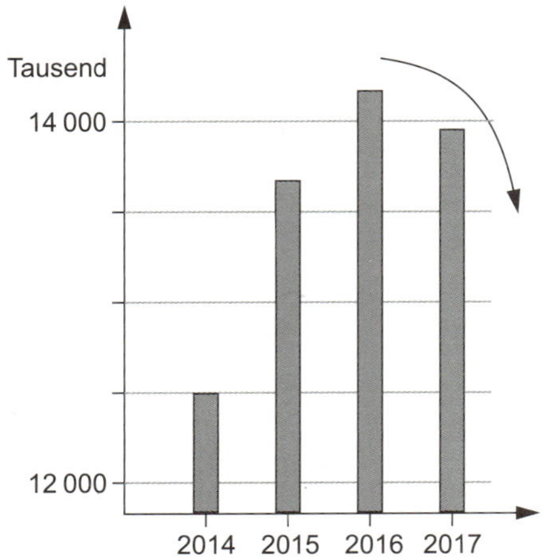

Die Einteilung der y-Achse beginnt nicht bei null und zeigt nur den langgezogenen Teilbereich von 12 000 000 bis 14 000 000 Übernachtungen. Dadurch scheint der tatsächlich nur leichte Rückgang der Übernachtungen im Jahr 2017 viel stärker zu sein. Der Pfeil nach unten verstärkt diesen Eindruck.

2. Ausgaben für Bildung und Forschung

Bildung und Forschung genießen große Priorität
Der Haushalt des Bundesministeriums für Bildung und Forschung

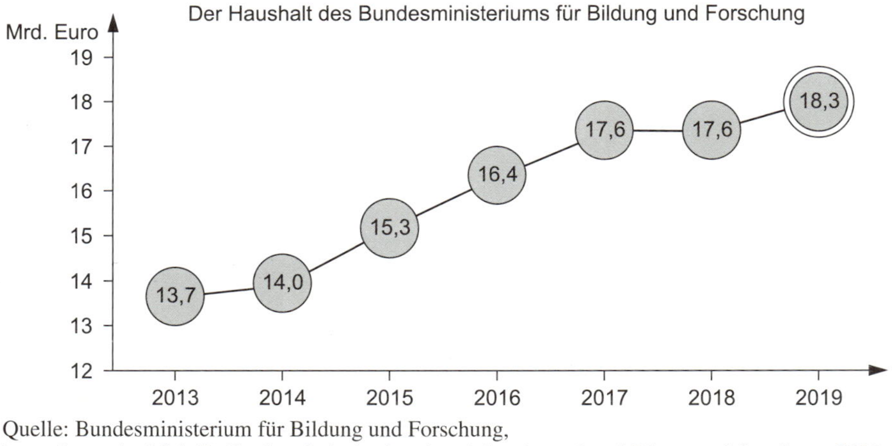

Quelle: Bundesministerium für Bildung und Forschung, https://www.bmbf.de/de/der-haushalt-des-bundesministeriums-fuer-bildung-und-forschung-202.html

a) Was wird in dem Diagramm dargestellt?

b) Welchen Eindruck vermittelt das Diagramm?

c) Warum handelt es sich um eine verfälschte Darstellung?

d) Erstelle ein Liniendiagramm, das den Sachverhalt korrekt wiedergibt.

Lösung:

a) Das Liniendiagramm zeigt die Entwicklung der Investitionen für Bildung und Forschung in den Jahren 2013 bis 2019. Die Graphik wurde vom Bundesministerium für Bildung und Forschung erstellt.
Auf der x-Achse werden in gleichen Abständen die aufeinanderfolgenden Jahre von 2013 bis 2019 dargestellt. Die y-Achse zeigt die Ausgaben in Mrd. €, z. B. wurden im Jahr 2016 16,4 Mrd. € für Bildung und Forschung ausgegeben.

b) Die Ausgaben für Bildung und Forschung wurden jährlich gesteigert, nur in den Jahren 2017 und 2018 blieben sie gleich. Die stark ansteigenden Linien der Jahre 2014 bis 2017 vermitteln, dass es hier besonders hohe Zuwächse gab.

c) Die Skalierung der y-Achse beginnt bei 12 Mrd. € und nicht bei null. Die Steigerungen werden deshalb nur im Wertebereich 12–19 Mrd. € dargestellt. So erscheinen die Steigerungen größer als sie sind.

d) 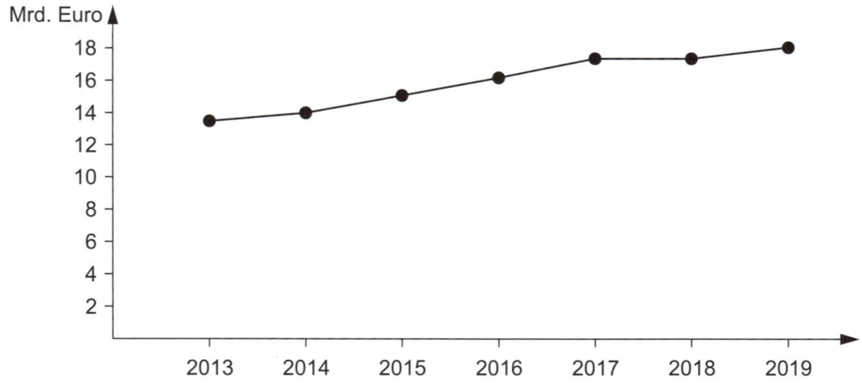

3. Ein Online-Weinhandel möchte den Umsatz nochmals steigern und plant eine Sonderaktion. Der Geschäftsleitung liegen zwei Entwürfe vor:

Entwurf 1:

Entwurf 2:

Für welchen Entwurf wird sich die Geschäftsleitung wahrscheinlich entscheiden und warum?

Lösung:
Vermutlich wählt die Geschäftsleitung den zweiten Entwurf, weil die Zunahme des Weinversandes deutlicher wird.
Allerdings täuscht das große Fass eine erheblich größere Steigerung der Menge vor als tatsächlich vorhanden: Das große Fass ist etwa doppelt so breit und doppelt so hoch wie das kleinere Fass, bedeckt also einen viermal so großen Flächeninhalt. Bedenkt man, dass es sich bei dem Fass um einen dreidimensionalen Körper handelt, wird sogar das achtfache Volumen vorgetäuscht.

Aufgaben

154

Schülerinnen und Schüler einer 9. Jahrgangsstufe in Berlin wählen Jahrgangssprecher. Es haben sich 5 Schüler zur Wahl gestellt und die Wahl brachte folgendes Ergebnis:

Malcom: 40
Lisa: 7
Dennis: 63
Marvin: 48
Hatice: 22

a) Bestimme die relativen Häufigkeiten, d. h. die prozentualen Anteile aller Stimmen.
b) Welches der folgenden Kreisdiagramme stellt die Daten der Befragung richtig dar? Begründe.

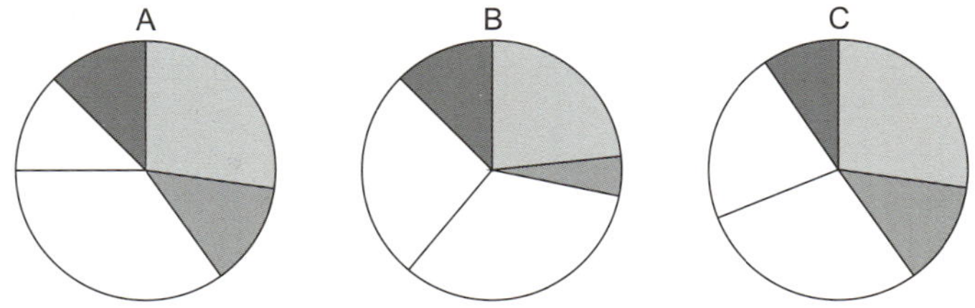

c) Stelle die Umfrageergebnisse in einem Streifendiagramm dar.

155

Die Mädchen der Klassen 9.4 und 9.5 streiten sich, welche Gruppe die bessere im Schlagballwurf ist. Sie haben folgende Ergebnisse erzielt:

Klasse 9.4:

Schülerin	1	2	3	4	5	6	7	8	9	10	11	12	13	14	15	16	17
Wurfweite in m	15	38	13	39	8	37	15	29	16	38	33	12	36	17	20	27	15

Klasse 9.5:

Schülerin	1	2	3	4	5	6	7	8	9	10	11	12	13	14	15	16	17	18	19	20
Wurfweite in m	29	16	34	24	20	41	20	21	22	27	22	23	24	18	25	22	6	33	17	22

a) Bestimme das arithmetische Mittel (Mittelwert), den Median, die Spannweite und die mittlere Abweichung.
b) In welcher Klasse werfen mehr Mädchen weiter als 30 m?
c) In welcher Klasse ist der Anteil der Mädchen, die weiter werfen als 30 m, größer?
d) Welche Klasse ist „in der Spitze“ am stärksten?
**e) Fertige einen Boxplot an. In welcher Klasse sind die Ergebnisse am ausgeglichensten?

156 „Wir fördern Familien“, so ist ein Diagramm des Bundesministeriums für Finanzen überschrieben.

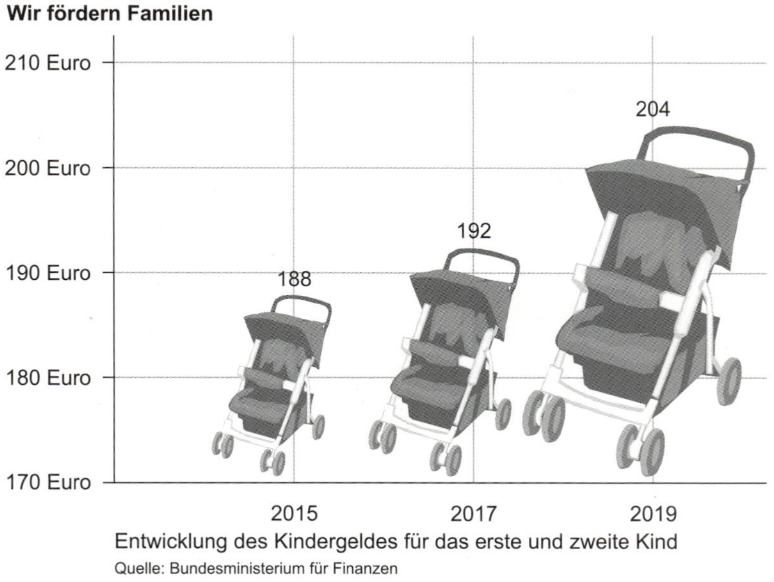

a) Welche Informationen zum Kindergeld werden in dem Diagramm dargestellt?
b) Welcher Eindruck wird durch die Größe der Kinderwagen vermittelt?
c) Stelle den Sachverhalt in einem Säulendiagramm dar. Was stellst du fest? Vergleiche dazu
   – die prozentuale Erhöhung des Kindergeldes zwischen 2015 und 2019.
   – die Größe der dargestellten Kinderwagen für 2015 und 2019.

157 In einer Gemeinschaftsschule wurden 250 Personen aller beteiligten Gruppen (Schüler, Eltern, Lehrer) befragt, ob in der Mittagspause neben belegten Brötchen und einem Mittagessen auch Süßwaren angeboten werden sollen.
Das Ergebnis ist in einem Kreisdiagramm dargestellt.

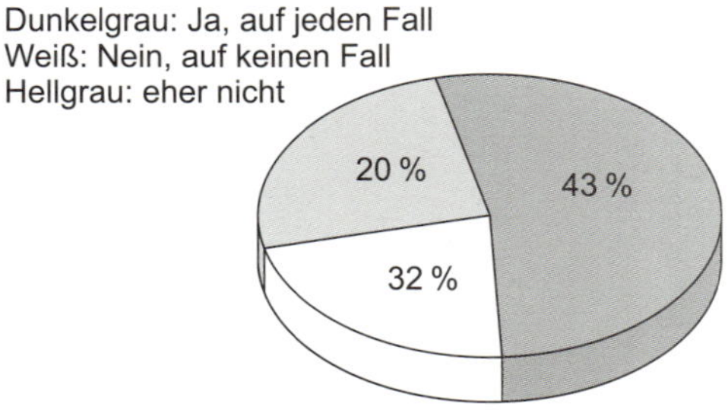

a) Wer könnte dieses Diagramm entwickelt haben? Kreuze an und begründe deine Entscheidung.
   - Eltern
   - Schüler
   - Schulleitung
   - Mensabetreiber
   - Lehrer
b) Warum ist diese Darstellung nicht korrekt?
c) Erstelle ein sachlich korrektes Kreisdiagramm.

***158** Die Kundenberater Herr Apel und Herr Berner haben ihre Umsätze im vergangenen halben Jahr in Diagrammen dargestellt:

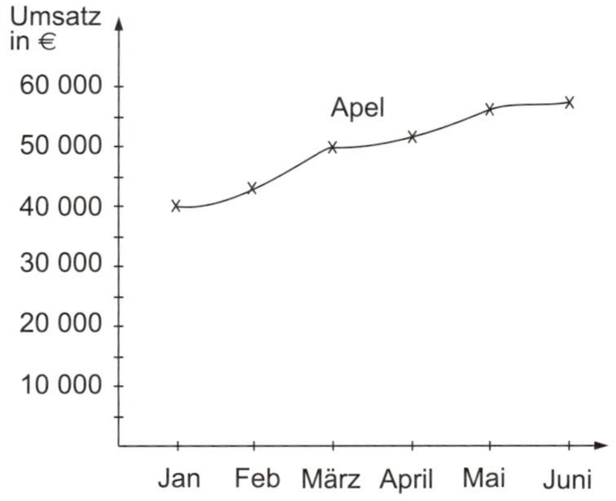

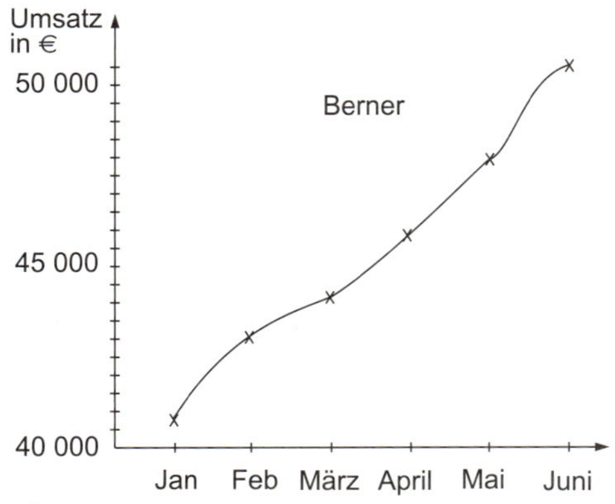

Beantworte folgende Fragen:

a) Welcher der beiden Kundenberater hat scheinbar die größere Umsatzsteigerung erzielt?

b) Welchen Umsatz haben Herr Apel und Herr Berner in den Monaten Januar und Juni erzielt?

c) Wie groß ist jeweils die prozentuale Umsatzsteigerung im Juni gegenüber dem Umsatz im Januar?

d) Welcher der beiden Kundenberater hat die größere Umsatzsteigerung erzielt?

e) Warum hat Herr Berner die Beschriftung der Achsen so gewählt wie oben angegeben?

***159** Die Modefirma „Chic & Schön“ feiert 10-jähriges Firmenjubiläum und veröffentlicht ihre Umsatzzahlen.

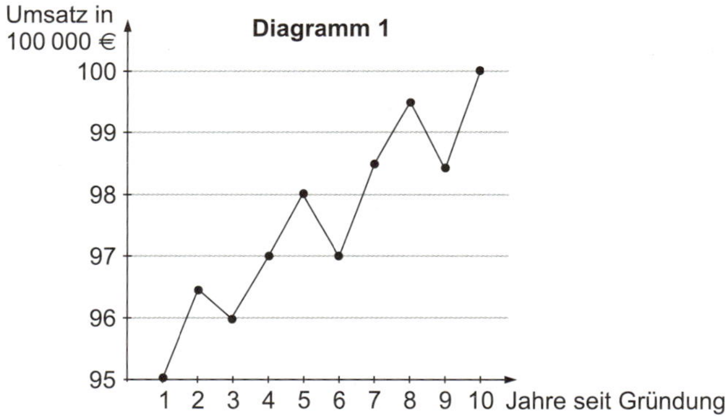

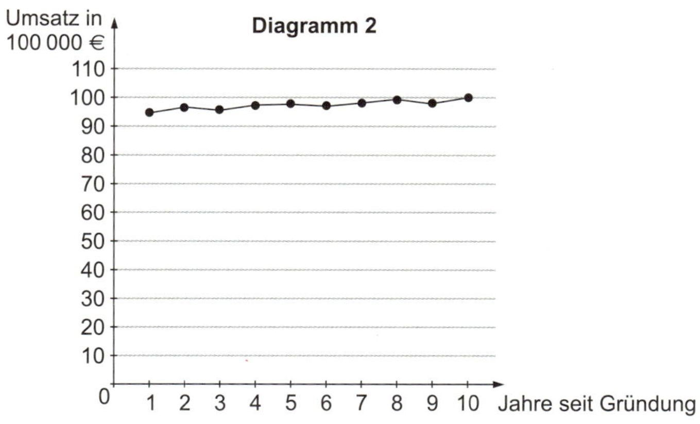

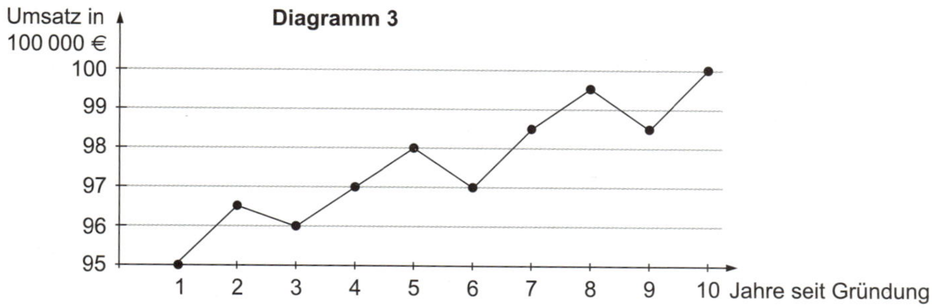

a) Welcher Zielgruppe wird die Modefirma welches Diagramm vorlegen? Begründe deine Zuordnung.

A Kunden
B Mitarbeitern
C Aktionären
D Konkurrenten
E Betriebsrat
F Marketingabteilung

b) Welches Diagramm gibt den Sachverhalt richtig wieder? Wodurch wurden die beiden anderen Diagramme verfälscht?

Interaktive Aufgaben

**4. Boxplot (7 Werte)
**5. Boxplot (9 Werte)
**6. Prozentanteil
**7. Punktzahlen
8. Kreisdiagramm
9. Säulendiagramm
10. Fußballturnier

8.2 Grundbegriffe der Wahrscheinlichkeitsrechnung

Merke

Grundbegriffe der Wahrscheinlichkeitsrechnung

Begriffe:		Beispiele:
Zufallsexperiment	Ein Experiment, dessen Ausgang nur vom Zufall abhängt	– Würfeln mit einem Spielwürfel – Werfen mit einer Münze
Ergebnismenge Ω	Menge aller möglichen Ergebnisse	– $\Omega = \{1; 2; 3; 4; 5; 6\}$ – $\Omega = \{\text{Kopf; Zahl}\}$
Ereignis E	Teil der Ergebnismenge	– Würfeln einer Zahl kleiner als 5: $E = \{1; 2; 3; 4\}$ – Ergebnis „Zahl“: $E = \{\text{Zahl}\}$
Gegenereignis $\overline{E}$	Gegenteil des Ereignisses E	– Würfeln einer Zahl größergleich 5: $\overline{E} = \{5; 6\}$ – Ergebnis „Kopf“: $\overline{E} = \{\text{Kopf}\}$
Laplace-Experiment	Zufallsversuch, bei dem alle Ergebnisse gleich wahrscheinlich sind	– Würfeln mit einem idealen (nicht manipulierten) Spielwürfel. Jede Augenzahl ist bei einem Wurf gleich wahrscheinlich.

8.3 Wahrscheinlichkeit und das Gesetz der großen Zahlen

Führt man ein Laplace-Experiment, z. B. den Wurf einer Münze, mehrmals hintereinander aus, so erwartet man, dass die beiden Ereignisse „Kopf" und „Zahl" etwa gleich häufig auftreten, also etwa gleich wahrscheinlich sind. Über den Ausgang eines einzelnen Münzwurfs kann man dagegen keine Vorhersage treffen.

Um bei Zufallsexperimenten zutreffende Voraussagen treffen zu können, ist es offensichtlich wesentlich, das Experiment für eine sehr große Anzahl von Versuchen durchzuführen, da andernfalls eine Prognose äußerst unsicher bzw. ungenau ist.

Merke

Gesetz der großen Zahlen

Je höher die Anzahl der Wiederholungen eines Zufallsexperimentes ist, desto weiter nähert sich die relative Häufigkeit eines Ereignisses einem stabilen Wert an.

Beispiele

Eine Münze wurde 200-mal geworfen. Nach jeweils 20 Würfen wurden die relativen Häufigkeiten für die Ereignisse „Kopf" und „Zahl" bestimmt.

Würfe			Absolute Häufigkeit		Relative Häufigkeit	
	Kopf	Zahl	Kopf	Zahl	Kopf	Zahl
1–20	13	7	13	7	0,650	0,350
21–40	10	10	23	17	0,575	0,425
41–60	8	12	31	29	0,517	0,483
61–80	8	12	39	41	0,488	0,512
81–100	7	13	46	54	0,460	0,540
101–120	15	5	61	59	0,508	0,492
121–140	9	11	70	70	0,500	0,500
141–160	11	9	81	79	0,506	0,494
161–180	8	12	89	91	0,494	0,506
181–200	10	10	99	101	0,495	0,505

Mit wachsender Wurfanzahl n stabilisieren sich die relativen Häufigkeiten für „Kopf" und „Zahl" jeweils um den Wert 0,5.

Aufgabe 160

Ein Reißnagel wird von 5 Schülern jeweils 1 000-mal geworfen. Der Reißnagel kann entweder auf dem „Kopf" oder auf der „Kante" liegen bleiben. Die folgende Tabelle zeigt die absoluten Häufigkeiten des Experiments.

	Absolute Häufigkeit		Relative Häufigkeit	
Schüler	Kopf	Kante	Kopf	Kante
1	756	244		
2	802	198		
3	739	261		
4	779	221		
5	793	207		

Berechne in der Tabelle die relativen Häufigkeiten.
Triff eine Vorhersage für das Ereignis „Reißnagel landet auf dem Kopf".

8.4 Die Berechnung der Wahrscheinlichkeit von Zufallsexperimenten

Die Ergebnisse eines Zufallsexperiments kann man nicht vorhersagen. Sind die Ergebnisse **gleichwahrscheinlich**, so kann berechnet werden, wie groß die Wahrscheinlichkeit ist, dass ein bestimmtes Ereignis (z. B. das Würfeln einer ungeraden Zahl mit einem normalen Spielwürfel) eintritt.

Merke

Die Wahrscheinlichkeit P(E) eines Ereignisses E wird analog zur relativen Häufigkeit wie folgt berechnet:

$$\text{Wahrscheinlichkeit } P(E) = \frac{\text{Anzahl der für das Ereignis E günstigen Ergebnisse}}{\text{Anzahl aller möglichen Ergebnisse}}$$

Die Wahrscheinlichkeit P(E) wird als Bruchzahl, Dezimalzahl oder Prozentsatz angegeben. Die Summe aller Wahrscheinlichkeiten ergibt 1 bzw. 100 %.

Beispiele

1. Es wird mit einem normalen Spielwürfel gewürfelt.
   Wie groß ist die Wahrscheinlichkeit,
   a) eine 5 zu würfeln?
   b) eine Zahl größer als 4 zu würfeln?

   Lösung:

   a) günstiges Ergebnis: $E = \{5\}$
   mögliche Ergebnisse: $\Omega = \{1; 2; 3; 4; 5; 6\}$
   Anzahl günstige Ergebnisse: 1; Anzahl mögliche Ergebnisse: 6
   Wahrscheinlichkeit: $P(5) = \frac{1}{6} \approx 0{,}1667$ bzw. 16,67 %

   b) günstige Ergebnisse: $E = \{5; 6\}$
   mögliche Ergebnisse: $\Omega = \{1; 2; 3; 4; 5; 6\}$
   Anzahl günstige Ergebnisse: 2; Anzahl mögliche Ergebnisse: 6
   Wahrscheinlichkeit: $P(5; 6) = \frac{2}{6} \approx 0{,}3333$ bzw. 33,33 %

2. In einer Urne befinden sich 4 rote, 3 blaue und 1 gelbe Kugel.
   Wie groß ist die Wahrscheinlichkeit,
   a) eine rote Kugel zu ziehen?
   b) keine blaue Kugel zu ziehen?

   Lösung:

   a) günstige Ergebnisse: E = {rot; rot; rot; rot}
   mögliche Ergebnisse: Ω = {rot; rot; rot; rot; blau; blau; blau; gelb}
   Anzahl günstige Ergebnisse: 4; Anzahl mögliche Ergebnisse: 8
   Wahrscheinlichkeit: $P(\text{rot}) = \frac{4}{8} = \frac{1}{2} = 0{,}5$ bzw. 50 %

   b) günstige Ergebnisse: E = { rot; rot; rot; rot; gelb}
   mögliche Ergebnisse: Ω = {rot; rot; rot; rot; blau; blau; blau; gelb}
   Anzahl günstige Ergebnisse: 5; Anzahl mögliche Ergebnisse: 8
   Wahrscheinlichkeit: $P(\text{rot oder gelb}) = \frac{5}{8} = 0{,}625$ bzw. 62,5 %

3. Wie groß ist die Wahrscheinlichkeit mit 4 unterschiedlichen Münzen
   a) genau dreimal Kopf zu werfen?
   b) zweimal Kopf und zweimal Zahl zu werfen?

Lösung:

a) Bei diesem Beispiel muss man alle Möglichkeiten zunächst systematisch notieren, da z. B. Kopf/Zahl/Zahl/Zahl und Zahl/Kopf/Zahl/Zahl als unterschiedliche Ergebnisse anzusehen sind.

günstige Ergebnisse/mögliche Ergebnisse (K = Kopf, Z = Zahl):

Ω = {KKKK; **KKKZ**; **KKZK**; **KZKK**; **ZKKK**;
KKZZ; KZKZ; KZZK; ZKKZ; ZKZK; ZZKK;
KZZZ; ZKZZ; ZZKZ; ZZZK; ZZZZ}

(Am besten in lexikographischer Reihenfolge sortieren, also wie im Lexikon nach dem Alphabet.)

Anzahl der günstigen Ergebnisse: 4
Anzahl der möglichen Ergebnisse: 16

Wahrscheinlichkeit: $P(\text{dreimal Kopf}) = \frac{4}{16} = \frac{1}{4} = 0{,}25$ bzw. 25 %

b) **günstige Ergebnisse**/mögliche Ergebnisse:

Ω = {KKKK; KKKZ; KKZK; KZKK; ZKKK;
KKZZ; **KZKZ**; **KZZK**; **ZKKZ**; **ZKZK**; **ZZKK**;
KZZZ; ZKZZ; ZZKZ; ZZZK; ZZZZ}

Anzahl der günstigen Ergebnisse: 6
Anzahl der möglichen Ergebnisse: 16

Wahrscheinlichkeit: $P(\text{je 2 Gleiche}) = \frac{6}{16} = 0{,}375$ bzw. 37,5 %

Aufgaben

161 Wie groß ist die Wahrscheinlichkeit
a) an Silvester Geburtstag zu haben?
b) als Sonntagskind geboren zu werden?
c) im Februar Geburtstag zu haben?

162 Ein Glücksrad ist in 15 gleich große Sektoren unterteilt, die mit den Zahlen 1 bis 15 beschriftet sind. Miriam dreht das Glücksrad.
Mit welcher Wahrscheinlichkeit bleibt es
a) auf einer geraden Zahl stehen?
b) auf einer ungeraden Zahl stehen?
c) auf einer Zahl ≥ 11 stehen?

***163** In der Sendung „Wer wird Millionär" vom 15. 12. 2003 wurde folgende Frage gestellt: „Welche Augensumme kommt rein rechnerisch am häufigsten vor, wenn man mit zwei Würfeln würfelt?"
A (5) B (7) C (9) D (12)
a) Für welchen Buchstaben würdest du dich entscheiden? Begründe deine Entscheidung.
b) Bestimme die Wahrscheinlichkeit für das Auftreten der vier Augensummen.

***164** Ein Skatspiel wird mit 32 Karten gespielt. Wie groß ist die Wahrscheinlichkeit,
a) einen roten Buben zu ziehen?
b) keine Herzkarte zu ziehen?
c) eine 7, 8 oder 9 zu ziehen?

***165** Im Rahmen einer Nichtraucherkampagne wurde eine Gruppe von beliebig ausgewählten Personen gefragt, ob sie das Rauchverbot in öffentlichen Gebäuden befürworten oder ablehnen.
Folgendes Ergebnis brachte die Befragung:

	Befürworter	Ablehner
männlich	38	25
weiblich	20	17

Aus der Gruppe wird willkürlich eine Person ausgewählt. Wie groß ist die Wahrscheinlichkeit, dass es sich bei der ausgewählten Person um
a) eine weibliche Person
b) einen Befürworter oder eine Befürworterin des Rauchverbots
c) eine Ablehnerin
handelt?

Interaktive Aufgaben

1. Glücksrad
*2. Pläne

8.5 Mehrstufige Zufallsexperimente

Wird ein Zufallsexperiment mehrfach hintereinander durchgeführt, so spricht man von einem mehrstufigen Zufallsexperiment, wie z. B. mehrmaliges Werfen mit einer Münze oder mehrmaliges Würfeln mit einem Spielwürfel.
Zur Veranschaulichung von mehrstufigen Zufallsexperimenten zeichnet man ein sogenanntes **Baumdiagramm**. Jeder Pfad des Baumdiagramms führt auf ein mögliches Ergebnis des Zufallsexperiments. Die Wahrscheinlichkeiten werden auf den Ästen des Pfades vermerkt.

Merke

Baumdiagramm

1. Pfadregel (Produktregel)

Die Wahrscheinlichkeit für ein Ergebnis bestimmt man, indem man die Teilwahrscheinlichkeiten längs des zugehörigen Pfades miteinander multipliziert.

2. Pfadregel (Summenregel)

Führen verschiedene Pfade zu günstigen Ergebnissen für ein Ereignis, so addiert man die Wahrscheinlichkeiten der einzelnen Pfade.

Die Summe der Wahrscheinlichkeiten aller Ergebnisse ist immer gleich 1.

Beispiel

Ein Glücksrad besteht aus 5 gleich großen Farbflächen, 2 grauen und 3 roten. Es wird dreimal gedreht.

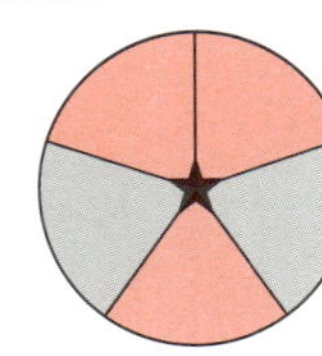

a) Wie groß ist die Wahrscheinlichkeit, nacheinander Rot-Grau-Rot zu drehen?
b) Wie groß ist die Wahrscheinlichkeit, dass zweimal Grau erscheint?
c) Wie groß ist die Wahrscheinlichkeit, dass mindestens einmal Rot erscheint?

Lösung:

a) Es handelt sich um ein dreistufiges Zufallsexperiment. Die Wahrscheinlichkeit für Grau (g) beträgt $\frac{2}{5} = 0,4$ und für Rot (r) beträgt sie $\frac{3}{5} = 0,6$.
Baumdiagramm:

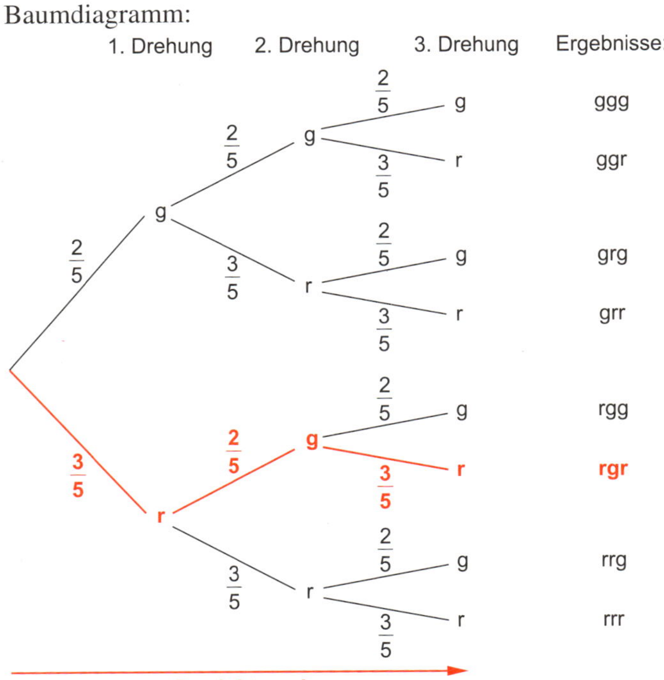

Zur Bestimmung der Wahrscheinlichkeit für das Ergebnis Rot-Grau-Rot (rgr), multipliziert man die Wahrscheinlichkeiten auf dem entsprechenden Pfad.

1. Pfadregel:

$P(rgr) = \frac{3}{5} \cdot \frac{2}{5} \cdot \frac{3}{5} = 0{,}144$ bzw. 14,4 %

Die Wahrscheinlichkeit, Rot-Grau-Rot zu drehen, liegt bei 14,4 %.

b) Baumdiagramm:

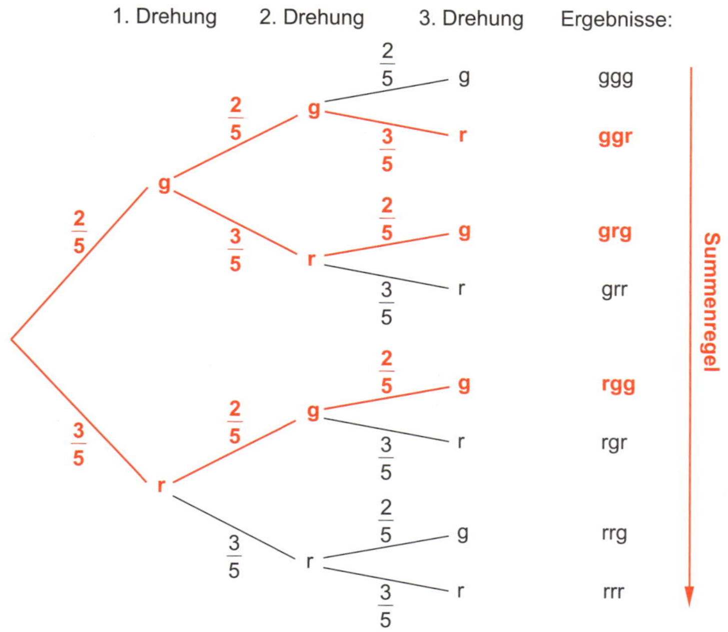

Es gibt die 3 günstigen Ergebnisse ggr, grg, rgg auf 3 unterschiedlichen Pfaden. Zur Bestimmung der Wahrscheinlichkeit für das Ereignis „zweimal Grau", addiert man die Wahrscheinlichkeiten der Pfade zu den günstigen Ergebnissen.

2. Pfadregel:

$$P(\text{zweimal Grau}) = \underbrace{\frac{2}{5} \cdot \frac{2}{5} \cdot \frac{3}{5}}_{ggr} + \underbrace{\frac{2}{5} \cdot \frac{3}{5} \cdot \frac{2}{5}}_{grg} + \underbrace{\frac{3}{5} \cdot \frac{2}{5} \cdot \frac{2}{5}}_{rgg} = 0{,}288 \text{ bzw. } 28{,}8\ \%$$

Die Wahrscheinlichkeit, zweimal Grau zu drehen, liegt bei 28,8 %.

c) Es gibt nur eine Möglichkeit, dass dieser Fall nicht eintritt: ggg.

Man berechnet die Wahrscheinlichkeit des Gegenereignisses und subtrahiert dies von 1, der Summe der Wahrscheinlichkeiten aller möglichen Ergebnisse.

$P(ggg) = \frac{2}{5} \cdot \frac{2}{5} \cdot \frac{2}{5} = 0{,}064$

$1 - 0{,}064 = 0{,}936$ bzw. 93,6 %

Die Wahrscheinlichkeit, dass mindestens einmal Rot erscheint, liegt bei 93,6 %.

Viele mehrstufige Zufallsversuche lassen sich als Urnensimulation darstellen. Sogenannte Urnenziehungen werden unterschieden in Versuche, bei denen nach der 1. Ziehung die Kugel wieder zurückgelegt wird und in Versuche, bei denen die Kugel herausgenommen wird.

Beispiele

1. In einer Urne befinden sich 3 weiße und 2 rote Kugeln.
   Wie groß ist die Wahrscheinlichkeit zuerst eine weiße und danach eine rote Kugel zu ziehen?

Lösung:

Ziehen mit Zurücklegen:

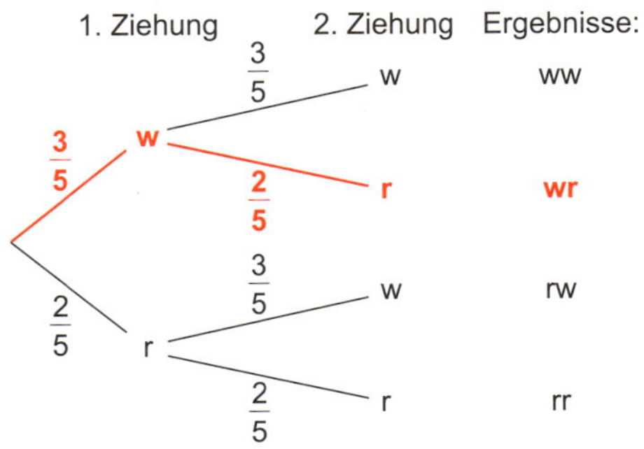

$P(wr) = \frac{3}{5} \cdot \frac{2}{5} = 0{,}24$ bzw. 24 %

Die Gesamtzahl der Kugeln und die Anzahl der Farbkugeln bleiben bei jedem Zug gleich.

Ziehen ohne Zurücklegen:

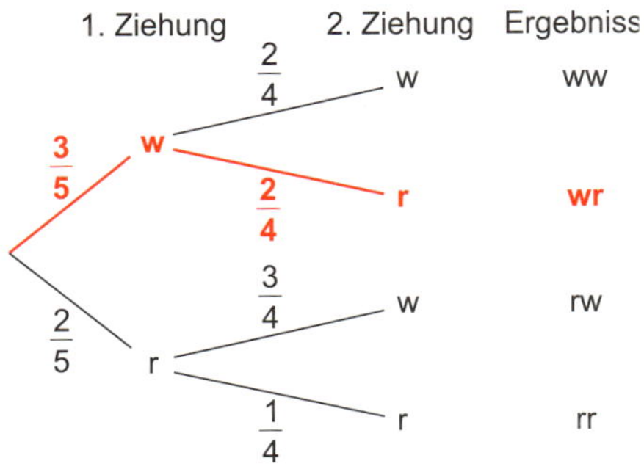

$P(wr) = \frac{3}{5} \cdot \frac{2}{4} = 0{,}3$ bzw. 30 %

Die Gesamtzahl der Kugeln und die Anzahl der Farbkugeln einer Farbe reduziert sich mit jedem Zug.

2. In einer Schublade liegen 6 schwarze, 8 blaue und 3 grüne Socken. Am Morgen werden mit noch müden Augen zwei Socken aus der Schublade genommen. Im Dämmerlicht lassen sich die Farben nicht auseinanderhalten.
   Wie groß ist die Wahrscheinlichkeit, dass
   a) ein Paar grüne Socken herausgenommen wird?
   b) eine schwarze und eine blaue Socke gezogen werden?

Lösung:

Baumdiagramm:

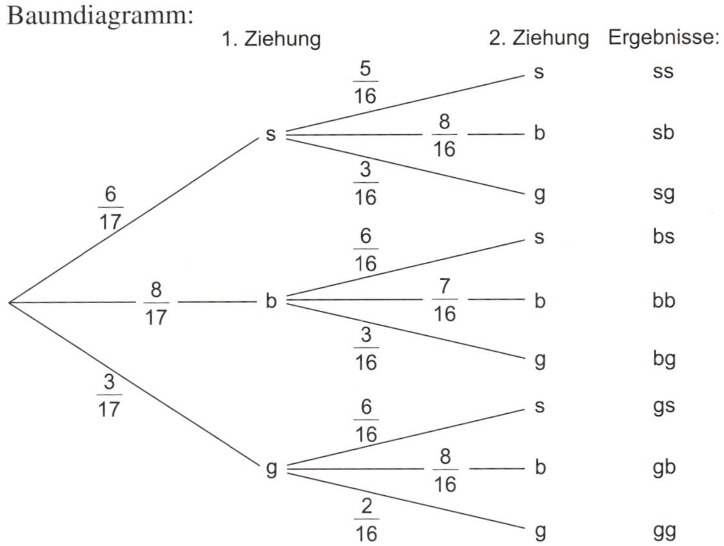

Da eine bereits gezogene Socke nicht zurückgelegt wird, reduziert sich die Zahl der Socken in der Schublade mit jedem Herausnehmen.

a) Es gibt nur einen Pfad, der zu zwei grünen Socken führt.

$P(gg) = \frac{3}{17} \cdot \frac{2}{16} \approx 0,02206$ bzw. 2,21 %

Die Wahrscheinlichkeit, ein Paar grüne Socken zu nehmen, liegt bei 2,21 %.

b) Es gibt zwei Pfade, die zu einer schwarzen und einer blauen Socke führen, da es auf die Reihenfolge der gezogenen Farbe nicht ankommt. Entweder zieht man zuerst eine schwarze und dann eine blaue Socke oder umgekehrt.

$P(sb; bs) = \frac{6}{17} \cdot \frac{8}{16} + \frac{8}{17} \cdot \frac{6}{16} \approx 0,3529$ bzw. 35,29 %

Die Wahrscheinlichkeit, eine schwarze und eine blaue Socke zu nehmen, liegt bei 35,29 %.

Aufgaben

166 In einer Tüte Gummibärchen liegen noch 5 rote, 4 weiße und 3 gelbe. Tom zieht dreimal und legt die gezogenen Gummibärchen nacheinander auf den Tisch.
Er behauptet, dass er mehr Chancen hat, die Kombination gelb-weiß-rot zu ziehen als umgekehrt rot-weiß-gelb. Was meinst du dazu? Begründe.

167 Das Schulfest geht zu Ende und am Losestand will Maja die letzten 10 Lose noch verkaufen. Sie weiß, dass noch 6 Gewinne dabei sind. Henri kauft 3 Lose. Wie hoch ist die Wahrscheinlichkeit, dass er

a) drei Gewinne zieht?

b) keinen Gewinn zieht?

c) mindestens einen Gewinn zieht?

d) genau einen Gewinn zieht?

***168** Das Würfelspiel Mäxchen, auch bekannt als Meier, ist spannend und macht Spaß. Gespielt wird mit 2 Würfeln, wobei die höhere Zahl stets die Zehnerziffer, die niedrigere Zahl die Einerziffer darstellt. Würfelt man eine 3 und 4, entspräche dies beispielsweise dem Ergebnis 43. Im Spiel ist das niedrigste Ergebnis 31, dann folgen 32, 41, 42, 43, 51, 52, 53, 54, 61, 62, 63, 64, 65. Höher als 65 sind nur die Päsche (zwei gleiche Zahlen). Deren Wertigkeit nimmt wie folgt zu: 1er-Pasch, 2er-Pasch, 3er-Pasch, 4er-Pasch, 5er-Pasch und 6er-Pasch. Das Höchste überhaupt ist die an sich niedrigste Zahl, nämlich die 21 (Mäxchen).

a) Lenard hat Glück und würfelt dreimal hintereinander einen 6er-Pasch.
Wie groß ist die Wahrscheinlichkeit für diese Reihenfolge?

b) Lina behauptet, dass es wahrscheinlicher ist, ein Mäxchen zu würfeln, als einen 6er-Pasch. Hat sie Recht? Begründe.

c) Gregor hat 65 gewürfelt und Melina als nächste muss höher würfeln.
Wie groß ist die Wahrscheinlichkeit, dass sie es schafft?

***169** Beim „Mensch-ärgere-dich-nicht“ Spiel darf man nur mit einer 6 starten. In jeder Runde gibt es maximal 3 Versuche.
Wie groß ist die Wahrscheinlichkeit, dass der Start geling?

Interaktive Aufgaben

1. Urne
*2. Baumdiagramm ausfüllen (mit ZL)
*3. Baumdiagramm ausfüllen (ohne ZL)
4. Produktformel (mit ZL)
5. Produktformel (ohne ZL)
6. Lose
*7. Urne mit ZL
*8. Urne mit ZL
*9. Billard

9 Wachstum und Zerfall

9.1 Exponentielles Wachstum und exponentieller Zerfall

Merke

Exponentielles Wachstum

Wächst eine Größe in regelmäßigen (Zeit-)Abständen immer um **denselben (Wachstums-)Faktor** an, spricht man von **exponentiellem Wachstum oder exponentieller Zunahme**.

In der Wirklichkeit kommt exponentielles Wachstum beispielsweise bei Bakterienwachstum, Bevölkerungswachstum und Zinseszinsen vor.

Beispiel

Eine Bakterienkultur belegt im Versuchslabor eine Fläche von 1,6 cm². Unter günstigen Bedingungen verdoppelt sie sich jede Minute. Stelle das Wachstum der ersten 6 Minuten in einer Wertetabelle und als Graph dar.

Lösung:

Die Größe der Fläche der Bakterienkultur y ist abhängig von der Anzahl x der vergangenen Minuten. Zu Beginn hat sie eine Fläche von 1,6 cm².

Anfangswert:	$y = 1{,}6$	$\Leftrightarrow$	$y = 1{,}6$
Nach **1** Minute:	$y = 1{,}6 \cdot 2$	$\Leftrightarrow$	$y = 1{,}6 \cdot 2^{1}$
Nach **2** Minuten:	$y = (1{,}6 \cdot 2) \cdot 2$	$\Leftrightarrow$	$y = 1{,}6 \cdot 2^{2}$
Nach **3** Minuten:	$y = (1{,}6 \cdot 2 \cdot 2) \cdot 2$	$\Leftrightarrow$	$y = 1{,}6 \cdot 2^{3}$
⋮			
Nach **6** Minuten:		$\Leftrightarrow$	$y = 1{,}6 \cdot 2^{6}$
Nach **x** Minuten:		$\Leftrightarrow$	$y = 1{,}6 \cdot 2^{x}$

Wertetabelle

Zeit [min]	0	1	2	3	4	5	6
Fläche [cm²]	1,6	3,2	6,4	12,8	25,6	51,2	102,4

$\cdot 2$ $\cdot 2$ $\cdot 2$ $\cdot 2$ $\cdot 2$ $\cdot 2$

Graph

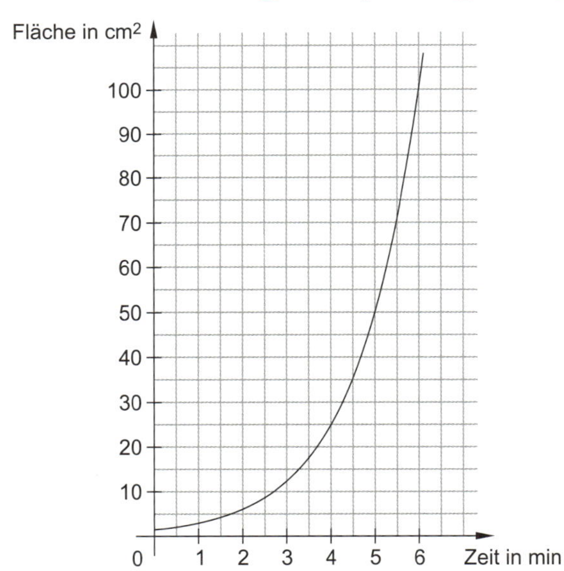

Merke

Exponentieller Zerfall

Nimmt eine Größe in regelmäßigen (Zeit-)Abständen immer um **denselben (Zerfalls-)Faktor** ab, spricht man von **exponentiellem Zerfall oder exponentieller Abnahme**.

In der Wirklichkeit kommt exponentieller Zerfall beispielsweise bei Wertverlust, radioaktivem Zerfall und Abkühlungsvorgängen vor.

Beispiel

Ein Computer-Gebrauchtwarenhändler rechnet bei PCs mit einem jährlichen Wertverlust von $\frac{6}{10}$ (= 60 %). Stelle den Wertverfall eines 700 € teuren PCs in den ersten 6 Jahren in einer Tabelle und als Graph dar.

Lösung:

Nach jedem Jahr beträgt der Wert eines gebrauchten PCs noch $\frac{4}{10}$ (= 40 %) des Vorjahres, d. h., jeder Wert y verringert sich mit dem Faktor $\frac{4}{10} = 0,4$. Der Wert y des PCs ist abhängig von der Anzahl x der vergangenen Jahre. Zu Beginn hat er einen Wert von 700 €.

Anfangswert:	$y = 700$	$\Leftrightarrow$	$y = 700$
Nach **1** Jahr:	$y = 700 \cdot 0,4$	$\Leftrightarrow$	$y = 700 \cdot 0,4^{1}$
Nach **2** Jahren:	$y = (700 \cdot 0,4) \cdot 0,4$	$\Leftrightarrow$	$y = 700 \cdot 0,4^{2}$
Nach **3** Jahren:	$y = (700 \cdot 0,4 \cdot 0,4) \cdot 0,4$	$\Leftrightarrow$	$y = 700 \cdot 0,4^{3}$
⋮			
Nach **6** Jahren:		$\Leftrightarrow$	$y = 700 \cdot 0,4^{6}$
Nach **x** Jahren:		$\Leftrightarrow$	$y = 700 \cdot 0,4^{x}$

Wertetabelle

Zeit [Jahre]	0	1	2	3	4	5	6
Wert [€]	700	280	112	44,80	17,92	7,17	2,87

· 0,4 · 0,4 · 0,4 · 0,4 · 0,4 · 0,4

Graph

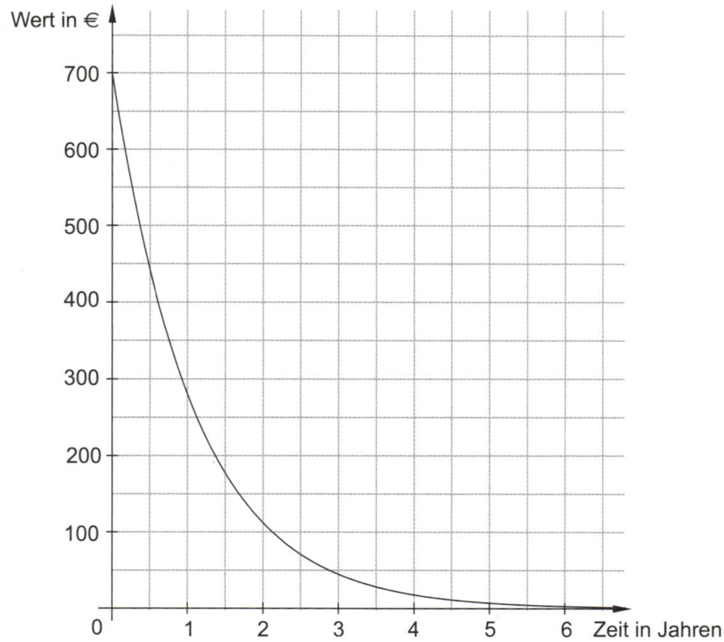

9.2 Exponentialfunktionen

Merke

Exponentialfunktion

Exponentialfunktionen

Exponentialfunktionen sind Funktionen mit der Funktionsgleichung

$$\mathbf{y = a \cdot q^x}$$

a: Anfangswert
q: Wachstums- bzw. Zerfallsfaktor

mit $q > 0$ und $q \neq 1$.

Für Exponentialfunktionen gilt:
- Die Variable x tritt in der Funktionsgleichung als Exponent auf.
- Für $\mathbf{q > 1}$: Exponentielles **Wachstum**, der Graph der Funktion steigt. Der Wachstumsfaktor q berechnet sich aus der prozentualen Wachstumsrate p % durch: $q = 1 + \frac{p}{100}$

  Für $\mathbf{0 < q < 1}$: Exponentieller **Zerfall**, der Graph der Funktion fällt. Der Zerfallsfaktor q berechnet sich aus der prozentualen Zerfallsrate p % durch: $q = 1 - \frac{p}{100}$

Beispiele

1. In einem Glas soll der Zerfall von Milchschaum untersucht werden. Zu Beginn der Untersuchung hat der Schaum eine Höhe von 3 cm. Die Schaumsäule verringert ihre Höhe jede Minute um 30 %. Bestimme den Zerfallsfaktor q und stelle die zugehörige Funktionsgleichung auf, die den Sachverhalt beschreibt.

   Lösung:
   Der Anfangswert ist $a = 3$. Da die Schaumsäule um 30 % in der Minute sinkt, beträgt die prozentuale Zerfallsrate $p\,\% = 30\,\%$.
   Daraus berechnet sich der Zerfallsfaktor q wie folgt:
   $$q = 1 - \frac{p}{100} = 1 - \frac{30}{100} = 1 - 0{,}3 = 0{,}7$$
   Die Funktionsgleichung lautet also $y = a \cdot q^x = 3 \cdot 0{,}7^x$.

2. Eine Bakterienkultur verdreifacht alle 30 Minuten ihren Bestand. Nach 2 Stunden zählt man ca. 121 500 Bakterien. Wie hoch war der Anfangsbestand?

   Lösung:
   Da sich die Anzahl der Bakterien verdreifacht, beträgt die prozentuale Wachstumsrate $p\,\% = 200\,\%$. Für den Wachstumsfaktor q gilt damit:
   $$q = 1 + \frac{p}{100} = 1 + \frac{200}{100} = 1 + 2 = 3$$
   Die Bakterienzahl verdreifacht sich alle 30 Minuten. Nach 2 Stunden hat sie sich also insgesamt 4-mal verdoppelt (2 Stunden : 30 Minuten = 4).
   Weil der Endbestand $y = 121\,500$ nach $x = 4$ Verdopplungen gegeben ist, kann der Anfangsbestand a folgendermaßen berechnet werden:
   $$\begin{aligned} y &= a \cdot q^x \\ 121\,500 &= a \cdot 3^4 \\ 121\,500 &= a \cdot 81 \quad |:81 \\ a &= 1\,500 \end{aligned}$$
   Am Anfang bestand die Bakterienkultur aus 1 500 Bakterien.

3. Als **Halbwertszeit** eines radioaktiven Elements bezeichnet man die Zeitspanne, in der die Menge des Ausgangsstoffes um die Hälfte abgenommen hat. Die Halbwertszeit von Arsen 74 beträgt 18 Tage.
   a) Welche Funktionsgleichung beschreibt den Sachverhalt?
   b) Stelle den radioaktiven Zerfall von Arsen 74 grafisch dar und entnimm der Grafik, nach welcher Zeit eine bestimmte Menge Arsen 74 auf etwa 10 % der ursprünglichen Menge gesunken ist.

Lösung:

a) Da keine exakte Menge von Arsen 74 gegeben ist, ist die Anfangsgröße $a = 100\,\%$. Die Halbwertszeit beträgt ca. 18 Tage, also ist der Zerfallsfaktor $q = 0{,}5$ je 18 Tage. x entspricht also einer Zeitspanne von 18 Tagen.
Die Funktionsgleichung lautet:
$y = a \cdot q^x = 100 \cdot 0{,}5^x$

b) Für die grafische Darstellung wird zunächst eine Wertetabelle aufgestellt:

Wertetabelle

Zeit in Tagen	0	18	36	54	72
Menge in %	100	50	25	12,5	6,25

Graph

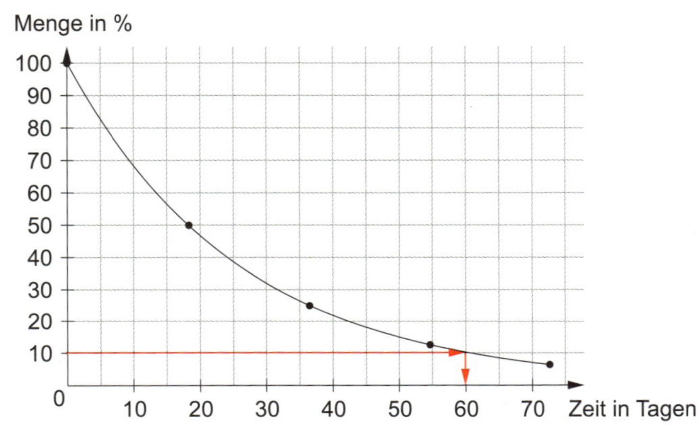

Der Grafik kann man entnehmen, dass nach etwa 60 Tagen nur noch 10 % der anfänglichen Menge vorhanden sind.

Interaktive Aufgaben

1. Füchse
2. Studenten
*3. Traumurlaub
*4. Hausmüll

9.3 Zinseszins

Eine wichtige Anwendung von exponentiellem Wachstum ist die Zinseszinsrechnung.

Merke

Zinseszinsrechnung

Die **Zinseszinsformel** für das Kapital K_n nach n Jahren lautet:

$$K_n = K_0 \cdot q^n$$

- Kapital nach n Jahren: K_n
- Anfangskapital: K_0
- Zinsfaktor: $q = 1 + \frac{p}{100}$
- Laufzeit: n Jahre

Beispiel

Die Patentante legt bei Annikas Geburt 1 000 € auf einem Sparkonto für 18 Jahre zu einem Zinssatz von 3,5 % an.

a) Auf welchen Betrag ist das Geld nach 18 Jahren angewachsen?
b) Damit das Geld für Annikas Führerschein reicht, müssen nach 18 Jahren 2 000 € angespart sein. Welches Anfangskapital hätte die Patentante dafür anlegen müssen?
c) Wie hoch müsste der Zinssatz sein, damit das Sparkonto mit den ursprünglich angelegten 1 000 € nach 18 Jahren die für den Führerschein nötigen 2 000 € liefert?

Lösung:

a) Gegeben: Anfangskapital: $K_0 = 1\,000$
Zinssatz: $p\,\% = 3{,}5\,\%$
Laufzeit: $n = 18$ Jahre

Gesucht: K_{18}

Berechnung des Zinsfaktors q:

$$q = 1 + \frac{p}{100} = 1 + \frac{3{,}5}{100} = 1 + 0{,}035 = 1{,}035$$

Berechnung des Kapitals K_{18} nach 18 Jahren:

$$K_n = K_0 \cdot q^n$$
$$K_{18} = 1\,000 \cdot 1{,}035^{18}$$
$$K_{18} \approx 1\,857{,}49$$

Nach 18 Jahren sind 1 857,49 € auf dem Sparkonto.

b) Gegeben: Kapital nach 18 Jahren: $K_{18} = 2\,000$
Zinssatz: $p\,\% = 3{,}5\,\%$
Zinsfaktor: $q = 1{,}035$
Laufzeit: $n = 18$ Jahre

Gesucht: K_0

Berechnung des Anfangskapitals K_0:

$$K_n = K_0 \cdot q^n$$
$$2\,000 = K_0 \cdot 1{,}035^{18} \qquad |:1{,}035^{18}$$
$$K_0 = \frac{2\,000}{1{,}035^{18}}$$
$$K_0 \approx 1\,076{,}72$$

Die Patentante hätte als Anfangskapital 1 076,72 € anlegen müssen.

c) Gegeben: Anfangskapital: $K_0 = 1\,000$
Kapital nach 18 Jahren: $K_{18} = 2\,000$
Laufzeit: $n = 18$ Jahre

Gesucht: Zinssatz $p\,\%$

Berechnung des Zinsfaktors q:

$$K_n = K_0 \cdot q^n$$
$$2\,000 = 1\,000 \cdot q^{18} \qquad |:1\,000$$
$$2 = q^{18} \qquad |\sqrt[18]{}$$
$$q \approx 1{,}0393$$

Der Zinsfaktor beträgt $q \approx 1{,}0393$.

Berechnung des Zinssatzes p %:

$1{,}0393 = 1 + \frac{p}{100} \quad | -1$

$0{,}0393 = \frac{p}{100} \quad | \cdot 100$

$p = 3{,}93$

Der Zinssatz müsste 3,93 % betragen.

Interaktive Aufgabe

*1. Auto

9.4 Lineares und exponentielles Wachstum im Vergleich

Merke

Lineares und exponentielles Wachstum

- **Lineares Wachstum** bedeutet, dass in regelmäßigen (Zeit-)Abständen zum vorherigen Wert **derselbe Summand addiert** wird.
- **Exponentielles Wachstum** bedeutet, dass in regelmäßigen (Zeit-)Abständen der vorherige Wert mit **demselben Faktor (Wachstumsfaktor) multipliziert** wird.

Beispiel

Landwirt Ludwig besitzt 100 Rinder und beschließt seinen Bestand jährlich um 20 Rinder zu erhöhen. Landwirt Ernst besitzt 100 Rinder und beschließt seinen Bestand jährlich um 20 % zu erhöhen.

a) Finde die beiden Funktionsgleichungen.
b) Veranschauliche die Entwicklung des Rinderbestandes in den ersten 7 Jahren.
c) Was fällt dir auf?

Lösung:

a) Bei beiden Landwirten ist der Bestand y abhängig von der Anzahl x der Jahre, der Anfangswert ist bei beiden 100.

Landwirt Ludwig:

Nach **1** Jahr: $y = 100 + 20 \iff y = 100 + 1 \cdot 20$

Nach **2** Jahren: $y = (100 + 20) + 20 \iff y = 100 + 2 \cdot 20$

Nach **3** Jahren: $y = (100 + 20 + 20) + 20 \iff y = 100 + 3 \cdot 20$

⋮

Nach **7** Jahren: $\iff y = 100 + 7 \cdot 20$

Nach **x** Jahren: $\iff y = 100 + x \cdot 20$ (Funktionsgleichung)

Bei Landwirt Ludwig kommen jährlich 20 Rinder hinzu (Addition), d. h., der Bestand steigt linear um 20 Rinder: $y = 100 + x \cdot 20$

Es handelt sich also um eine **lineare Funktion**: $\mathbf{y = 20x + 100}$

Landwirt Ernst:

Nach **1** Jahr: $y = 100 \cdot 1{,}2 \iff y = 100 \cdot 1{,}2^1$

Nach **2** Jahren: $y = (100 \cdot 1{,}2) \cdot 1{,}2 \iff y = 100 \cdot 1{,}2^2$

Nach **3** Jahren: $y = (100 \cdot 1{,}2 \cdot 1{,}2) \cdot 1{,}2 \iff y = 100 \cdot 1{,}2^3$

⋮

Nach **7** Jahren: $\iff y = 100 \cdot 1{,}2^7$

Nach **x** Jahren: $\iff y = 100 \cdot 1{,}2^x$ (Funktionsgleichung)

Bei Landwirt Ernst steigt der Bestand jährlich auf 120 % des Vorjahres, also um den Faktor 1,2. Es handelt sich um eine **exponentielle Funktion**: $\mathbf{y = 100 \cdot 1{,}2^x}$

b) Tabelle
Landwirt Ludwig:

Wertetabelle

Laufzeit [Jahre]	0	1	2	3	4	5	6	7
Bestand	100	120	140	160	180	200	220	240

Landwirt Ernst:

Wertetabelle

Laufzeit [Jahre]	0	1	2	3	4	5	6	7
Bestand	100	120	144	172,8	207,36	248,83	298,60	358,32

Graph

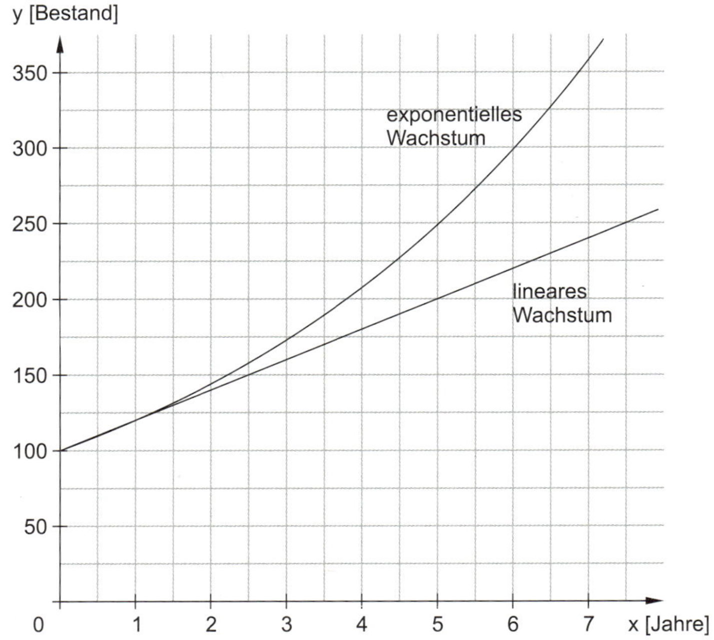

c) Bei der Wertetabelle fällt auf, dass der Bestand von Landwirt Ernst Dezimalzahlen enthält. Mathematisch gesehen sind diese Zahlen richtig, in der Realität machen sie natürlich keinen Sinn. Deshalb müsste man die Werte sinnvollerweise abrunden.

Der Zeichnung kann man entnehmen, dass der Graph der linearen Wachstumsfunktion (Landwirt Ludwig) eine Gerade ist. In jedem Zeitpunkt steigt der Graph gleichmäßig an.
Der Graph der exponentiellen Funktion (Landwirt Ernst) liegt in den ersten 3 Jahren nahe am Graphen der linearen Funktion, d. h., der Bestand der beiden Landwirte unterscheidet sich nur geringfügig. Mit steigender Jahreszahl entfernt sich der Graph der exponentiellen Funktion immer mehr vom Graphen der linearen Funktion, er „explodiert".
Nach 30 Jahren hätte Landwirt Ludwig einen Bestand von 700 Rindern, Landwirt Ernst dagegen 23 737 Rinder, die ca. 8 000 ha Weideland benötigten. Dies entspricht einer Fläche, die 9-mal so groß wie die Fläche von Berlin ist. An diesem Beispiel wird deutlich, dass jeder exponentielle Wachstumsprozess natürliche Grenzen hat.

Interaktive Aufgaben

1. Linear oder exponentiell?
2. Sportverein

Aufgaben

170 Lineare oder exponentielle Zu- oder Abnahme? Entscheide und begründe.

a) Ein Heizöltank ist mit 5 000 ℓ gefüllt. Durchschnittlich werden pro Monat etwa 250 ℓ verbraucht.

b) Unter günstigen Lebensbedingungen verdoppelt sich die Zahl von Salmonellen alle 20 Minuten.

c) Nelly bekommt ein leeres Sparschwein geschenkt. Jeden Sonntag steckt der Großvater eine 2-€-Münze in Nellys Sparschwein.

d) Mit jedem Waschgang verliert eine Jeans einen bestimmten Anteil an Farbe.

e) Das Ehepaar Schlemmermeier möchte abnehmen. Der Diätplan sieht vor, dass Herr Schlemmermeier jeden Monat 1,5 % seines Gewichtes verliert und Frau Schlemmermeier jeden Monat 1,5 kg abnimmt.

171 18 Monate vor Dominiks 18. Geburtstag unterbreitet ihm sein Vater zur Finanzierung des Führerscheins zwei Angebote:

Angebot I: Dominik erhält sofort 1 000 € in die Sparbüchse und bis einschließlich zum 18. Geburtstag kommen jeden Monat weitere 50 € hinzu.

Angebot II: Ein Startkapital von 1 Cent wird jeden Monat bis einschließlich zum 18. Geburtstag verdoppelt. Dominik erhält den Endbetrag.

a) Welches der Angebote sollte Dominik wählen?

b) Finde Funktionsgleichungen für beide Angebote, die den angewachsenen Geldbetrag in € in Abhängigkeit von der Anzahl der Monate beschreiben.

c) Auf welchen Wert würden die Geldbeträge bei gleichbleibenden Bedingungen bis zu Dominiks 19. Geburtstag anwachsen?

***172** Eine Bakterienkultur bedeckt zu Beginn eine Fläche von 15 mm^2. Innerhalb von 10 Minuten vermehrt sie sich um 60 %.

a) Gib die zugehörige Funktionsgleichung an.

b) Stelle den Wachstumsprozess für die 1. Stunde in einer Wertetabelle und als Graph dar.

c) Entnimm deiner Zeichnung, nach welcher Zeit die Bakterienkultur auf 200 mm^2 angewachsen ist.

***173** Frau Fröhlich legt ihr Erbe 10 Jahre auf einem Festgeldkonto zu einem Zinssatz von 4,7 % an. Nach einer Laufzeit von 10 Jahren verfügt sie über rund 36 408 €.
Wie groß war die Erbschaft?

***174** Zur Feststellung einer Nieren-Erkrankung wird einer Patientin das radioaktive Technetium-99m verabreicht, dessen Halbwertszeit 6 Stunden beträgt.
Wie viel Prozent der verwendeten radioaktiven Substanz sind nach 2 Tagen noch im Körper der Patientin zu finden?
(Zur Erinnerung: Als Halbwertszeit bezeichnet man die Zeitdauer, in der die Anfangsmenge auf die Hälfte zerfällt.)

10 Prüfungsähnliche Aufgaben

175

Basisaufgaben

a) Welche Zahl liegt in der Mitte zwischen –5 und 13?

b) Im Supermarkt an der Käsetheke:

Markus kauft 240 g Gouda. Wie viel muss er bezahlen?

c) Jan hat 20-mal eine Münze geworfen und die Ergebnisse in folgender Strichliste notiert:

Kopf: 𝍸 𝍸 ||

Zahl: 𝍸 |||

Gib die relative Häufigkeit für „Kopf" an.

d) Ordne die Zahlen nach ihrer Größe. Beginne mit der kleinsten Zahl.

$5 \cdot 10^{-2}$ $\quad -0{,}9$ $\quad \sqrt{0{,}25}$ $\quad -\frac{7}{10}$

e) Vervollständige die Figur ABC, sodass eine Raute entsteht.

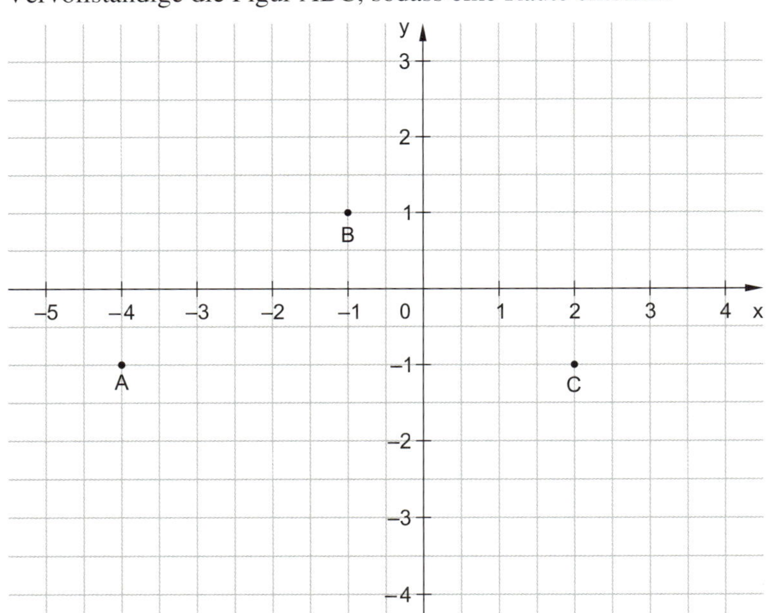

Welche Koordinaten hat der Eckpunkt D?

D(______ | ______)

f) Ein Quader hat ein Volumen von 1 500 cm^3 und ist 15 cm hoch.
Wie lang und wie breit könnte er sein?

g) Welche Ergebnisse stimmen? Kreuze an.
$0{,}2^5$ hat denselben Wert wie:

☐ $3{,}2^{-4}$ ☐ $3{,}2 \cdot 10^4$ ☐ $3{,}2 \cdot 10^{-4}$ ☐ $-3{,}2 \cdot 10^4$ ☐ 0,00032

h) Bestimme die Hälfte von $\frac{1}{4}$. Gib die Lösung als Bruchzahl und als Dezimalzahl an.

i) Wie groß ist die Wahrscheinlichkeit, dass du aus einer Lostrommel mit 5 Hauptgewinnen und 75 Nieten ein Gewinnlos ziehst?
Gib die Lösung als Bruchzahl und als Prozentsatz an.

j) Kreuze die richtige Lösung an.
Das Doppelte von 2^9 ist das Gleiche wie:

☐ 2^{18} ☐ 2^{10} ☐ 4^9 ☐ 4^{18} ☐ 4^{10}

k) Welche Aussagen stimmen für das nebenstehende Dreieck?

A) $\sin\alpha = \frac{b}{a}$ B) $a^2 + b^2 = c^2$

C) $\tan\alpha = \frac{c}{b}$ D) $\alpha + \beta = 90°$

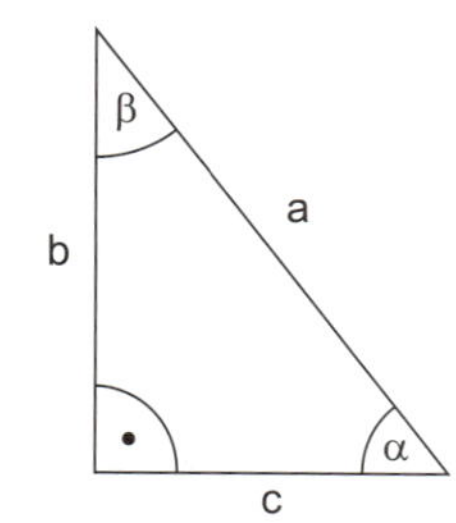

ℓ) Löse die Gleichung: $10 - 5x = 20$

m) Wie viel kosten die Schuhe jetzt? Trage die richtige Lösung ins Werbeplakat ein.

n) Wie viele kg sind es insgesamt?
$1\,005\ g + 2{,}4\ kg + 45\ g + 0{,}75\ kg$

o) In einer Tüte Gummibärchen befinden sich noch 45 Gummibärchen in den Farben Grün, Gelb und Rot. Die Wahrscheinlichkeit, zufällig ein grünes Gummibärchen zu erwischen, beträgt $\frac{2}{3}$.
Kreuze an, wie viele grüne Gummibärchen in der Tüte sein müssen.

☐ 25 ☐ 30 ☐ 32 ☐ 35 ☐ 40

176 **Schokolade**

Eine besondere Schokoladen-Kuvertüre wird in Form einer quadratischen Pyramide (siehe Abbildung) zum Preis von 2,79 € angeboten. Die Länge der Grundseiten und die Länge der Höhe betragen 8 cm.

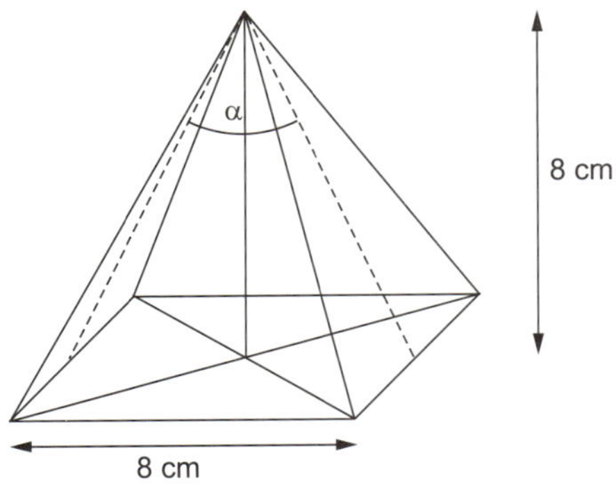

a) Zeige, dass das Volumen einer Schokoladenpyramide 170,67 cm^3 beträgt.

b) Berechne die Größe des Winkels α an der Spitze der Pyramide (siehe Abbildung).

c) Wie viel Verpackungspapier wird mindestens für jede Schokoladenpyramide benötigt, wenn man noch 10 % für Überlappungen hinzurechnen muss?

* d) Welche Gewichtsangabe steht wohl auf der Verpackung: 150 g oder 200 g oder 250 g? Begründe.
(Dichte von Schokolade: $\rho = 0{,}88 \frac{g}{cm^3}$)

* e) Aus derselben Schokoladenmasse werden für das Weihnachtsgeschäft kleine Schokoladenkugeln mit dem Durchmesser 18 mm hergestellt.
Wie viele Kugeln kann man aus einer Pyramide herstellen?

177 **Lineare Funktionen**

Eine Gerade g_1 verläuft durch die Punkte $A(-2|0)$ und $B(1|6)$.

a) Zeichne die Gerade in ein Koordinatensystem.

b) Zeige, dass die Gerade g_1 die Funktionsgleichung $g_1(x) = 2x + 4$ hat.

c) Überprüfe rechnerisch, ob der Punkt $P(20|48)$ auf der Geraden g_1 liegt.

d) Eine weitere Gerade g_2 verläuft parallel zu g_1 und geht durch den Punkt $(0|-1)$.
Zeichne die Gerade in das vorhandene Koordinatensystem und nenne ihre Funktionsgleichung.

* e) Die Achsen des Koordinatensystems und die Gerade g_1 bilden ein Dreieck.
Bestimme den Flächeninhalt und den Umfang des Dreiecks.

* f) Welcher der folgenden Sachverhalte passt zu g_1 (für $x \geq 0$)? Begründe.

☐ Aus 20 kg Äpfeln gewinnt man 10 kg Apfelmus.

☐ Die Leihgebühr für ein E-Bike beträgt 2 € pro Stunde, dazu kommen einmalig 4 € Verwaltungsgebühr.

☐ In einer Tonne steht das Wasser 40 cm hoch. Durch ein Loch nimmt der Pegel stündlich um 2 cm ab.

178 **Autofahren**

Auf dem Berliner Ring wird die Geschwindigkeit an der Baustelle zwischen Schönefelder Kreuz und Rangsdorf auf 80 $\frac{km}{h}$ begrenzt. Bei einer Testmessung wurde die Geschwindigkeit aller vorbeifahrenden Autos erfasst.

Die ersten 12 Fahrzeuge lieferten folgende Messwerte:

78 75 80 73 78 75 83 72 79 98 72 190

a) Berechne das arithmetische Mittel.

b) Bestimme den Median.

c) Gib die absolute und die relative Häufigkeit dafür an, dass ein Auto die Höchstgeschwindigkeit von 80 $\frac{km}{h}$ nicht überschritten hat.

* d) Die Strecke ist 12 km lang.
Wie viele Minuten braucht ein Auto für diese Strecke unter Einhaltung der vorgeschriebenen Geschwindigkeit von 80 $\frac{km}{h}$ mindestens?

* e) Auf ihrer Fahrt von Berlin-Mitte bis Rangsdorf bemerkt Frau Hoop an verschiedenen Tankstellen große Preisunterschiede. Der Preis für 1 Liter Super schwankt von 1,339 € bis 1,469 €.
Wie groß ist die prozentuale Steigerung zwischen den Preisen?

* f) Man sagt, dass ein Neuwagen im ersten Gebrauchsjahr 20 % und in jedem weiteren Jahr 8 % an Wert verliert. Herr Schreiter möchte seinen Mittelklassewagen (Neupreis: 23 000 €) nach vier Jahren verkaufen. Mit welchem finanziellen Verlust muss er rechnen?

179 **Die Berliner Tiergärten**

Besucher in den Tiergärten in Berlin (Angaben in 1 000):

	2012	**2013**
Zoologischer Garten	2 077	2 075
Aquarium	917	984
Tierpark	1 049	1 036

Quelle: Die kleine Berlin-Statistik 2013 und 2014;
© Amt für Statistik Berlin-Brandenburg

a) Überprüfe folgende Aussagen auf richtig/falsch. Begründe durch Rechnung.

A Im Jahr 2013 hatte der Zoologische Garten 1 039 Besucher mehr als der Tierpark.

B Die Anzahl der Besucher im Zoologischen Garten ist 2013 im Vergleich zu 2012 um ca. 0,10 % gesunken.

C Aus einer Zeitungsmeldung vom 1. 4. 2015:
Mehr als 4,4 Millionen Gäste haben 2014 die Einrichtungen Zoo, Aquarium und Tierpark besucht. Im Vergleich zum Vorjahr ist das ein Zuwachs von 6,4 %.

b) Im Berliner Zoo hat das Wasserschweinweibchen „Lucia“ nach vielen Jahren ohne Nachwuchs drei Jungtiere zur Welt gebracht. Die Tierpfleger freuten sich sehr und waren besonders auf die Geschlechter der Neugeborenen gespannt.
Berechne die Wahrscheinlichkeit, dass von den Neugeborenen mindestens eines männlich ist.
Zeichne dazu ein Baumdiagramm.
Hinweis: Gehe davon aus, dass ein Neugeborenes mit 50 % Wahrscheinlichkeit männlich ist.

* c) Die Klasse 10.3 der Wilma-Rudolph-Schule besucht am Wandertag den Tierpark. Das abgebildete Viereck ist nicht maßstabsgerecht, zeigt aber die Lage von vier Attraktionen, die die Schüler auf einem Rundgang (Start und Ziel am Krokodilhaus) ansehen möchten:

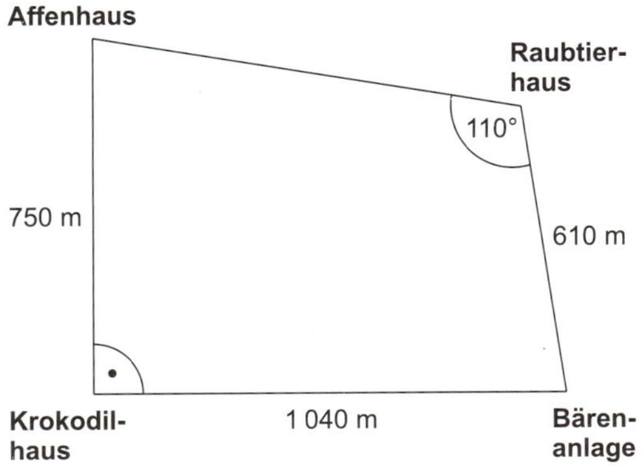

Ben meint, dass die Klasse ungefähr 4 km laufen muss, wenn sie alles besichtigen will. Hat er recht? Berechne dazu zunächst die Entfernung vom Affenhaus zur Bärenanlage.

180

50-jähriges Jubiläum

Ein Schmuck- und Uhrengeschäft feiert sein 50-jähriges Firmenjubiläum und hat sich für diesen Tag eine ganz besondere Werbeaktion ausgedacht:
In einem Glücksbehälter befinden sich 50 Lose, 42 weiße und 8 rote. Jede Kundin und jeder Kunde darf vor dem Bezahlen zweimal ein Los aus dem Behälter ziehen (ohne Zurücklegen).

- *Zieht sie bzw. er zweimal Rot, wird der Kaufpreis um 50 % Rabatt herabgesetzt.*
- *Zieht sie bzw. er zweimal Weiß, wird der Kaufpreis um 20 % Rabatt herabgesetzt.*

a) Kira sucht sich eine Halskette für 69,90 € aus. Vor dem Bezahlen zieht sie zwei weiße Lose und freut sich. Wie viel muss sie für ihre Halskette bezahlen?

b) Das Geschäft wirbt im Schaufenster mit dem Spruch
„Heute große Glückslotterie! Jedes Los gewinnt!“
Nimm Stellung zu dieser Aussage.

c) Zeichne ein Baumdiagramm.

* d) Wie groß ist die Wahrscheinlichkeit, dass man 20 % Rabatt erhält?

* e) Wie groß ist die Wahrscheinlichkeit, dass man 50 % Rabatt erhält?

* f) Die Kundin Frau Neumann ist Hobbymathematikerin und sagt:
„Durchschnittlich hat hier jeder dritte Kunde Pech und bekommt keinen Rabatt. Das finde ich für ein 50-jähriges Jubiläum ganz schön geizig.“
Stimmt ihre Rechnung?

181 **Quadratische Funktionen**

Betrachte die abgebildete verschobene Normalparabel:

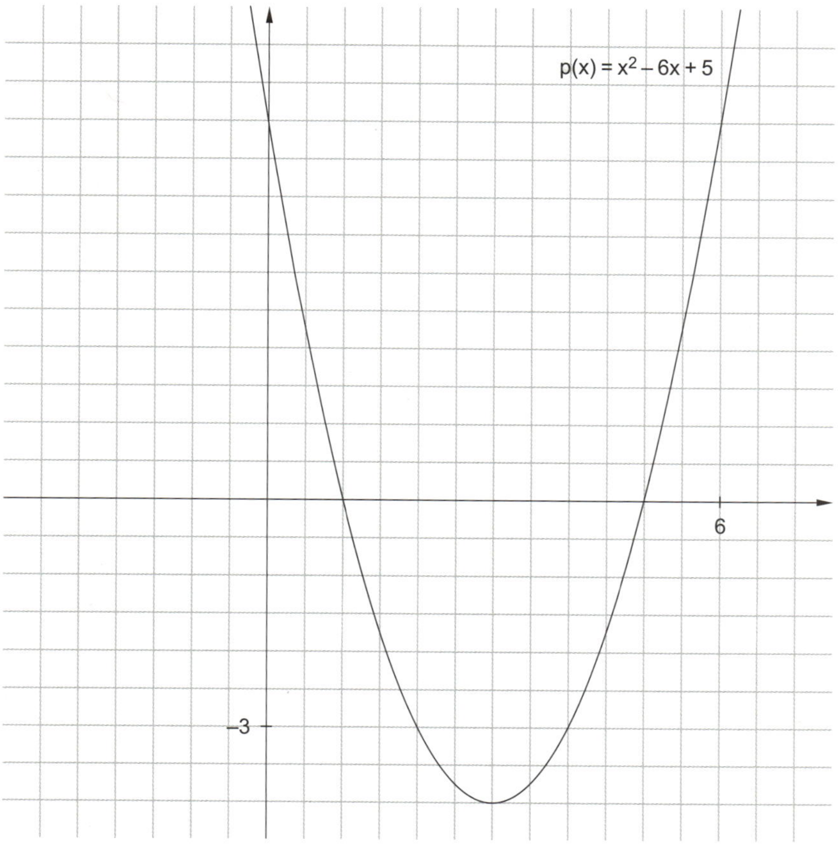

a) Beschrifte das gegebene Koordinatensystem und lies anschließend die Koordinaten des Scheitelpunktes S und der Schnittpunkte N_1 und N_2 mit der x-Achse ab.

S(|) und N_1(|) und N_2(|)

* b) Zeige, dass die gegebene Funktionsgleichung $p(x) = x^2 - 6x + 5$ zur abgebildeten Parabel gehört.

c) Überprüfe durch eine Rechnung die Nullstellen der Funktion.
Hinweis:
Nullstellen sind die x-Koordinaten der Schnittpunkte eines Graphen mit der x-Achse.

* d) Eine Gerade g hat die Gleichung $g(x) = -2x + n$.
Ersetze n durch eine Zahl, sodass die Gerade g und die Parabel p genau einen gemeinsamen Punkt haben. Zeichne die Gerade in das vorhandene Koordinatensystem.

182 **Garten**

Familie Gärtner kauft ein Reihenhaus mit einem kleinen Garten, in dem sich ein kreisrunder Gartenteich mit 2,5 m Durchmesser befindet:

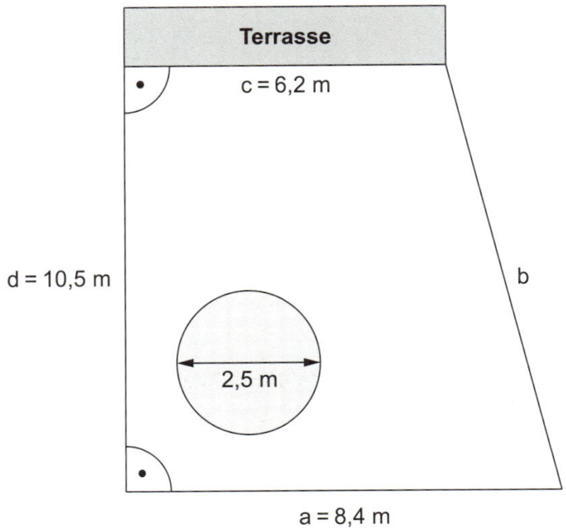

Die Skizze ist nicht maßstabsgerecht.

a) Im Kaufvertrag ist die Fläche des Gartens (inklusive Teich) mit 76 m^2 angegeben. Stimmt das?

b) Zur Abgrenzung von den Nachbarn plant Familie Gärtner für drei Seiten des Gartens (a, b und d) eine Hecke aus Buchsbaum-Pflanzen.

- Wie lang wird die gesamte Hecke?
- Man rechnet mit 10 Buchsbaum-Pflanzen für einen Meter Hecke.
  Weise nach, dass Familie Gärtner insgesamt 296 Buchsbaum-Pflanzen für die gesamte Hecke kaufen muss.
  Hinweis: Ignoriere bei deinen Berechnungen eine Mehrfachbepflanzung in den Ecken.
- Im Internet findet Familie Gärtner zwei interessante Angebote für den Kauf von Buchsbaum-Pflanzen:

Angebot 1:

Je mehr Pflanzen, desto günstiger:

Beim Kauf ab …

5 Pflanzen:	1,95 € pro Stück
10 Pflanzen:	1,55 € pro Stück
25 Pflanzen:	1,45 € pro Stück
50 Pflanzen:	1,30 € pro Stück
100 Pflanzen:	1,20 € pro Stück
300 Pflanzen:	1,10 € pro Stück
500 Pflanzen:	0,95 € pro Stück

Angebot 2:

Welches Angebot sollte Familie Gärtner wählen? Begründe deine Entscheidung.

* c) An einem Freitag bemerkt Frau Gärtner, dass sich auf dem Gartenteich eine ca. 100 cm^2 große Fläche Wasserlinsen befindet. Wasserlinsen sind Schwimmpflanzen, auch Entengrütze genannt, die sich rasant vermehren: Sie verdoppeln pro Tag ihre Fläche.
- Handelt es sich um einen exponentiellen oder linearen Wachstumsvorgang? Erkläre.
- Weise nach, dass am darauffolgenden Donnerstag ca. 13 % des Teichs mit Wasserlinsen bedeckt sind.
- Wie viele Tage dauert es danach noch, bis der Teich vollständig mit Wasserlinsen bedeckt ist?

183 **Rolltreppe**

Frau Kauf und Herr Rausch fahren in den Arkaden am Potsdamer Platz Rolltreppe. Die Fahrten der beiden sind in den folgenden Diagrammen dargestellt:

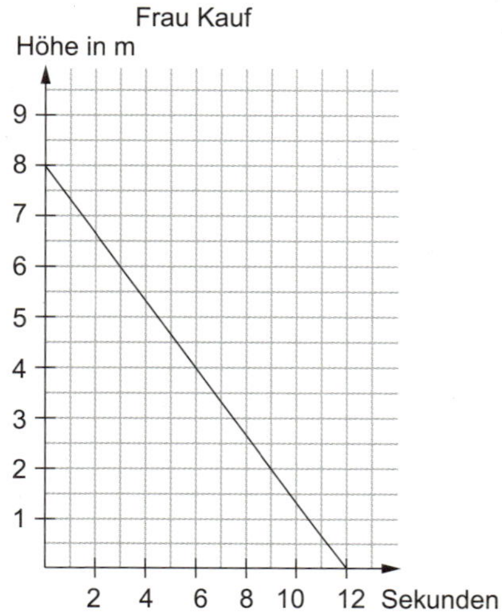

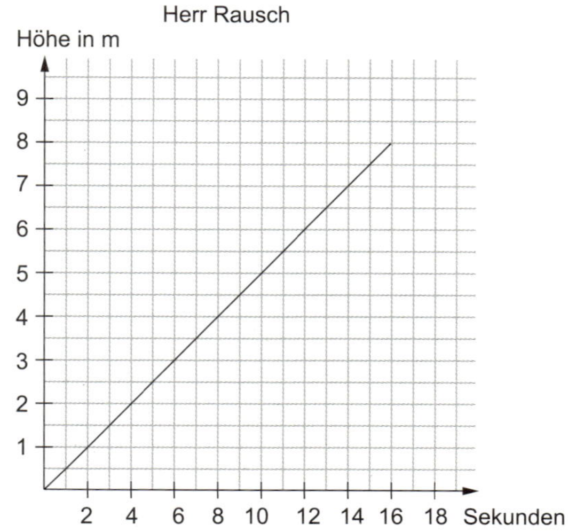

a) Was kannst du mithilfe der beiden Diagramme (Graphen) über die Geschwindigkeiten der Rolltreppen aussagen? Welche der beiden Rolltreppen ist langsamer?

* b) Bei welcher Rolltreppe ist die Fahrtzeit stets proportional zur Höhe? Begründe mithilfe der Diagramme.
Gib anschließend die Funktionsgleichungen für die beiden Graphen an.

c) Nach wie vielen Sekunden Fahrtzeit sind die beiden Rolltreppen auf derselben Höhe? Gib die Koordinaten des Treffpunktes an.

* d) 4 Sekunden nachdem die beiden die Rolltreppen betreten haben, hält die Rolltreppe von Herrn Rausch aufgrund eines technischen Defekts für 3 Sekunden an und fährt danach wieder weiter.
- Zeichne den dazugehörigen Graphen in das Diagramm von Frau Kauf.
- Lies aus der grafischen Darstellung ab, in welcher Höhe die beiden nun nach diesem Defekt aneinander vorbeifahren.

184

Briefporto

Am 1. Juli 2019 wurde das Porto für einen Standardbrief auf 80 Cent erhöht. Für das Jahr 2020 ist keine weitere Erhöhung geplant.

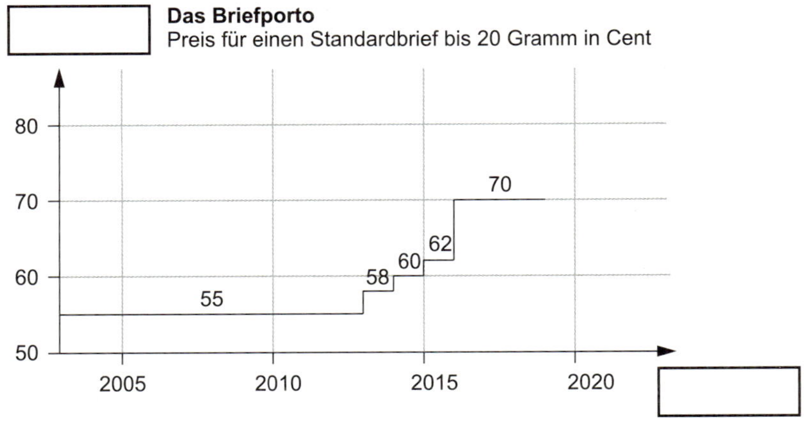

a) Ergänze im Verlaufsdiagramm die fehlenden Bezeichnungen an der x-Achse und an der y-Achse.

b) Ergänze im Diagramm den Verlauf für die Jahre 2019 und 2020.

c) Untersuche die folgenden Aussagen. Kreuze an und begründe deine Entscheidung:

	wahr	falsch
Im Jahr 2016 stieg das Porto um 0,08 €.	☐	☐
2019 stieg der Preis für einen Standardbrief um mehr als 14 %.	☐	☐
Von 2012 bis 2020 ist das Porto 4-mal erhöht worden.	☐	☐

d) Schülerinnen und Schüler einer 10 Klasse erhalten den Auftrag, die Portoerhöhung in einem Säulendiagramm darzustellen. Niko meint, in seinem Diagramm erkennt man die beiden letzten Erhöhungen sehr deutlich:

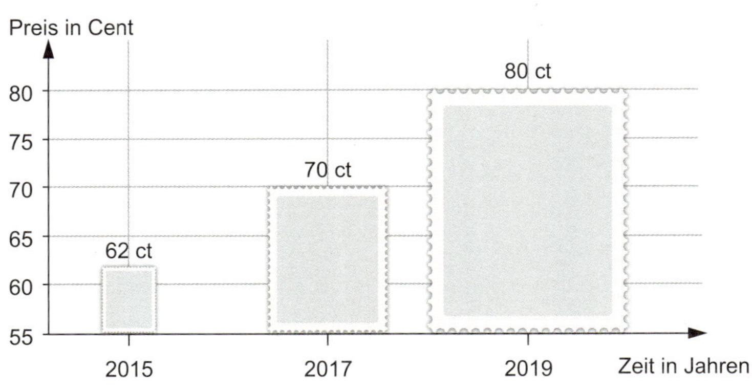

Lene hält Nikos Darstellung für falsch.
Nenne 2 Begründungen, die Lene vorbringen kann.

▶ Original-Abschlussprüfungen

Mittlerer Schulabschluss und erweiterte Berufsbildungsreife 2016 Berlin/Brandenburg Mathematik

Hinweis: Aufgaben zu anspruchsvolleren Themen sind mit einem * gekennzeichnet.

10 Punkte **Aufgabe 1**

Basisaufgaben

1 Punkt a) Geben Sie das arithmetische Mittel (Durchschnitt) der drei Werte an:
8; 40; 60

___

1 Punkt b) Stellen Sie zu folgender Formulierung die passende Gleichung auf:
Das Achtfache einer Zahl vermindert um zwölf ist gleich 36.

___

1 Punkt c) Welcher der beiden Graphen verläuft fallend?
Kreuzen Sie an.

☐ f

☐ g

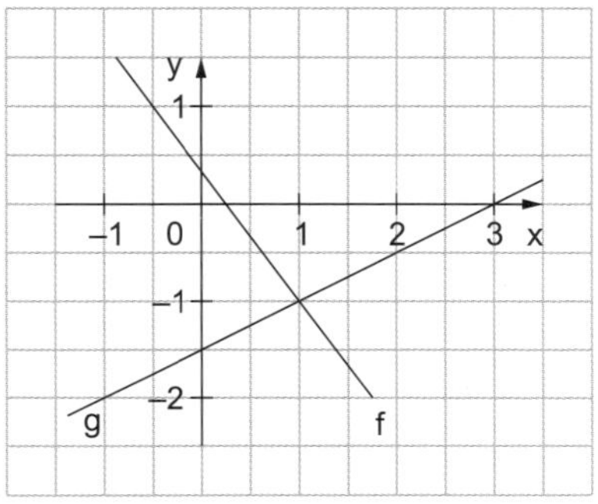

1 Punkt d) 100 g Leberwurst enthalten 30 g Fett.
Geben Sie an, wie viel Gramm Fett in 20 g Leberwurst enthalten sind.

___

1 Punkt e) Kreuzen Sie die richtige Ergänzung an.
In jedem Parallelogramm sind …

☐ benachbarte Winkel gleich groß.

☐ gegenüberliegende Winkel gleich groß.

☐ alle Winkel gleich groß.

1 Punkt f) In einer Kiste sind 100 Energiesparlampen. Davon sind 5 kaputt.
Eine Energiesparlampe wird entnommen.
Geben Sie an, mit welcher Wahrscheinlichkeit diese Energiesparlampe kaputt ist.

___

1 Punkt

g) Eine verschobene Normalparabel hat den Scheitelpunkt S(1 | 3).
Kreuzen Sie die passende Gleichung an.

☐ $y=(x+1)^2+3$ ☐ $y=(x-1)^2-3$ ☐ $y=(x-1)^2+3$

1 Punkt

h) Geben Sie $8{,}5 \cdot 10^5$ ohne abgetrennte Zehnerpotenz an.

____

1 Punkt

i) Gegeben ist der Term $\frac{a+b}{c}$.
Geben Sie den Wert des Terms für $a=2$, $b=-4$, $c=-2$ an.

____

1 Punkt

j) Aus dem abgebildeten Netz wird ein Würfel hergestellt. Die graue Fläche wird die Deckfläche.
Markieren Sie die Grundfläche.

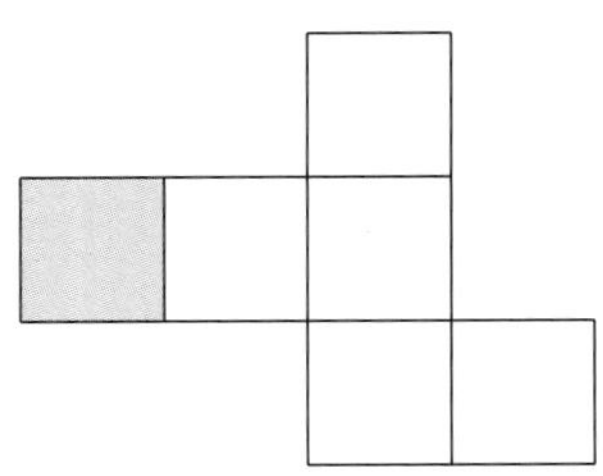

6 Punkte

Aufgabe 2

Filmpark

Im Filmpark Babelsberg wird in jedem Jahr die Anzahl der Besucher gezählt.

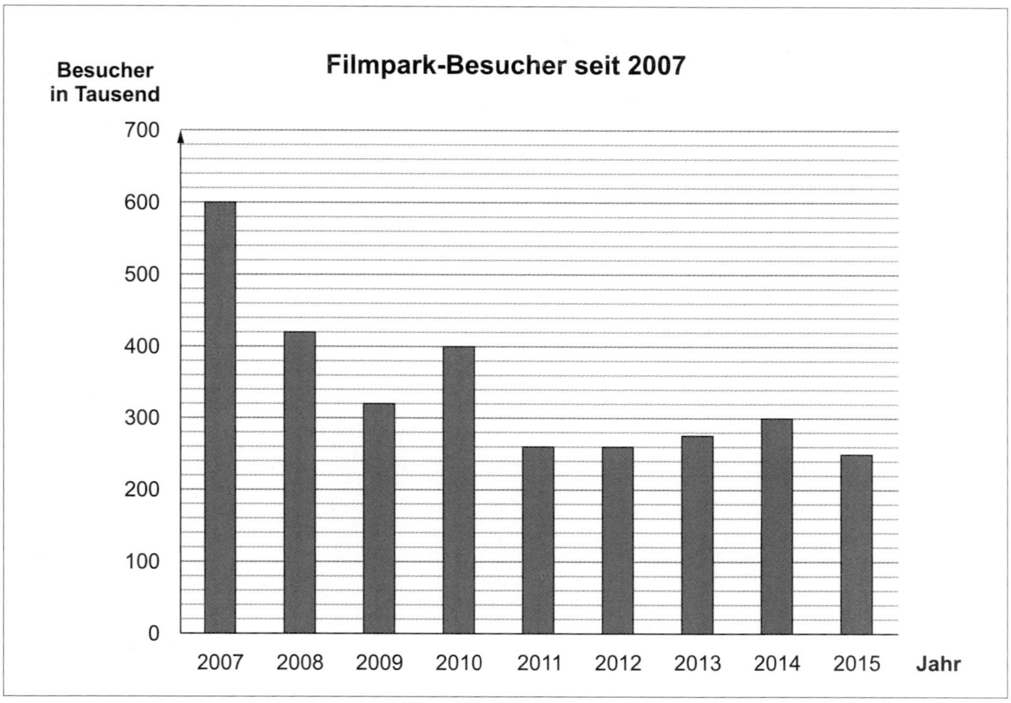

Daten nach:
Landeshauptstadt Potsdam (Hrsg.): Statistischer Informationsdienst 3/2015. Potsdam: August 2015, S. 25

1 Punkt a) Geben Sie ein Jahr an, in dem die Besucherzahl niedriger als 300 000 war.

1 Punkt b) Wie hoch war die Besucherzahl im Jahr 2015?

2 Punkte c) Berechnen Sie, um wie viel Prozent die Besucherzahl von 2009 zu 2010 gestiegen ist.

Eintrittspreise 2016	
Kinder (0–3 Jahre)	kostenlos
Kinder (4–16 Jahre)	14,00 Euro pro Person
Erwachsene	21,00 Euro pro Person
Familienkarte Filmpark 2 Erwachsene mit bis zu 3 Kindern (4–16 Jahre)	60,00 Euro
Oma-Opa-Enkel-Ticket (nur gültig Montag und Freitag) für Großeltern und bis zu 2 Enkelkinder (4–16 Jahre)	34,00 Euro

2 Punkte d) Herr und Frau Peters und ihre drei Kinder (3, 6 und 10 Jahre alt) gehen gemeinsam mit Oma und Opa an einem Freitag in den Filmpark.

Ermitteln Sie den günstigsten Eintrittspreis.

8 Punkte

Aufgabe 3

Kugelstoßen

Der Abwurfring beim Kugelstoßen ist ein Kreis mit einem Durchmesser von sieben englischen Fuß.

(1 englischer Fuß ≈ 0,305 m)

1 Punkt a) Weisen Sie nach, dass der Abwurfring einen Durchmesser von ca. 2,14 m hat.

2 Punkte b) Eine Kugelstoßanlage soll neu gebaut werden.
Ermitteln Sie dazu den Flächeninhalt des Kreises, den der Abwurfring einschließt.

3 Punkte c) Der Durchmesser einer Kugel für Männer beträgt 12 cm.
Berechnen Sie das Volumen der Kugel für Männer.

2 Punkte d) Die Kugel für Frauen hat eine Masse von 4 000 g.
Die Kugel besteht aus Stahl (Dichte: $\rho = 7{,}8\,\frac{\text{g}}{\text{cm}^3}$).
Berechnen Sie das Volumen der Kugel für Frauen.

10 Punkte

Aufgabe 4

Schilddrüsenuntersuchung

Mithilfe radioaktiver Strahlung können Erkrankungen der Schilddrüse erkannt werden.
Dazu wird dem Patienten eine Flüssigkeit mit einer kleinen Menge des radioaktiven Elements Technetium gespritzt.
Pro Stunde nimmt die Masse des Technetiums um ca. 11 % ab.

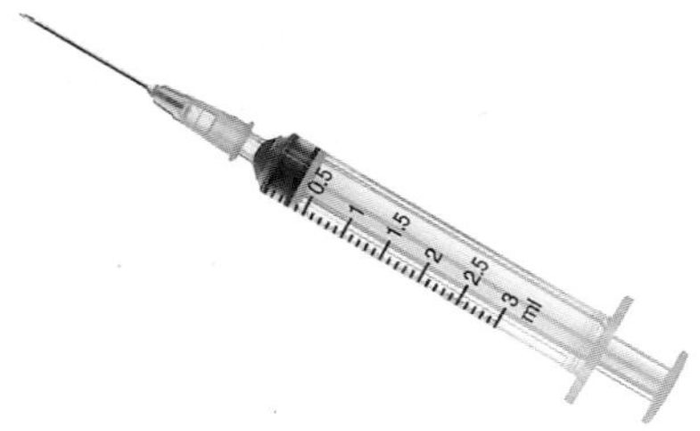

2 Punkte a) Vervollständigen Sie die Tabelle für diese Abnahme.

Zeit in h	0	1	2		5	6	8
Masse des Technetiums in mg	5,00		3,96	3,14	2,79	2,48	1,97

4 Punkte *b) Beschriften Sie das Koordinatensystem passend zur Tabelle und zeichnen Sie den Verlauf der Abnahme ein.

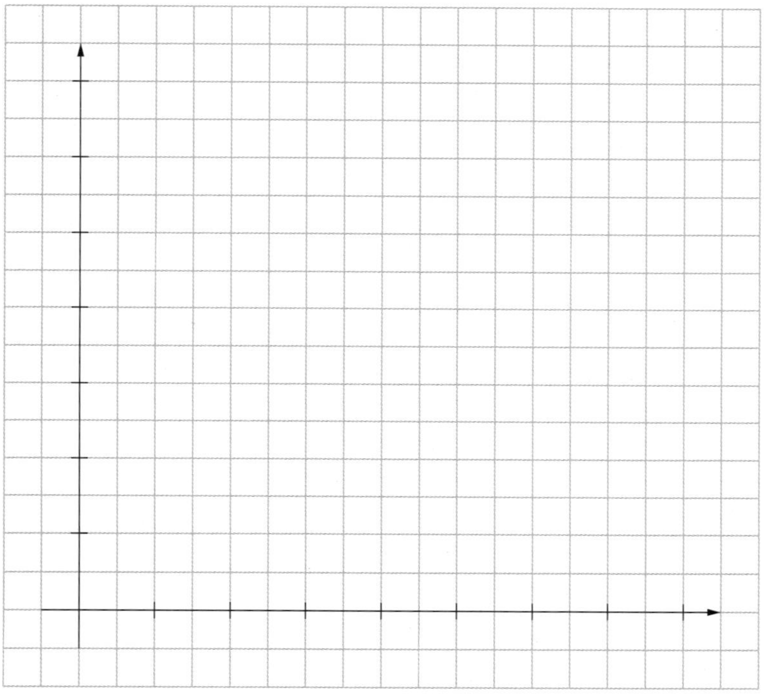

1 Punkt c) Geben Sie an, nach welcher Zeit nur noch die Hälfte der Masse des Technetiums im Körper vorhanden ist.

2 Punkte *d) Entscheiden Sie, welche der beiden Aussagen über den Abnahmeprozess richtig ist.

I:	Es handelt sich um eine lineare Abnahme.
II:	Es handelt sich um eine exponentielle Abnahme.

Begründen Sie Ihre Entscheidung.

1 Punkt *e) Geben Sie an, wie viele Milligramm Technetium nach einem Tag (24 h) noch vorhanden sind.

8 Punkte

Aufgabe 5

Gewinnspiel

Mia und Lukas bereiten ein Gewinnspiel vor.

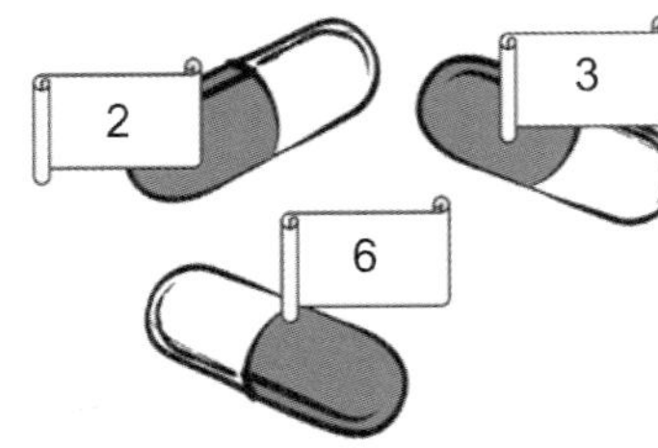

Für das Ermitteln einer dreistelligen Gewinnzahl nutzen sie drei Plastikkapseln. In jeder Kapsel befindet sich ein Zettel. Auf einem Zettel steht die Ziffer 2, auf einem anderen Zettel steht die Ziffer 3 und auf dem dritten Zettel steht die Ziffer 6.

Die Kapseln werden nacheinander gezogen.

Hintereinander gelegt, bilden die darin enthaltenen Ziffern die dreistellige Gewinnzahl.

1 Punkt a) Geben Sie die größte dreistellige Gewinnzahl an, die auf diese Weise gebildet werden kann.

2 Punkte b) • Geben Sie alle möglichen dreistelligen Gewinnzahlen an.
• Geben Sie an, mit welcher Wahrscheinlichkeit die dreistellige Gewinnzahl eine gerade Zahl ist.

Mia und Lukas haben Lose verkauft, die mit den dreistelligen Zahlen von 101 bis 900 beschriftet sind.

Danach wurde die Gewinnzahl 326 gezogen.

Die Gewinner werden nach dem nebenstehenden Gewinnplan ermittelt.

2 Punkte c) Die Wahrscheinlichkeit, mit nur einem gekauften Los den Hauptpreis zu gewinnen, beträgt $\frac{1}{800}$.
Begründen Sie diese Aussage.

3 Punkte * d) Anne hat ein Los gekauft. Sie öffnet es vorsichtig.
Sie sieht zuerst die **letzte** Ziffer 6 und sagt:
„Ich habe eine Gewinnchance von $\frac{7}{80}$ auf eine Tafel Schokolade."
Hat sie recht? Begründen Sie.

11 Punkte

Aufgabe 6

Ausflug

Die Klasse 10b plant eine Klassenfahrt in eine Jugendherberge.
Die Klassenlehrerin fragt bei zwei Busunternehmen die Fahrpreise an.

Busunternehmen	Grundpreis	Preis pro gefahrenem Kilometer
Sonnenschein	200 Euro	1,50 Euro
Reiselust	---	2,00 Euro

Die Grafik veranschaulicht die entstehenden Fahrtkosten in Abhängigkeit von den gefahrenen Kilometern.

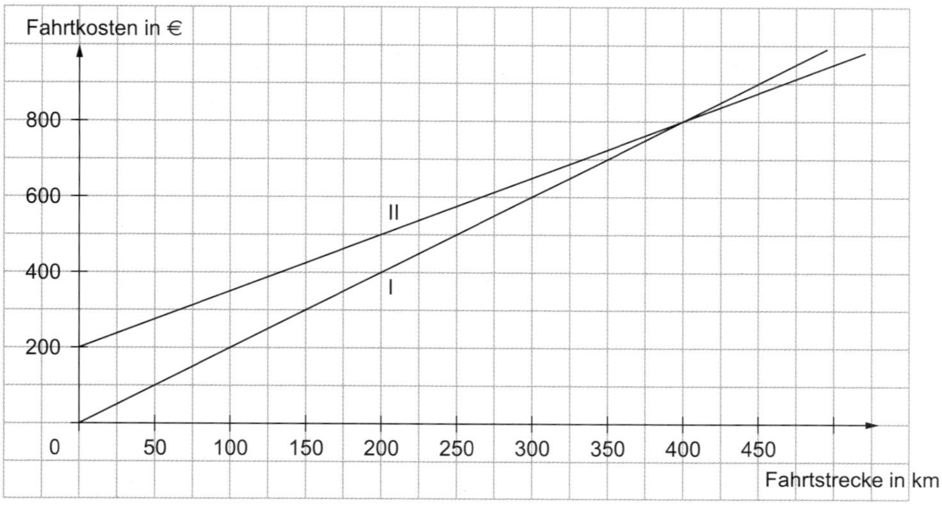

2 Punkte a) • Ordnen Sie jedem Graphen ein Busunternehmen zu.
• Begründen Sie Ihre Zuordnung für das Unternehmen „Sonnenschein".

3 Punkte b) Eines der beiden Busunternehmen soll für die **Hin- und Rückfahrt** gebucht werden. Die Jugendherberge ist 175 km entfernt.
• Geben Sie an, welches Busunternehmen günstiger ist.
• Bleibt dieses Busunternehmen bei einer zusätzlichen Tagesfahrt von 100 km das günstigere?
Begründen Sie Ihre Entscheidung.

2 Punkte * c) Geben Sie die Funktionsgleichung an, die zu dem Graphen II gehört.

4 Punkte * d) In der Jugendherberge gibt es Drei-Bett-Zimmer und Fünf-Bett-Zimmer. Es stehen 16 Zimmer mit insgesamt 66 Betten zur Verfügung.
Ermitteln Sie die Anzahl der Drei-Bett-Zimmer und der Fünf-Bett-Zimmer.

7 Punkte

Aufgabe 7

Spreewaldwiese

Im Spreewald gibt es viele sumpfige Wiesen.
Um vom Ausflugslokal A zur Brücke bei D zu gelangen, musste man bisher am Bioladen C vorbei.

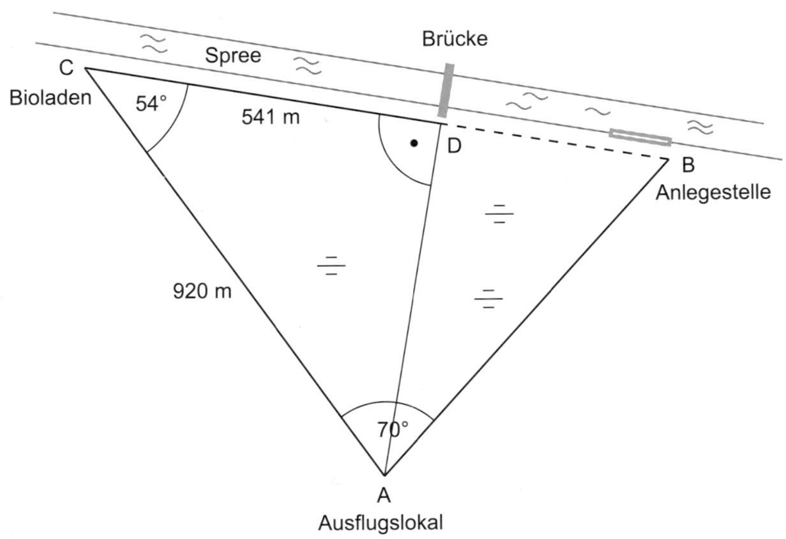

(Abbildung nicht maßstabsgerecht)

1 Punkt

a) Berechnen Sie die Länge des Weges, den ein Besucher vom Ausflugslokal A über den Bioladen C zur Brücke bei D bisher zurücklegen musste.

2 Punkte

b) Über die Wiese wird ein neuer Weg vom Ausflugslokal A direkt zur Brücke bei D gebaut.

Ermitteln Sie die Länge des Weges $\overline{AD}$.

4 Punkte

*c) Um von der Anlegestelle B direkt zur Brücke bei D gehen zu können, wird auch hier ein neuer Weg $\overline{BD}$ gebaut.

Ermitteln Sie die Länge des Weges $\overline{BD}$.

Mittlerer Schulabschluss und erweiterte Berufsbildungsreife 2017
Berlin/Brandenburg Mathematik

Hinweis: Aufgaben zu anspruchsvolleren Themen sind mit einem * gekennzeichnet.

10 Punkte

Aufgabe 1

Basisaufgaben

1 Punkt a) Schraffieren Sie $\frac{6}{7}$ des Rechtecks.

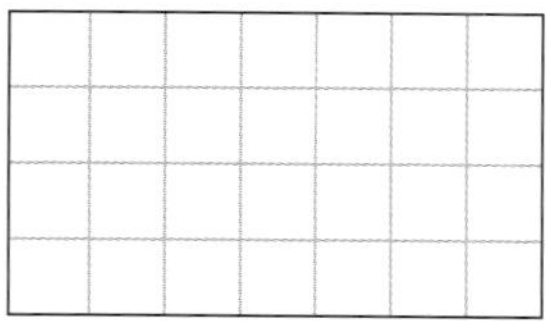

1 Punkt b) Eine Bohrmaschine kostet 120,00 €. An der Kasse erhält man 20 % Rabatt.
Geben Sie den Rabatt in Euro an.

1 Punkt c) Die Abbildung zeigt ein Schrägbild eines Körpers.
Kreuzen Sie an, welcher Körper abgebildet ist.

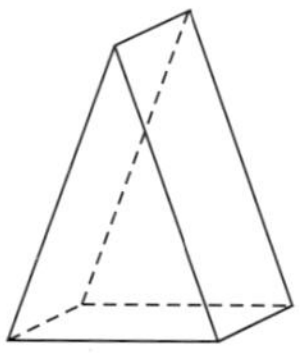

☐ Pyramide

☐ Prisma

☐ Quader

1 Punkt d) Kreuzen Sie an, welche der folgenden Gleichungen für dieses Dreieck gilt.

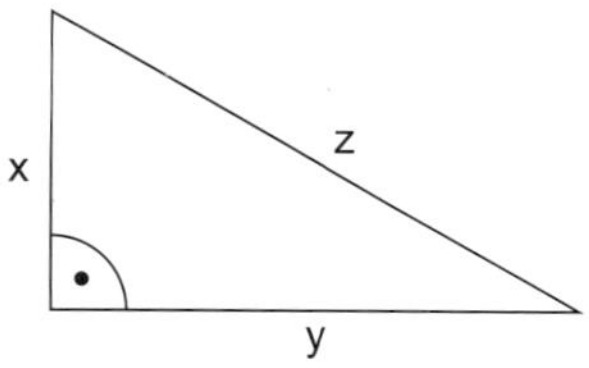

☐ $x^2 = y^2 + z^2$ ☐ $z^2 = x^2 - y^2$ ☐ $z^2 \cdot y^2 = x^2$ ☐ $z^2 = x^2 + y^2$

1 Punkt e) Kreuzen Sie die kleinste Zahl an.

☐ $-0{,}01$ ☐ -10^3 ☐ -10^2 ☐ $-0{,}1$

1 Punkt f) Zwei gleiche Münzen werden gleichzeitig geworfen.
Es wird unterschieden, ob Zahl (Z) oder Wappen (W) oben liegt.
Geben Sie die Anzahl der möglichen Ergebnisse an.

1 Punkt g) Schreiben Sie die Zahl 100 000 als Zehnerpotenz.

1 Punkt h) Geben Sie den Durchschnitt (das arithmetische Mittel) der vorgegebenen Längen an.

1,8 m 1,7 m 1,6 m 1,7 m

1 Punkt i) Das Dreifache einer Zahl wird um fünf vermindert.

Kreuzen Sie den dazu passenden Term an.

☐ $3(x-5)$ ☐ $5-3x$ ☐ $3x-5$ ☐ $3x-5x$

1 Punkt j) Geben Sie für das abgebildete Dreieck die Gleichung für $\sin\beta$ an.

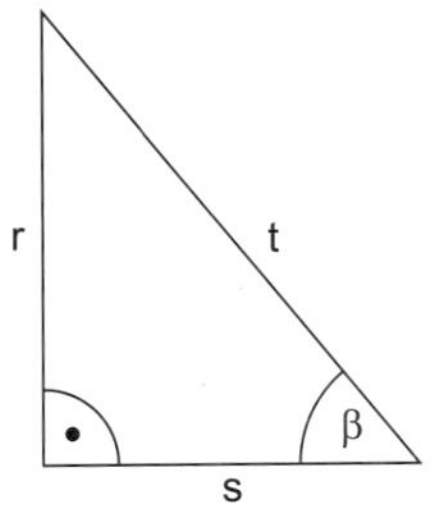

6 Punkte

Aufgabe 2

Neugeborene

Im Jahr 2013 wurden in Deutschland 682 069 Kinder geboren.
Das waren 8 512 Kinder mehr als im Jahr davor.

1 Punkt

a) Geben Sie an, wie viele Kinder im Jahr 2012 in Deutschland geboren wurden.

Im Jahr 2013 geboren als	Anteil in Prozent (%)
erstes Kind der Mutter	49,4
zweites Kind der Mutter	34,4
drittes Kind der Mutter	11,2
viertes Kind oder weiteres Kind der Mutter	5,0

2 Punkte

*b Professor Zeisel sagt: „Die Angaben in der Tabelle zeigen, dass mehr als die Hälfte der im Jahr 2013 geborenen Kinder mindestens ein Geschwisterkind haben.“

Geben Sie eine Begründung für die Aussage des Professors an.

3 Punkte

c) Im Kreisdiagramm ist ein Anteil aus der Tabelle farbig dargestellt.

Beschriften Sie diesen farbigen Anteil.

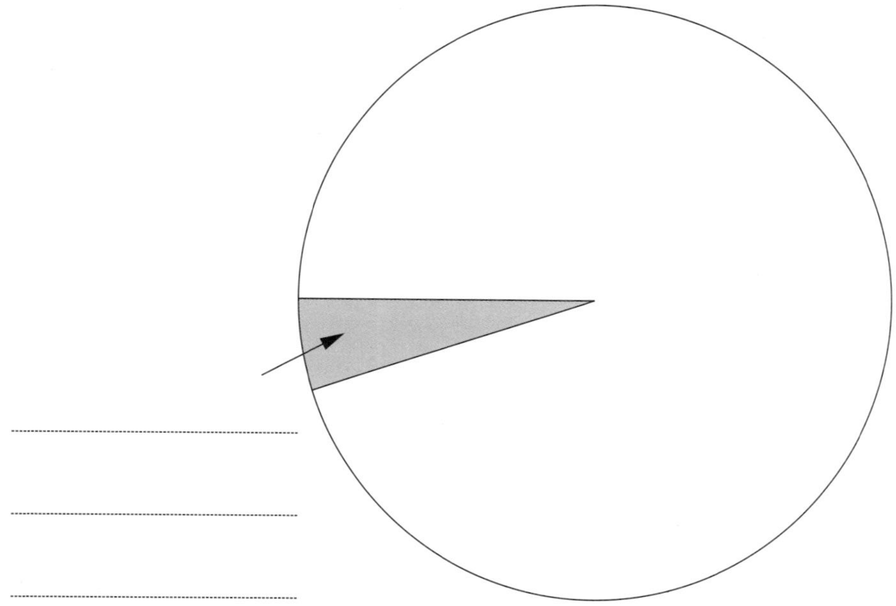

Berechnen Sie die Winkelgröße, die der Anteil für „drittes Kind der Mutter“ haben muss.

Zeichnen Sie den Anteil für „drittes Kind der Mutter“ in das Kreisdiagramm ein und beschriften Sie diesen Anteil.

10 Punkte

Aufgabe 3

Swimmingpool

Familie Sommer hat einen Swimmingpool gebaut.
Er hat eine Tiefe von $h = 2$ m und folgende Grundfläche:

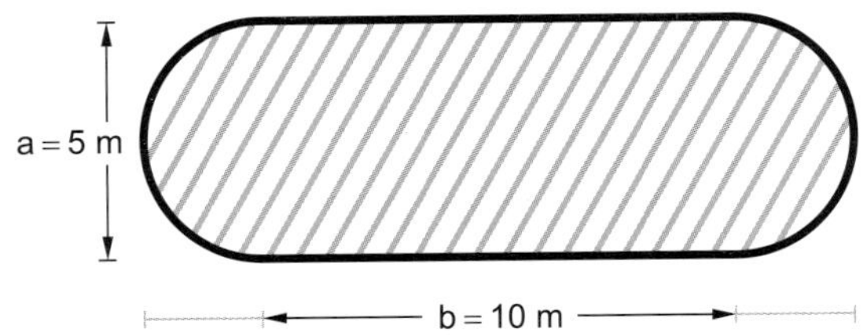

(Skizze nicht maßstabsgerecht)

2 Punkte — a) Geben Sie an, aus welchen Teilflächen sich die Grundfläche des Swimmingpools zusammensetzt.

3 Punkte — b) Berechnen Sie die Größe der Grundfläche des Swimmingpools.

3 Punkte — * c) Entscheiden Sie, ob die folgenden Formeln dazu geeignet sind, das Volumen des Swimmingpools zu ermitteln. Kreuzen Sie an.

Formel	**geeignet**	**nicht geeignet**
$V = \left(a + b + \pi + \left(\frac{a}{2}\right)^2\right) \cdot h$	☐	☐
$V = \left(a \cdot b + \pi \cdot \left(\frac{a}{2}\right)^2\right) \cdot h$	☐	☐
$V = \pi \cdot \left(\frac{a}{2}\right)^2 \cdot h + a \cdot b \cdot h$	☐	☐

2 Punkte — d) Eine Filterpumpe reinigt 17 500 Liter Wasser in einer Stunde.
In den Swimmingpool von Familie Sommer passen ca. 140 m^3 Wasser.

Ermitteln Sie, wie viele Stunden die Filterpumpe benötigt, um die 140 m^3 Wasser des Swimmingpools zu reinigen.

7 Punkte

Aufgabe 4

Dachausbau

Der Dachboden eines Hauses soll ausgebaut werden.
Die Skizze zeigt den Querschnitt des Dachbodens.

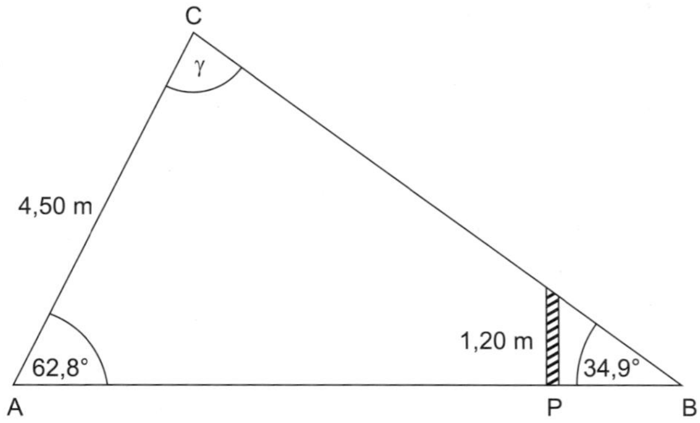

(Skizze nicht maßstabsgerecht)

1 Punkt — a) Geben Sie die Größe des Winkels γ an.

2 Punkte — b) Im Dachboden soll eine senkrechte Wand gebaut werden. Sie reicht bis zur Dachschräge $\overline{BC}$ und ist 1,20 m hoch.

Berechnen Sie, wie viel Meter der Fußpunkt P der Wand vom Punkt B entfernt sein muss.

4 Punkte — * c) Zur Wärmedämmung sollen die beiden gefärbten Dachflächen isoliert werden.

Berechnen Sie die Länge der Dachschräge $\overline{BC}$.

Der Dachboden hat eine Länge von 8,00 m.

Berechnen Sie, wie viele m^2 Dachfläche isoliert werden müssen.

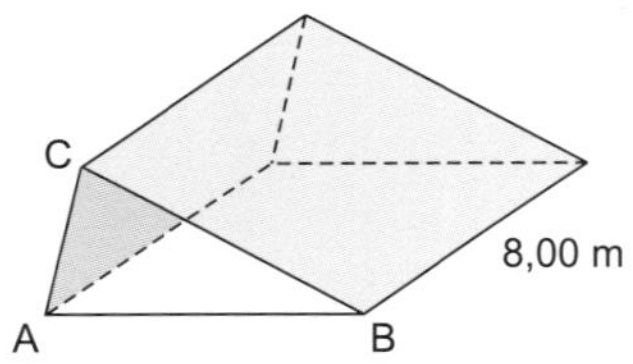

12 Punkte

Aufgabe 5

Funktionen

3 Punkte

a) Die Gerade g ist der Graph einer linearen Funktion.
Sie verläuft durch die Punkte K(–4|–1) und L(2|2).

Zeichnen Sie die Gerade g in ein Koordinatensystem.

Weisen Sie nach, dass $y = \frac{1}{2}x + 1$ eine Gleichung für die Gerade g ist.

2 Punkte

b) Der Punkt A(–10|y) liegt auf der Geraden g mit der Gleichung $y = \frac{1}{2}x + 1$.
Berechnen Sie die y-Koordinate des Punktes A.

Die Abbildung zeigt die Parabel p mit der Gleichung: $y = (x+3)^2 - 2$

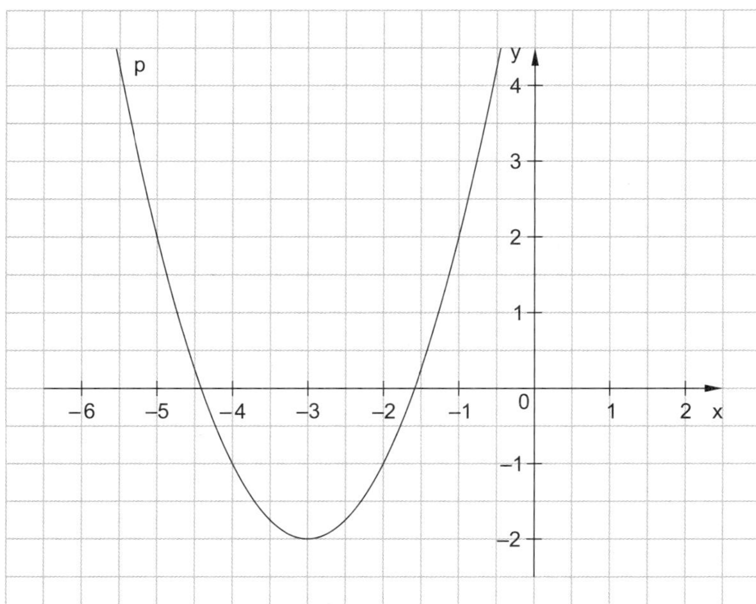

1 Punkt

c) Geben Sie die Koordinaten des Scheitelpunktes der Parabel p an.

S(|)

4 Punkte

* d) Weisen Sie nach, dass die Gleichung für die Parabel p in der Form $y = x^2 + 6x + 7$ geschrieben werden kann.

Berechnen Sie die Nullstellen dieser Funktion.

2 Punkte

* e) Die Parabel q entsteht, wenn man die Parabel p um zwei Einheiten nach oben verschiebt und anschließend an der x-Achse spiegelt.

Geben Sie eine Gleichung der Parabel q an.

6 Punkte

Aufgabe 6

Zahlenschloss

Die Abbildung zeigt ein Zahlenschloss.
Auf jedem Zahlenring können die Ziffern 0; 1; 2; …; 9 eingestellt werden.
Hier ist die Ziffernfolge 1 – 2 – 3 eingestellt.

2 Punkte

a) Jan möchte sein Schloss öffnen. Auf den ersten beiden Ringen stellt er die richtigen Ziffern 2 – 2 ein.
Die Ziffer auf dem dritten Ring hat er vergessen.

Wie groß ist die Wahrscheinlichkeit, dass er die dritte Ziffer beim ersten Versuch richtig einstellt?
Geben Sie das Ergebnis als Bruch und in Prozent an.

4 Punkte

*b) Ida hat ihre Geheimnummer vergessen. Sie weiß noch, dass sie die Ziffern 5, 7 und 9 verwendet hat und jede Ziffer nur einmal vorkommt.

Geben Sie die Anzahl aller möglichen dreistelligen Geheimnummern an.

Geben Sie die Wahrscheinlichkeit dafür an, dass Ida die richtige Geheimnummer beim ersten Versuch einstellt.

Ermitteln Sie die Wahrscheinlichkeit dafür, dass Ida die richtige Geheimnummer spätestens beim zweiten Versuch einstellt.

9 Punkte

Aufgabe 7

Luftdruck

In Höhe des Meeresspiegels (0 km Höhe) beträgt der Luftdruck ungefähr 1 000 hPa (Hektopascal).

Je höher man in der Erdatmosphäre steigt, desto geringer wird der Luftdruck. Er nimmt pro Kilometer um 13 % ab.

2 Punkte a) Ergänzen Sie die fehlenden Werte in der Tabelle.

Höhe in km	0	1	2	3	5	8	10
Luftdruck in hPa	1 000	870		659	498		248

4 Punkte b) Vervollständigen Sie das Koordinatensystem und stellen Sie den Luftdruck in Abhängigkeit von der Höhe dar.

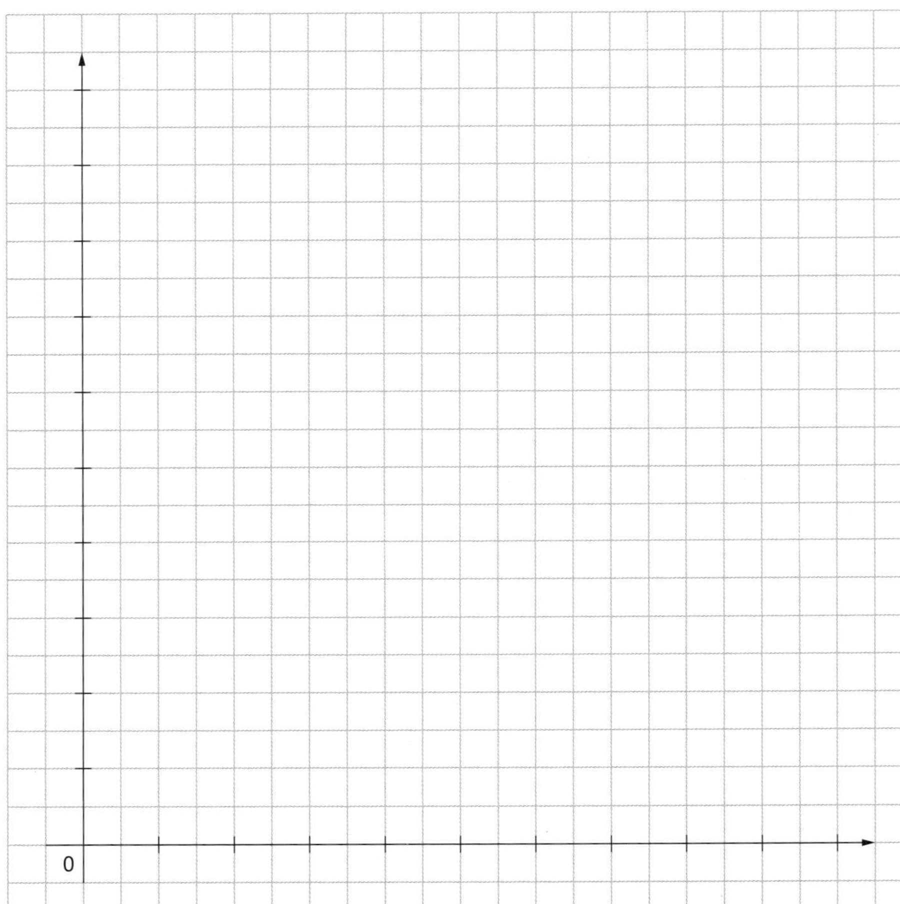

1 Punkt * c) Die Abnahme des Luftdrucks kann mit einer Funktionsgleichung beschrieben werden.

Kreuzen Sie die richtige Gleichung an.

☐ $y = 0{,}87 \cdot x$ ☐ $y = 1\,000 \cdot 0{,}87^x$ ☐ $y = x^{1{,}13}$ ☐ $y = 1\,000 \cdot 1{,}13^x$

2 Punkte d) Ein Bergsteiger misst einen Luftdruck von 573 hPa.

Entscheiden Sie, ob er sich in ca. 4 km Höhe befinden kann.

Begründen Sie.

Mittlerer Schulabschluss und erweiterte Berufsbildungsreife 2018 Berlin/Brandenburg Mathematik

Hinweis:
Aufgaben zu anspruchsvolleren Themen sind mit einem Stern (*) gekennzeichnet.

10 Punkte

Aufgabe 1

Basisaufgaben

1 Punkt

a) Bestimmen Sie $\frac{3}{4}$ von 1,2 kg.

1 Punkt

b) Von einem 5 m langen Stab werden fünf Teile von je 30 cm abgesägt.
Geben Sie an, wie lang das restliche Stück des Stabes ist.

1 Punkt

c) Kreuzen Sie an, für welche Gleichung gilt: $x = -2$

☐ $4x - 8 = 0$ ☐ $2x + 10 = 2$ ☐ $5x + 12 = 2$ ☐ $-2x + 4 = 0$

1 Punkt

d) Setzen Sie das richtige Zeichen (<, > oder =) ein.

5 % ☐ 0,5

1 Punkt

e) Geben Sie 3,5 Stunden (h) in Minuten (min) an.

3,5 h = ________ min

1 Punkt

f) Das Rechteck hat einen Umfang $u = 26$ cm.
Geben Sie die Länge der Seite b an.

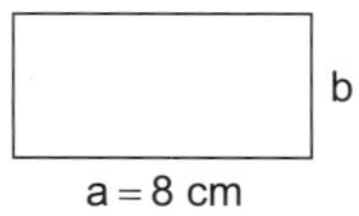

(Skizze nicht maßstabsgerecht)

1 Punkt

g) Kreuzen Sie an, welche Gleichung für die Berechnung des Winkels β geeignet ist.

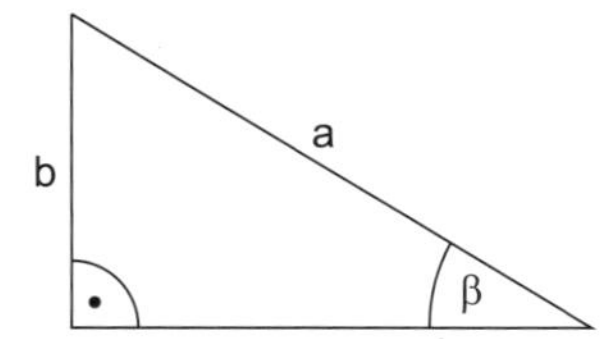

☐ $\sin\beta = \frac{a}{b}$

☐ $\cos\beta = \frac{a}{b}$

☐ $\sin\beta = \frac{b}{a}$

1 Punkt

h) Das Dreieck wird an der Geraden g gespiegelt. Dann bildet das ursprüngliche Dreieck zusammen mit dem gespiegelten Dreieck ein Viereck.

Wie heißt dieses Viereck?

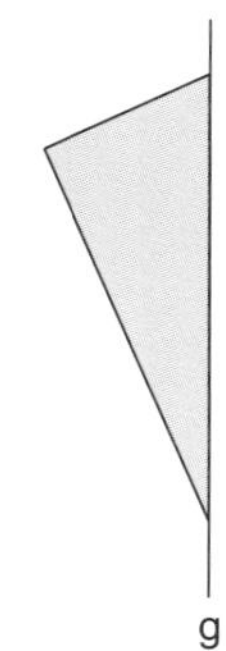

1 Punkt

i) Kreuzen Sie an, welcher Körper zu diesem Netz gehört.

☐ Prisma

☐ Pyramide

☐ Quader

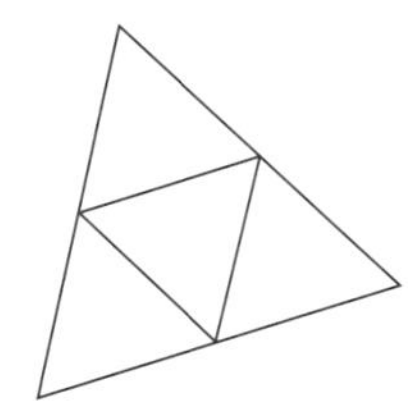

1 Punkt

j) Ein Glücksrad hat 5 gleich große Felder: rote, grüne und weiße.
Die Wahrscheinlichkeit, beim einmaligen Drehen auf ein rotes Feld zu treffen, liegt bei 40 %.

Geben Sie an, wie viele Felder rot sind.

6 Punkte

Aufgabe 2

Start-up

In der Tabelle stellt ein Berliner Start-up-Unternehmen die Entwicklung seiner Umsätze dar.

Jahr	2013	2014	2015	2016	2017
Umsatz in €	600 000	648 000	699 840	755 827	816 293

Das Unternehmen gibt an, dass es immer ein jährliches Wachstum von 8 % erreicht.

2 Punkte a) Zeigen Sie, dass diese Aussage für das Jahr 2014 richtig ist.

2 Punkte *b) Eine Überprüfung ergab, dass die Umsätze tatsächlich jährlich um 8 % steigen. Entscheiden und begründen Sie, ob lineares oder exponentielles Wachstum vorliegt.

2 Punkte c) Geben Sie an, in welchem Jahr der Umsatz erstmals höher als 1 000 000 € sein wird (gleiches Wachstum vorausgesetzt).

Wie hoch wird in dem ermittelten Jahr der Umsatz sein?

10 Punkte

Aufgabe 3

Lieblingsessen

1 000 Jugendliche wurden nach ihren Lieblingsessen befragt.

Lieblingsessen	Anzahl
Schnitzel	80
Pizza	90
Kartoffelgerichte	160
Gemüsegerichte	160
Fischgerichte	110
Pasta	?
Salat	?

2 Punkte

a) Die in der Tabelle aufgeführten Angaben wurden in einem Balkendiagramm dargestellt.
Beschriften Sie die Einteilung an der Achse „Anzahl" passend.
Ordnen Sie den Balken die Lieblingsessen zu.

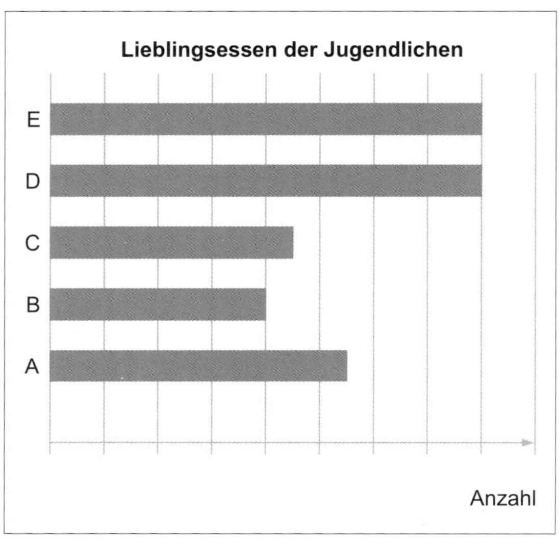

E: ______________________

D: ______________________

C: ______________________

B: ______________________

A: ______________________

2 Punkte

b) In der Tabelle fehlen zwei Angaben.
Bekannt ist: Die Anzahl der Jugendlichen, die Pasta als Lieblingsessen angegeben haben, ist dreimal höher als die Anzahl der Jugendlichen, die Salat als Lieblingsessen bevorzugen.

Ermitteln Sie die fehlenden Angaben.

Frauen wurden nach ihrem Essverhalten befragt.

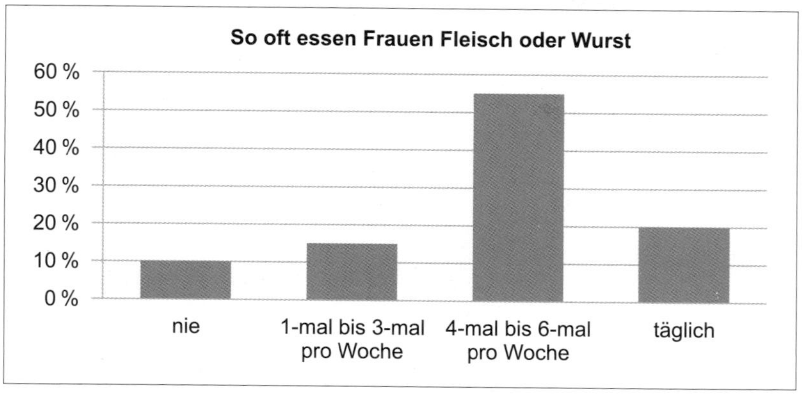

2 Punkte

c) Zeichnen Sie zu dem oben dargestellten Essverhalten der Frauen ein Streifendiagramm.

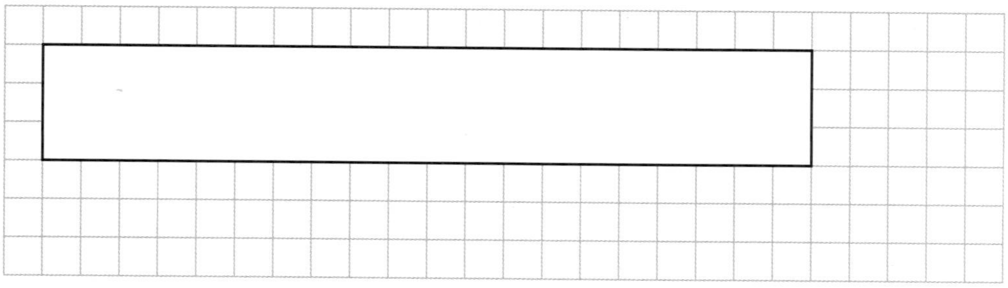

4 Punkte

*d) Untersuchen Sie die beiden Aussagen. Kreuzen Sie an.
Geben Sie jeweils eine Begründung an.

Aussage	**richtig**	**falsch**	**nicht entscheidbar**
Weniger als die Hälfte der Frauen essen 4-mal bis 6-mal in der Woche Fleisch oder Wurst.	☐	☐	☐
Begründung:			
Jede 15. Frau isst 1-mal bis 3-mal in der Woche Fleisch oder Wurst.	☐	☐	☐
Begründung:			

8 Punkte

Aufgabe 4

Berghöhe

Tim möchte mit einem Messgerät die Höhe des Hasenberges bestimmen.
Auf der Bergspitze C befindet sich eine 12,0 m hohe Aussichtsplattform D.
Vom Punkt A misst er die zwei Winkelgrößen 30° und 35°.
Der Punkt A liegt 1,5 m über dem Boden.

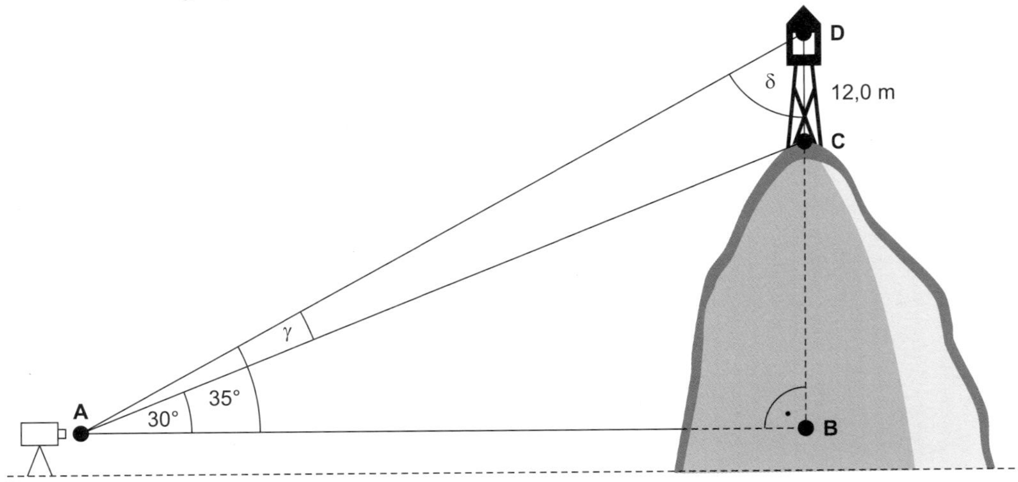

(Skizze nicht maßstabsgerecht)

1 Punkt a) Geben Sie die Größe des Winkels γ an.

1 Punkt b) Tim gibt die Größe des Winkels δ mit 55° an.
Begründen Sie die Richtigkeit von Tims Angabe.

Tim hat für $\overline{AC}$ eine Länge von 112,8 m bestimmt.

2 Punkte * c) Bestätigen Sie diese Angabe durch eine geeignete Rechnung.

4 Punkte d) Ermitteln Sie die Höhe des Hasenberges.
Geben Sie an, auf welcher Höhe über dem Boden sich die Aussichtsplattform D befindet.

10 Punkte

Aufgabe 5

Parabeln

Im Koordinatensystem ist der Graph p der quadratischen Funktion $p(x) = x^2 - 4x + 2$ dargestellt.

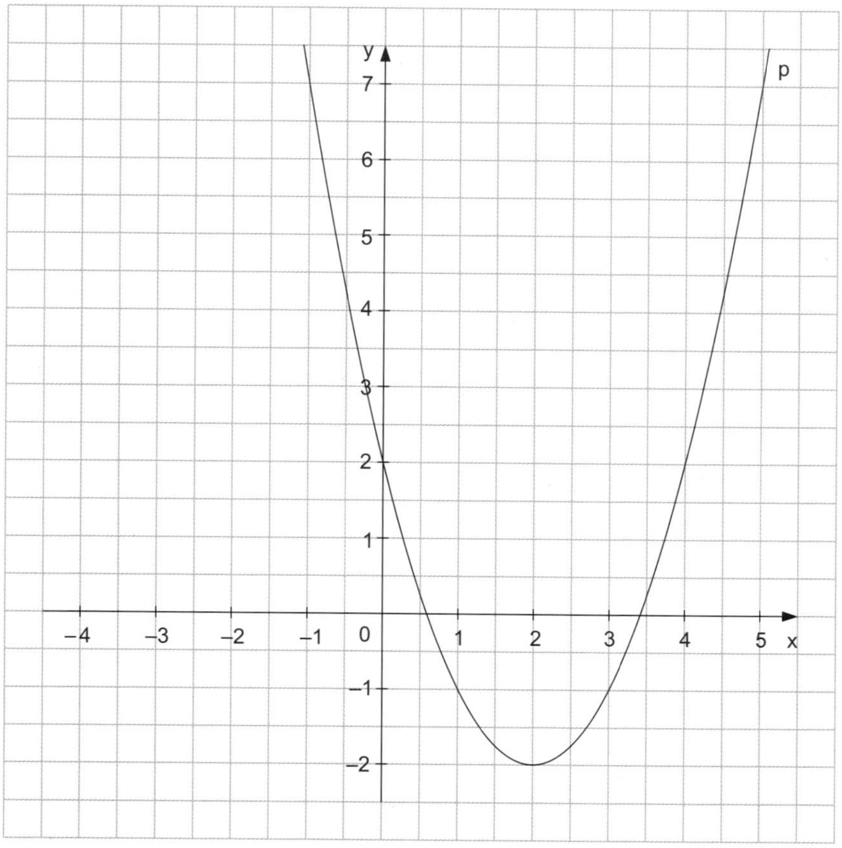

3 Punkte

a) Entscheiden Sie, ob die folgenden Aussagen wahr (w) oder falsch (f) sind. Kreuzen Sie an.

Aussagen	**w**	**f**
Der Punkt (–1 | 7) liegt auf der Parabel p.	☐	☐
Die Parabel p ist eine um 2 Einheiten nach rechts und 2 Einheiten nach unten verschobene Normalparabel.	☐	☐
Der Schnittpunkt der Parabel p mit der y-Achse hat die Koordinaten (2 | 0).	☐	☐

1 Punkt

b) Geben Sie die Koordinaten des Scheitelpunktes an.

S(|)

2 Punkte

*c) Geben Sie die Gleichung von p(x) in der Scheitelpunktform an.

4 Punkte

*d) Der Scheitelpunkt einer Normalparabel q liegt auf der y-Achse.
Die Parabel q hat keine Nullstellen.
Skizzieren Sie eine mögliche Parabel q in das Koordinatensystem.

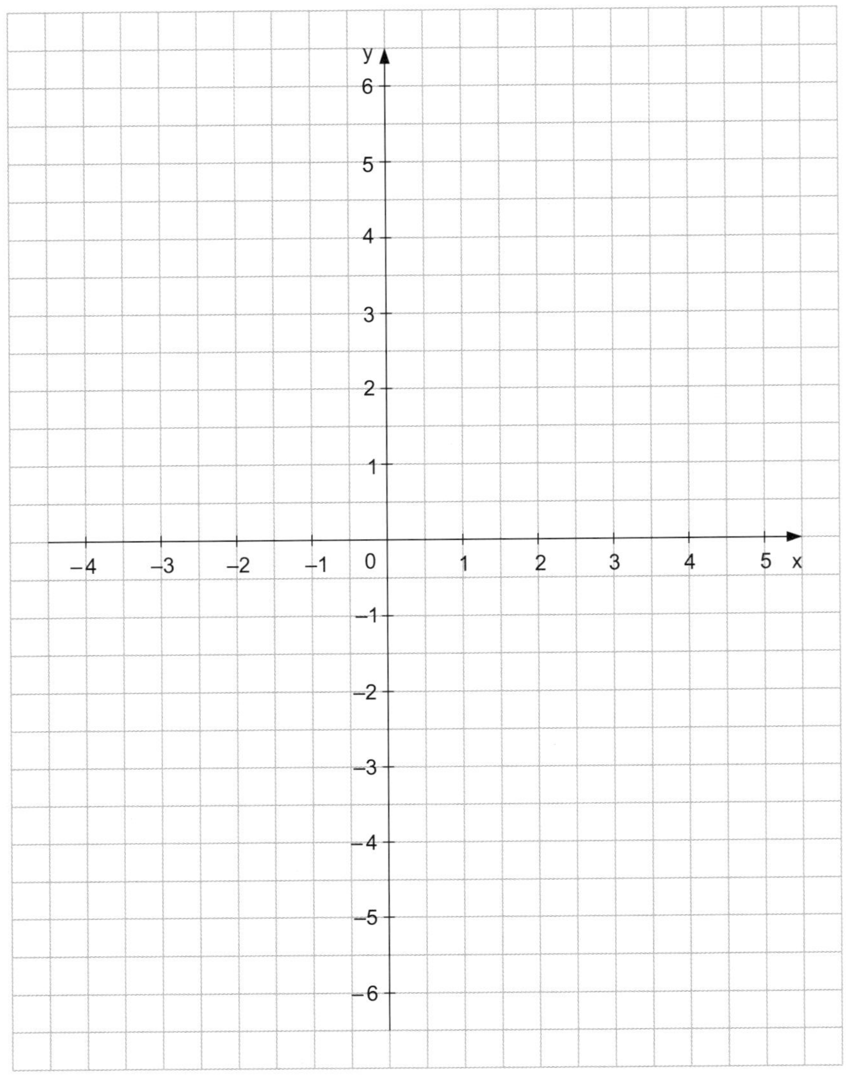

Geben Sie eine Gleichung für Ihre Parabel q an.

Die Parabel q wird an der x-Achse gespiegelt.
Geben Sie eine Gleichung für die gespiegelte Parabel q' an.

9 Punkte

Aufgabe 6

Fuchsturm

Der Fuchsturm ist ein beliebtes Ausflugsziel in der Stadt Jena.

Der Turm hat einen Durchmesser d von 6,4 m und eine Gesamthöhe h von 30,0 m.

3 Punkte

a) Die Rasenfläche um den Turm soll erneuert werden.
Sie ist 20,0 m lang und 12,0 m breit.

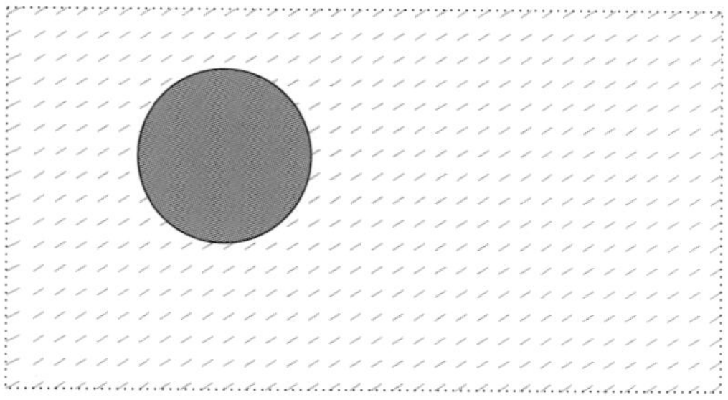

(Skizze nicht maßstabsgerecht)

Berechnen Sie die zu erneuernde Rasenfläche.

2 Punkte

b) Die 21,7 m hohe Außenmauer des zylinderförmigen Turmes wurde im Jahr 2007 renoviert.

Berechnen Sie die Fläche der Außenmauer.

2 Punkte

c) Ein Modell des Fuchsturmes soll im Maßstab 1 : 50 gebaut werden.

Geben Sie die Höhe h und den Durchmesser d des Modells an.

2 Punkte

*d) Die Dachkonstruktion des Turmes ist in der Skizze vereinfacht dargestellt.
Die Höhe des kegelförmigen Daches ist bekannt.

Beschreiben Sie eine Möglichkeit, wie die Länge eines Dachbalkens ermittelt werden kann.

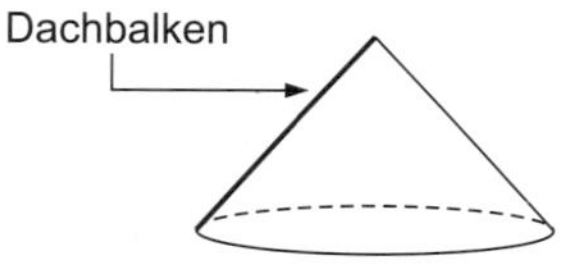

(Skizze nicht maßstabsgerecht)

7 Punkte

Aufgabe 7

Pfannkuchen

Eva backt für eine Feier Pfannkuchen:

14 Pfannkuchen mit Marmeladenfüllung und
2 Pfannkuchen mit Senffüllung.

Die Füllung ist von außen nicht zu erkennen.

1 Punkt a) Geben Sie an, wie viel Prozent der Pfannkuchen mit Senf gefüllt sind.

2 Punkte b) Tom hat sich als Erster zwei Pfannkuchen genommen. Beide waren mit Marmelade gefüllt.
Pia sagt: „Die Wahrscheinlichkeit, jetzt einen Pfannkuchen mit Senffüllung zu greifen, beträgt $\frac{2}{16}$."

Entscheiden Sie, ob Pia recht hat. Begründen Sie Ihre Entscheidung.

Eva hat für eine andere Feier wieder 14 Pfannkuchen mit Marmeladenfüllung und 2 Pfannkuchen mit Senffüllung gebacken.
Der erste Gast greift zufällig nacheinander zwei Pfannkuchen.

4 Punkte *c) Der erste Gast erwischt dabei mindestens einen Pfannkuchen mit Senffüllung. Nennen Sie alle möglichen Ereignisse, die dabei auftreten können.

Ermitteln Sie die Wahrscheinlichkeit P dafür, dass der erste Gast in beiden Pfannkuchen Marmelade hat.

Formulieren Sie das Ereignis E in Worten, dessen Wahrscheinlichkeit durch diese Rechnung beschrieben wird:

$$P(E) = \frac{2}{16} \cdot \frac{1}{15} + \frac{14}{16} \cdot \frac{13}{15}$$

Mittlerer Schulabschluss und erweiterte Berufsbildungsreife 2019 Berlin/Brandenburg Mathematik

Hinweis:
Aufgaben zu anspruchsvolleren Themen sind mit einem Stern * gekennzeichnet.

10 Punkte

Aufgabe 1

Basisaufgaben

1 Punkt

a) Geben Sie die Größe des Winkels β an.

$\beta =$ ____________

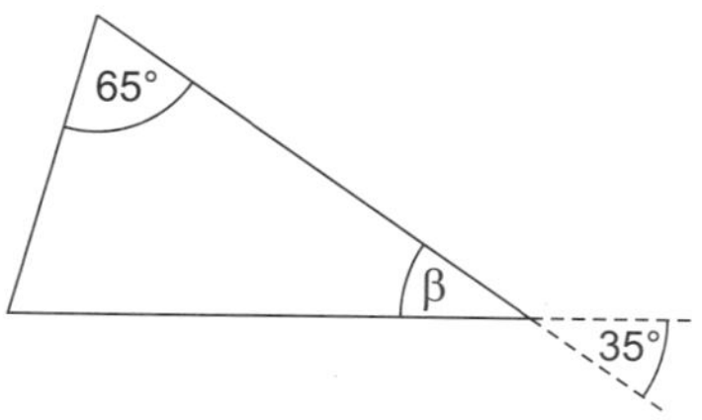

(Skizze nicht maßstabsgerecht)

1 Punkt

b) Setzen Sie das richtige Relationszeichen (<, > oder =) ein.

0,06 m ☐ 60 cm

1 Punkt

c) Kreuzen Sie an, welcher Anteil markiert worden ist.

☐ $\frac{3}{7}$ ☐ $\frac{3}{5}$

☐ $\frac{3}{12}$ ☐ $\frac{5}{7}$

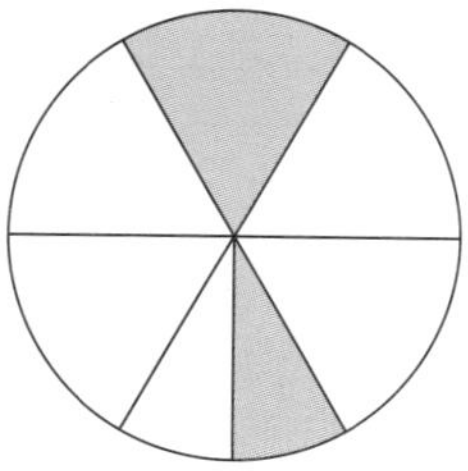

1 Punkt

d) Unterstreichen Sie die größte Zahl.

4^3, 8^4, 2^8

1 Punkt

e) Geben Sie eine Gleichung an, mit der man den Flächeninhalt der gesamten Fläche berechnen kann.

A = ____________

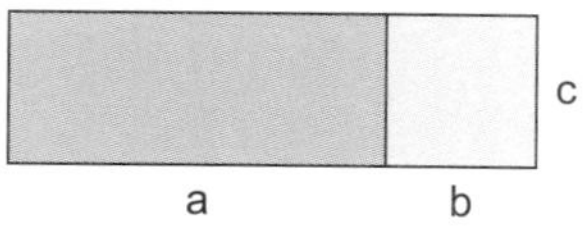

1 Punkt

f) Geben Sie die Anzahl der Kanten einer quadratischen Pyramide an.

____

1 Punkt

g) In einem Gefäß befinden sich schwarze und weiße Kugeln.
Das Baumdiagramm zeigt an, mit welcher Wahrscheinlichkeit eine schwarze oder weiße Kugel gezogen werden kann.

Zeichnen Sie die fehlenden weißen Kugeln in das Gefäß ein.

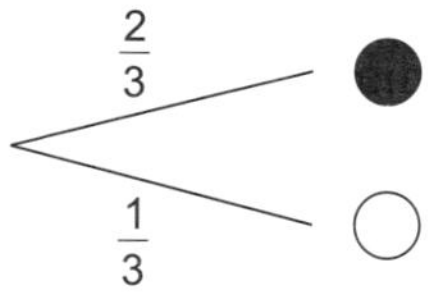

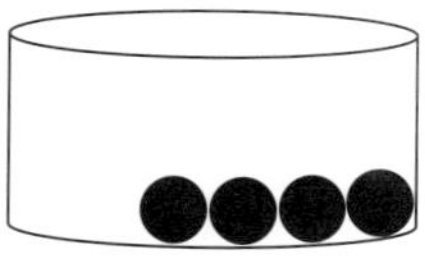

1 Punkt

h) Geben Sie für das abgebildete Dreieck die Gleichung für $\sin\alpha$ an.

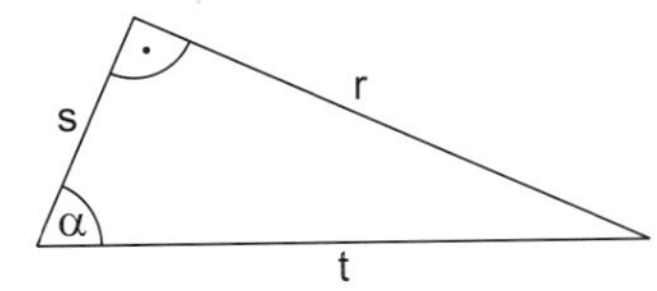

____

1 Punkt

i) Geben Sie die Spannweite der folgenden Daten an.

9,7 m 9,9 m 9,6 m 9,5 m 9,8 m 9,7 m

____

1 Punkt

j) Geben Sie als Dezimalzahl an.

$2{,}1 \cdot 10^{-4} =$ _______________

10 Punkte

Aufgabe 2

Geraden

Im Koordinatensystem sind die Graphen f, g und h dreier linearer Funktionen eingezeichnet.

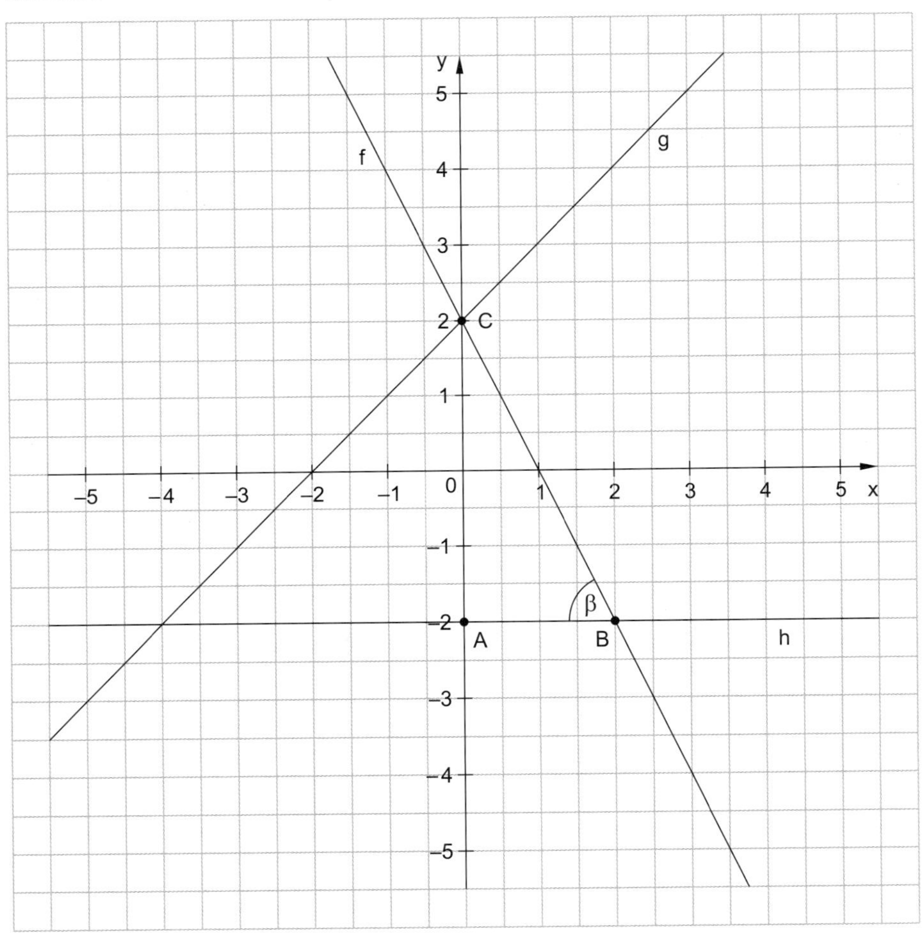

1 Punkt

a) Geben Sie die Nullstelle der Funktion g(x) an.

2 Punkte

b) Ordnen Sie den Eigenschaften in der Tabelle den jeweils passenden Funktionsgraphen f, g oder h zu.

Eigenschaft	Graph
Der Graph hat den Anstieg –2.	
Der Graph verläuft parallel zur x-Achse.	

3 Punkte

c) Ordnen Sie jedem Graphen f, g und h die jeweils richtige Funktionsgleichung zu. Nutzen Sie dazu folgende Auswahl.

$y = -2x + 2$	$y = -\frac{1}{2}x + 2$	$y = -2$
$y = x + 2$	$y = -2x$	$y = x - 2$

Graph	Funktionsgleichung
f	
g	
h	

4 Punkte

d) In dem gegebenen Koordinatensystem bilden die drei Punkte A, B und C ein Dreieck.

Berechnen Sie die Länge der Strecke $\overline{BC}$.

Berechnen Sie die Größe des Winkels β.

8 Punkte

Aufgabe 3

Fußballtraining

Ein Fußballklub hat Training.
Drei Kinder spielen sich den Ball zu.
Bei den Übungen legt der Trainer die Abstände zwischen den Kindern fest.

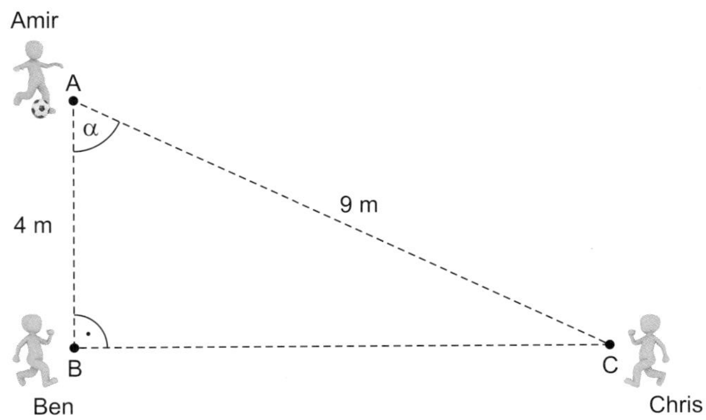

(Skizze nicht maßstabsgerecht)

2 Punkte a) Ermitteln Sie den Abstand zwischen Ben und Chris.

2 Punkte b) Zeigen Sie rechnerisch, dass die Größe des Winkels α ungefähr 64° beträgt.

4 Punkte *c) In der nächsten Übung trainieren vier Kinder.

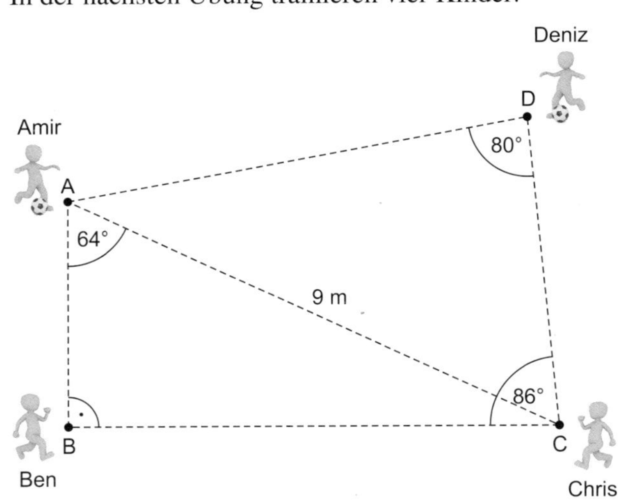

(Skizze nicht maßstabsgerecht)

Die Bälle werden in einem bestimmten Winkel angenommen und weitergespielt.
Berechnen Sie den Abstand zwischen Amir und Deniz.

8 Punkte

Aufgabe 4

Werbefläche

Ein zylinderförmiger Mast mit einem aufgesetzten dreiseitigen Prisma steht vor dem Eingang eines Einkaufscenters.

Die Seitenflächen des Prismas werden als Werbefläche genutzt. Jede der drei Seitenflächen ist 1,50 m breit und 1,20 m hoch.

(Skizze nicht maßstabsgerecht)

2 Punkte

a) Vervollständigen Sie das Netz des Prismas und geben Sie die Länge von a an.

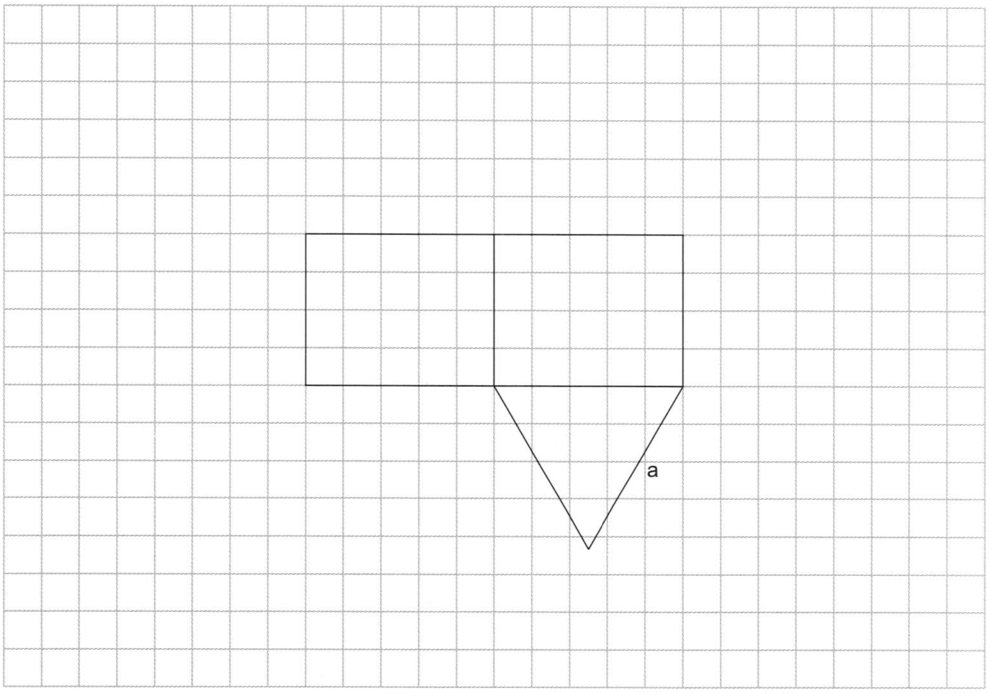

2 Punkte

b) Berechnen Sie die Größe der Werbefläche, die insgesamt zur Verfügung steht.

4 Punkte

c) Die Höhe der dreieckigen Deckfläche beträgt 1,30 m.

Ermitteln Sie den Flächeninhalt der Deckfläche.

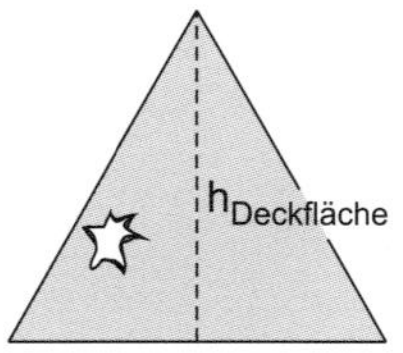

(Skizze nicht maßstabsgerecht)

Durch ein Loch in der Deckfläche ist Regenwasser eingedrungen.

Zeigen Sie rechnerisch, dass in das Prisma ca. 1,2 m^3 Regenwasser passen.

Das aufgesetzte Prisma hat leer eine Masse von 200 kg.

Berechnen Sie die Masse des Prismas, wenn es zu 10 % mit Regenwasser gefüllt ist.

Hinweis: 1 m^3 Regenwasser hat eine Masse von 1 000 kg.

6 Punkte **Aufgabe 5**

Medienverhalten

2 Punkte a) In einer Studie wurden 1 200 Jugendliche über mehrere Jahre zu ihrem Medienverhalten befragt.

Im Jahr 2013 besaßen 72 % der 1 200 befragten Jugendlichen ein Smartphone. Im Jahr 2016 waren es bereits 95 % der 1 200 befragten Jugendlichen.

Berechnen Sie, um wie viel sich die Anzahl der Jugendlichen mit Smartphone von 2013 bis 2016 erhöht hat.

2 Punkte b) Die Tabelle stellt die Mediennutzung von Mädchen und Jungen in ihrer Freizeit gegenüber.

Medien	Mädchen	Jungen
Smartphones	98 %	95 %
Fernseher	81 %	75 %
Konsolenspiele	14 %	72 %
Bücher	46 %	30 %

Janek formuliert zwei Aussagen zu der Tabelle.

Kreuzen Sie an, welche der beiden Aussagen **falsch** ist.

☐ Drei Viertel der Mädchen nutzen in ihrer Freizeit einen Fernseher.

☐ Konsolenspiele sind bei Jungen wesentlich beliebter als bei Mädchen.

Berichtigen Sie die falsche Aussage.

2 Punkte *c) Im Jahr 2015 wurde folgender Zeitungsartikel veröffentlicht.

Bücherlesen bald out?

Berlin ■ Der Verband der Buchhändler beklagt, dass von Jahr zu Jahr die Anzahl der Jugendlichen, die Bücher lesen, extrem abnimmt.
Es wird befürchtet, dass in wenigen Jahren kein Jugendlicher mehr ein Buch liest.

Bücherlesende Jugendliche

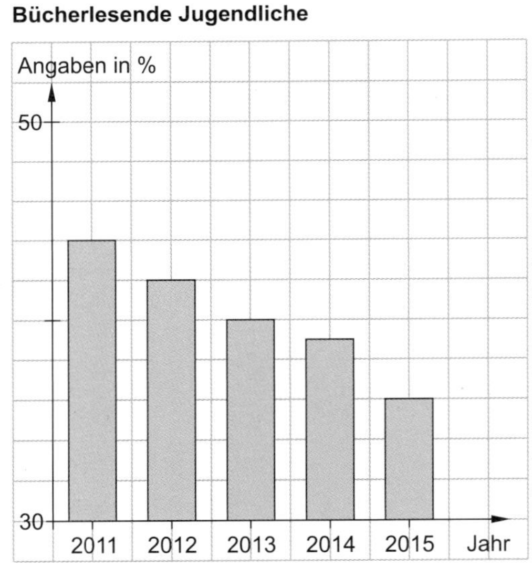

Schüler einer 10. Klasse stimmen dem Zeitungsartikel in zwei Aussagen nicht zu. Nennen Sie eine dieser Aussagen und berichtigen Sie diese.

9 Punkte

Aufgabe 6

Buntstifte

In einer Kiste liegen 20 Buntstifte. Davon sind 7 grün, 4 rot, 3 gelb und 6 blau.

1 Punkt

a) Ohne hinzusehen greift Paul nach einem Buntstift und legt ihn wieder zurück.
Geben Sie an, mit welcher Wahrscheinlichkeit er einen gelben Buntstift gegriffen hat.

5 Punkte

*b) Jetzt greift Marie in die Kiste mit den 20 Stiften. Sie nimmt nacheinander ohne hinzusehen drei Buntstifte heraus.

- Ergänzen Sie die Wahrscheinlichkeiten im Baumdiagramm an den zwei markierten Stellen.

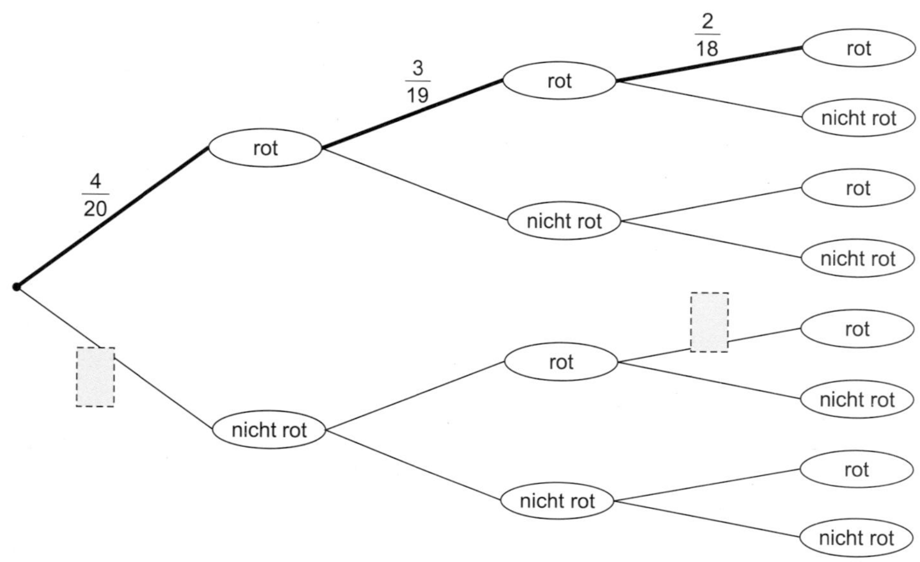

- Entscheiden Sie für den im Baumdiagramm fett markierten Pfad, ob die jeweilige Aussage wahr oder falsch ist. Kreuzen Sie an.

	wahr	falsch
Marie greift nacheinander drei unterschiedlich farbige Buntstifte.	☐	☐
Marie legt den Stift nach jedem Ziehen wieder zurück.	☐	☐
Die Wahrscheinlichkeit für das Ereignis des fett markierten Pfades ist kleiner als 1 %.	☐	☐

3 Punkte

*c) Marc behauptet: „Wenn man nacheinander ohne Zurücklegen 3 Buntstifte aus der Kiste greift, ist die Wahrscheinlichkeit, 3 blaue Buntstifte zu greifen, doppelt so hoch wie die Wahrscheinlichkeit, 3 gelbe Buntstifte zu greifen."

Begründen Sie rechnerisch, dass die Behauptung falsch ist.

9 Punkte

Aufgabe 7

Ferkel

Ein Ferkel hat eine Masse von 10 kg. Erfahrungsgemäß nimmt die Masse des Ferkels wöchentlich um ca. 4 % zu. Am Anfang jeder Woche wird die Masse des Ferkels kontrolliert.

3 Punkte

a) Ergänzen Sie die drei Werte in der Wertetabelle.

Zeit in Wochen	0	1	2	…	5
Masse in kg		10,400		…	

Um die Masse auszurechnen, die die Ferkel nach mehreren Wochen haben, stellt Landwirtin Wilma die folgende Funktionsgleichung $f(x) = 10 \cdot 1{,}04^x$ auf.

3 Punkte

*b) Geben Sie die Bedeutung der Bestandteile der Funktionsgleichung an.

	Bedeutung
10	
1,04	
x	

3 Punkte

*c) Entscheiden Sie für jeden Graphen, ob er zum Wachstum des Ferkels passt.
Begründen Sie Ihre Entscheidung.

<table>
<tr><th>Skizze des Graphen</th><th>passt</th><th>passt nicht</th><th>Begründung</th></tr>
<tr><td>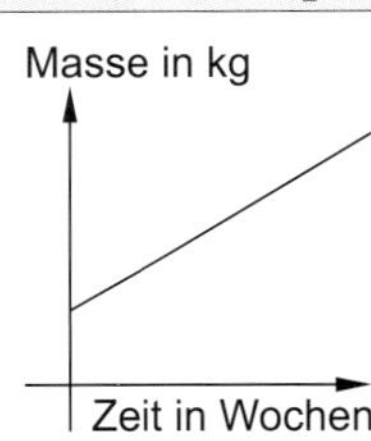
</td><td>☐</td><td>☐</td><td></td></tr>
<tr><td>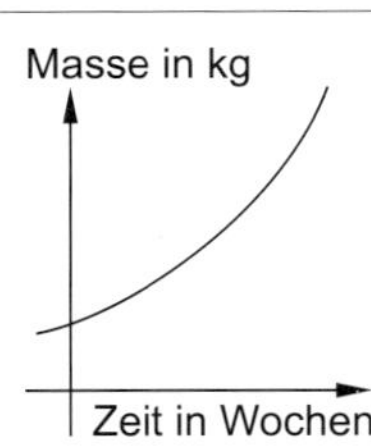
</td><td>☐</td><td>☐</td><td></td></tr>
<tr><td>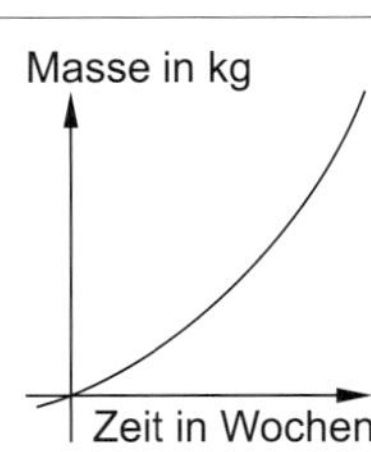
</td><td>☐</td><td>☐</td><td></td></tr>
</table>

Mittlerer Schulabschluss und erweiterte Berufsbildungsreife 2020
Berlin/Brandenburg Mathematik

Hinweis:
Aufgaben zu anspruchsvolleren Themen sind mit einem Stern * gekennzeichnet.

10 Punkte

Aufgabe 1

Basisaufgaben

1 Punkt

a) Herr Förster sagt: „Nur 4 % meiner Bäume wachsen nicht an."
Kreuzen Sie die richtige Aussage an.

☐ 4 von 10 Bäumen wachsen nicht an.

☐ Jeder 4. Baum wächst nicht an.

☐ 4 von 100 Bäumen wachsen nicht an.

1 Punkt

b) Einer der folgenden Punkte liegt auf der x-Achse des Koordinatensystems.
Kreuzen Sie den richtigen Punkt an.

☐ A(3|2) ☐ B(0|2) ☐ C(–3|–2) ☐ D(3|0)

1 Punkt

c) Geben Sie die Gleichung für tan α an.

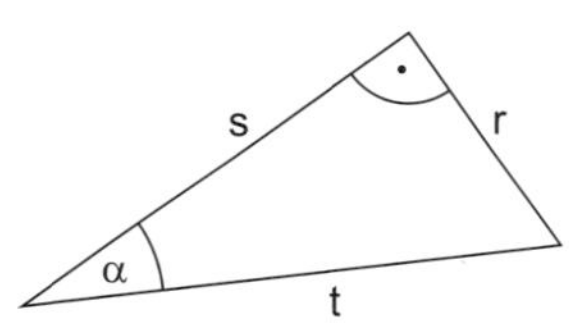

1 Punkt

d) Der Flächeninhalt eines Quadrates beträgt 36 cm^2.
Notieren Sie die Seitenlänge des Quadrates.

1 Punkt

e) Geben Sie die Lösung der Gleichung $2(x-4)=6$ an.

$x =$ ____________

1 Punkt

f) Geben Sie die Zahl an, die genau in der Mitte zwischen –0,6 und –0,5 liegt.

1 Punkt

g) Die beiden Geraden g und h sind parallel zueinander.
Geben Sie die Größe des Winkels α an.

$\alpha =$ ____________

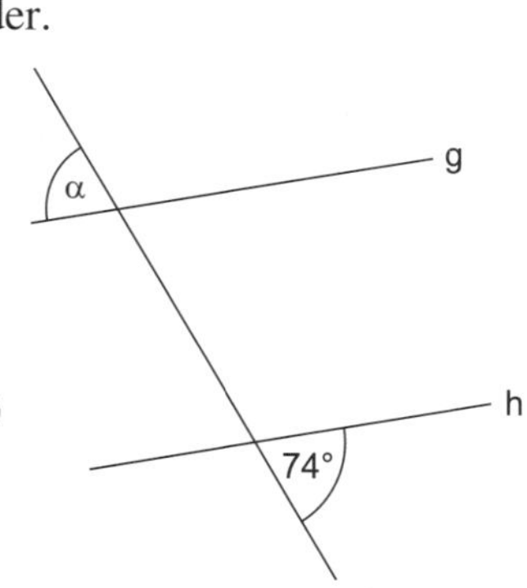

(Skizze nicht maßstabsgerecht)

1 Punkt h) Geben Sie die Zahl x an, für die die Gleichung $2^x = 16$ gilt.

$x =$ ____________

1 Punkt i) Im Dreieck ABC hat die Seite a eine Länge von 10 cm.
Für die Summe der Seitenlängen b und c gilt eine der folgenden Aussagen.
Kreuzen Sie die richtige Aussage an.

- ☐ $b + c > 10$ cm
- ☐ $b + c = 10$ cm
- ☐ $b + c < 10$ cm

1 Funkt j) Für x wurde die Gleichung $\sin 30° = \frac{7}{x}$ aufgestellt.
Geben Sie den Wert von x an.

9 Punkte

Aufgabe 2

Schwimmbad

In dem Diagramm soll die Anzahl der Besucher eines Schwimmbades in der ersten Ferienwoche der Sommerferien dargestellt werden.
Am Donnerstag waren 180 Besucher im Schwimmbad.

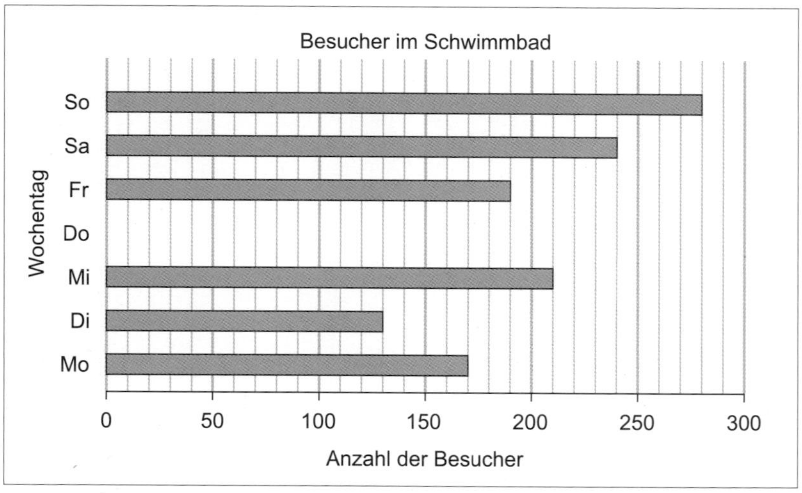

1 Punkt a) Ergänzen Sie im Diagramm den Balken für Donnerstag.

1 Punkt b) Notieren Sie, an welchen Tagen mehr als 190 Besucher im Schwimmbad waren.

2 Punkte c) Berechnen Sie die durchschnittliche Anzahl der Besucher in der ersten Ferienwoche.

2 Punkte d) Die beiden folgenden Aussagen sind wahr.
Weisen Sie die Aussagen rechnerisch nach.

Aussage	**Nachweis**
Die Spannweite der Besucherzahlen in der ersten Ferienwoche beträgt 150 Besucher.	
Am Sonntag kamen ein Drittel mehr Besucher als am Mittwoch.	

Am Wochenende kamen 520 Besucher in das Schwimmbad. An diesen Tagen kostet die Tageskarte 12 € pro Person.

3 Punkte * e) Der Betreiber des Schwimmbades behauptet:
„Wären am Wochenende x Besucher mehr gekommen, dann hätte ich am Wochenende 7 920 € Einnahmen erzielt.“
Stellen Sie eine Gleichung auf, die diesen Sachverhalt beschreibt.
Ermitteln Sie die Anzahl x der Besucher, die dafür gefehlt hat.

10 Punkte

Aufgabe 3

Funktionen

Im Koordinatensystem ist der Graph der quadratischen Funktion f mit der Gleichung $y = (x+2)^2 - 4$ dargestellt.

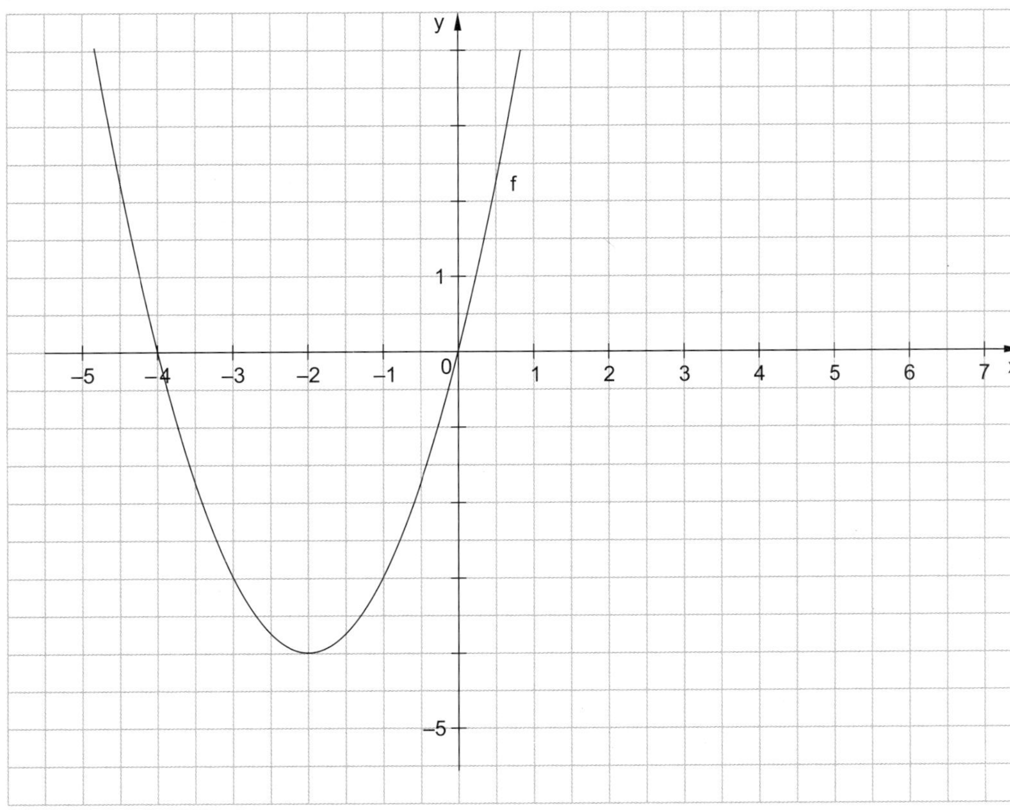

1 Punkt

a) S ist der Scheitelpunkt des Graphen von f.
Geben Sie die Koordinaten von S an.

1 Punkt

b) Einer der folgenden Punkte liegt **nicht** auf dem Graphen von f.
Kreuzen Sie an, welcher der folgenden Punkte **nicht** auf dem Graphen von f liegt.

☐ A(–3 | –3) ☐ B(0 | 0) ☐ C(–1 | –3) ☐ D(–1,5 | –2,5) ☐ E(–2 | –4)

2 Punkte

c) Der Punkt A(2 | y) liegt auf dem Graphen von f mit der Gleichung $y = (x+2)^2 - 4$.
Bestimmen Sie den Wert der y-Koordinate des Punktes A.

3 Punkte

*d) Die Parabel p entsteht durch Spiegelung des Graphen f an der y-Achse.
Skizzieren Sie die Parabel p in dem vorgegebenen Koordinatensystem.
Geben Sie eine Gleichung für p an.

3 Punkte

*e) Berechnen Sie für die Funktion mit der Gleichung $y = 2x^2 + 8x + 6$ die Nullstellen.

8 Punkte

Aufgabe 4

Wasserverbrauch

Weltweiter Wasserverbrauch

Eine Studie aus dem Jahr 2019 besagt, dass der weltweite Wasserverbrauch pro Person in Zukunft um 3 % pro Jahr steigen wird. Im Jahr 2019 wurde ein jährlicher Wasserverbrauch von durchschnittlich 54 Tausend Liter pro Person ermittelt.

2 Punkte a) Ergänzen Sie die Tabelle entsprechend der Angaben aus dem Text.

Jahr	**2019**	**2020**	**2021**	**2022**
Jährlicher Wasserverbrauch pro Person in Tausend Litern		55,6	57,3	

3 Punkte b) Der Graph zeigt den weltweiten Wasserverbrauch in Tausend Litern pro Person seit dem Jahr 2019.

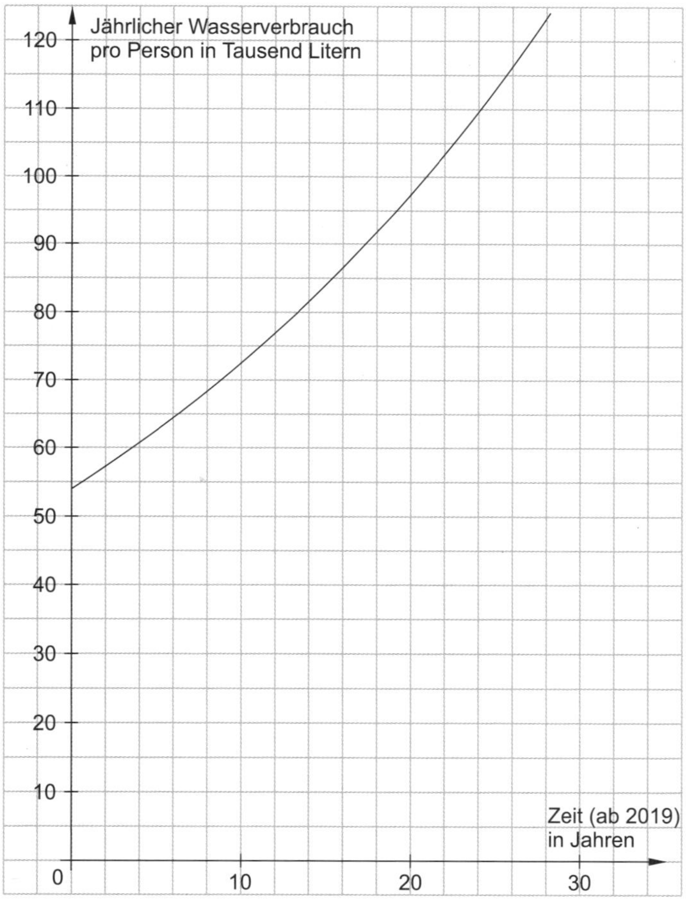

Ermitteln Sie anhand des Graphen, nach wie vielen Jahren sich der Wasserverbrauch pro Person in etwa verdoppelt haben wird.

Beschreiben Sie Ihr Vorgehen.

3 Punkte

* c) Die Vorhersage für den weltweiten Wasserverbrauch pro Person kann durch die Gleichung $y = 54 \cdot 1{,}03^x$ beschrieben werden.
(x: Zeit in Jahren, y: Wasserverbrauch pro Person in Tausend Litern)

Eine andere Studie schätzt, dass der jährliche Wasserverbrauch pro Person von 2019 bis 2033 insgesamt um ca. 40 % steigen wird.

Untersuchen Sie, ob beide Studien für das Jahr 2033 den gleichen Wasserverbrauch vorhersagen.

7 Punkte

Aufgabe 5

Verpackung

Eine Schachtel hat die Form eines Prismas.

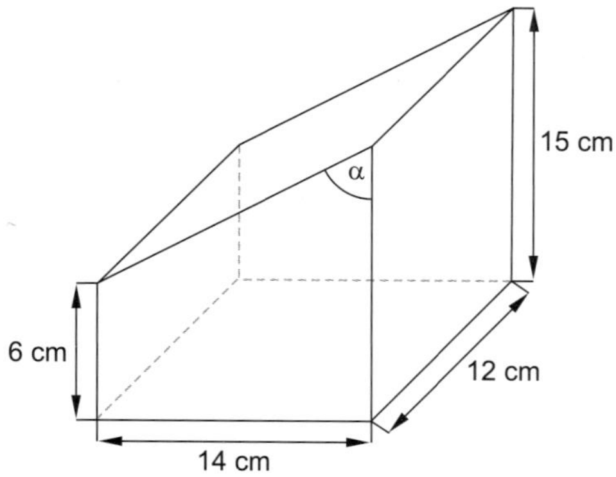

(Skizze nicht maßstabsgerecht)

2 Punkte

a) Martina hat angefangen, das Netz dieser Schachtel zu skizzieren.
Vervollständigen Sie das Netz.

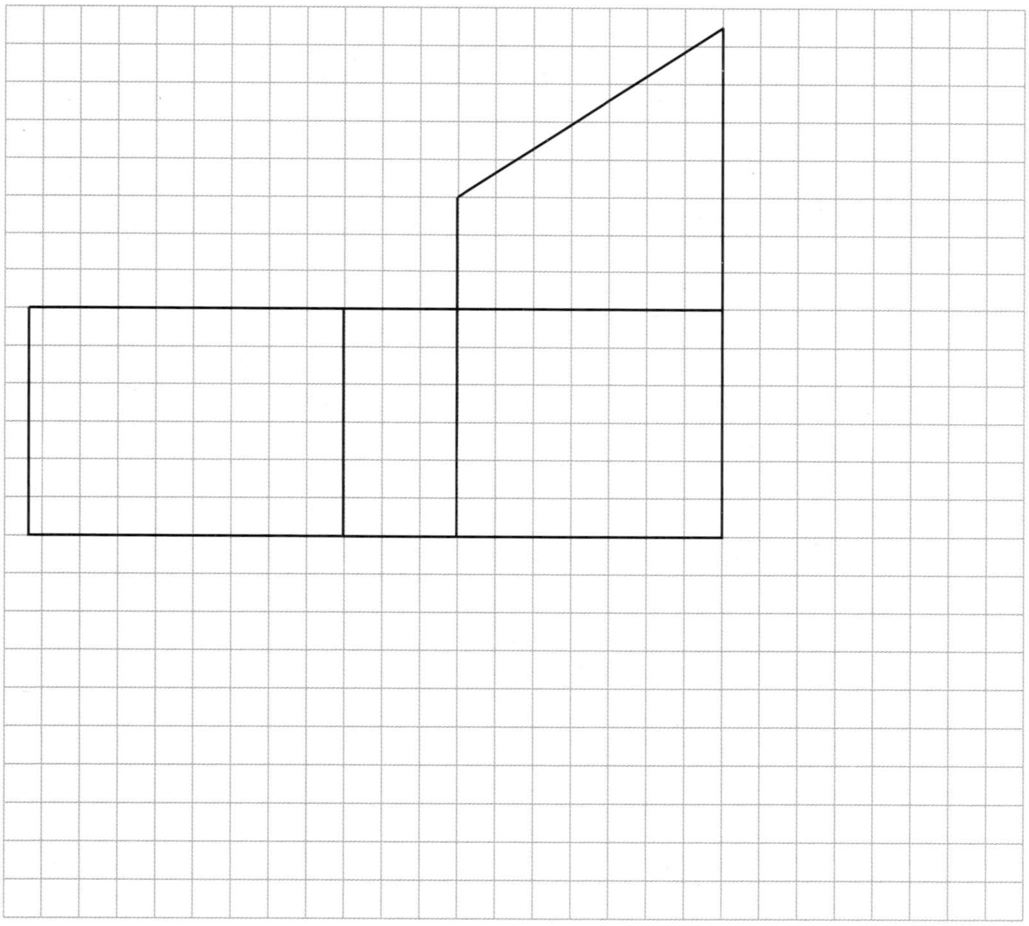

3 Punkte

b) Berechnen Sie die Größe des Winkels α.

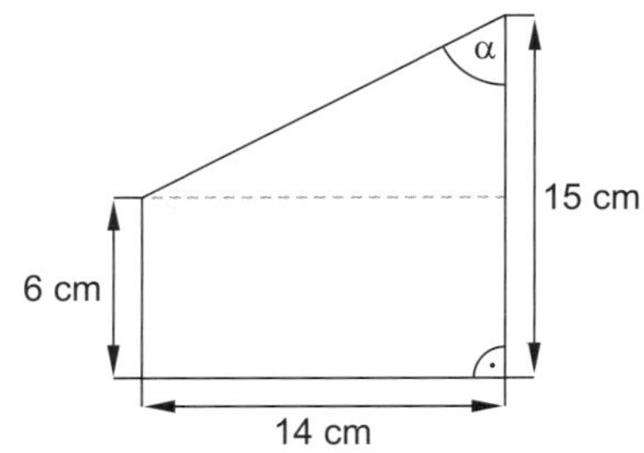

(Skizze nicht maßstabsgerecht)

2 Punkte

*c) Mehrere Schachteln sollen in eine quaderförmige Kiste verpackt werden.
Die Kiste hat die Abmessungen: Länge = 28 cm, Breite = 24 cm, Höhe = 22 cm

Geben Sie die größtmögliche Anzahl der Schachteln an, die in die Kiste passen.

Erläutern Sie Ihren Lösungsweg. Sie können auch eine Skizze verwenden.

9 Punkte

Aufgabe 6

Würfelspiel

Wird ein Würfel zweimal nacheinander geworfen, so können sich 36 verschiedene Augenpaare ergeben.

Hinweis: Beachten Sie, dass z. B. die Augenpaare (2, 1) und (1, 2) unterschiedliche Ergebnisse sind.

3 Punkte

a) Notieren Sie alle möglichen Augenpaare, bei denen der zweite Wurf die Augenzahl „2" zeigt.
Ermitteln Sie die Wahrscheinlichkeit für die Augenzahl „2" beim zweiten Wurf.
Geben Sie diese Wahrscheinlichkeit in Prozent an.

3 Punkte

b) Max behauptet: „Die Wahrscheinlichkeit, zwei gleiche Augenzahlen zu würfeln, ist größer als die Wahrscheinlichkeit, zuerst eine 6 zu würfeln."
Entscheiden Sie, ob Max recht hat.

☐ Max hat recht ☐ Max hat nicht recht

Begründen Sie Ihre Entscheidung.

Lisa und Max wollen ins Kino gehen.
Lisa wirft den Würfel 3-mal hintereinander. Wenn sie dabei mindestens 2-mal eine 6 würfelt, zahlt Max beide Kinokarten.

3 Punkte

*c) Vervollständigen Sie das Baumdiagramm.

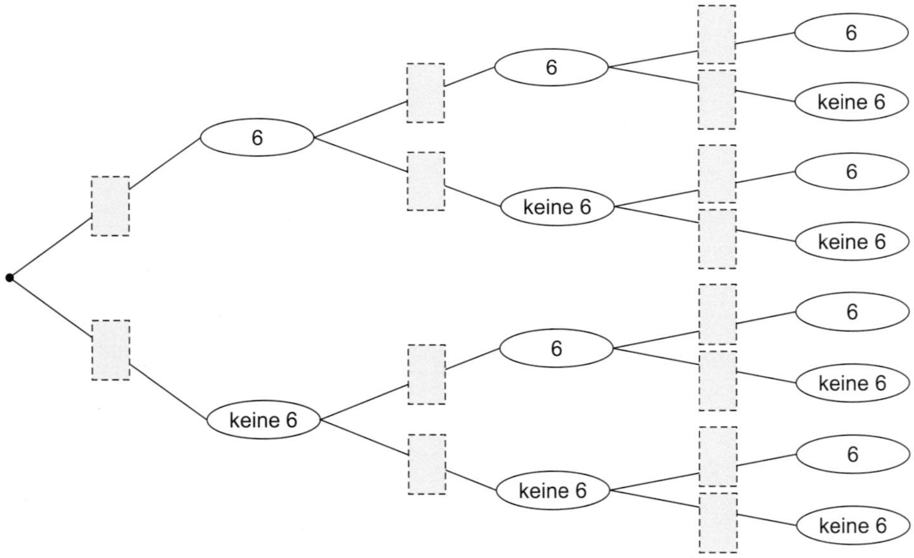

Berechnen Sie die Wahrscheinlichkeit, dass Max die Karten bezahlt.

7 Punkte **Aufgabe 7**

Dreiecke

Gegeben ist das rechtwinklige Dreieck ABC.
Die Strecke $\overline{BC}$ ist 12 m lang und die Strecke $\overline{AC}$ hat eine Länge von 34 m.

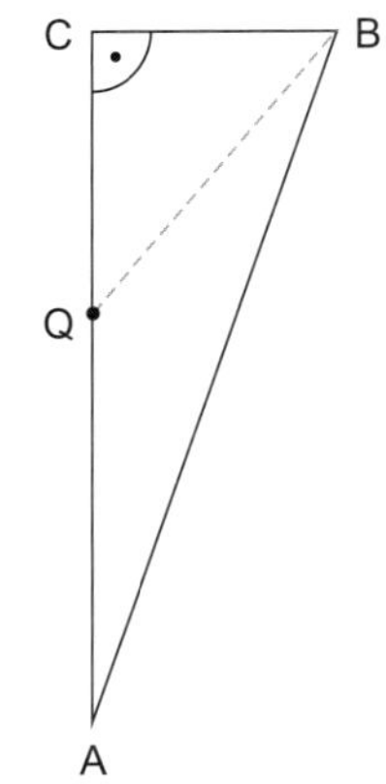

(Skizze nicht maßstabsgerecht)

2 Punkte a) Berechnen Sie die Länge der Strecke $\overline{AB}$.

2 Punkte b) Der Punkt Q liegt auf der Strecke $\overline{AC}$.
Der Flächeninhalt des Dreiecks QBC beträgt 90 m^2.
Berechnen Sie die Länge der Strecke $\overline{QC}$.

Betrachtet wird das Dreieck DEF. Der Punkt P liegt auf der Strecke $\overline{DE}$.

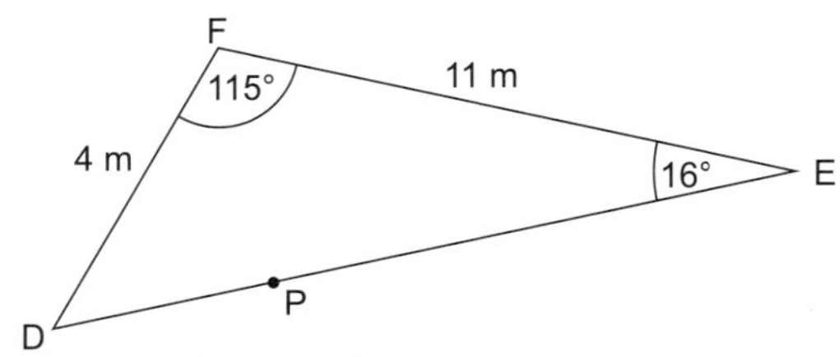

(Skizze nicht maßstabsgerecht)

3 Punkte * c) Die Länge der Strecke $\overline{PE}$ beträgt 10 m.
Berechnen Sie die Länge der Strecke $\overline{DP}$.

Mittlerer Schulabschluss und erweiterte Berufsbildungsreife 2021 Berlin/Brandenburg Mathematik

Hinweis:
Aufgaben zu anspruchsvolleren Themen sind mit einem Stern * gekennzeichnet.

10 Punkte

Aufgabe 1

Basisaufgaben

1 Punkt

a) Eine Zugfahrt dauert 2 Stunden und 35 Minuten.
Der Zug fährt um 11:38 Uhr ab.
Geben Sie die Ankunftszeit des Zuges an.

1 Punkt

b) Kennzeichnen Sie einen Anteil von $\frac{3}{8}$ in diesem Rechteck.

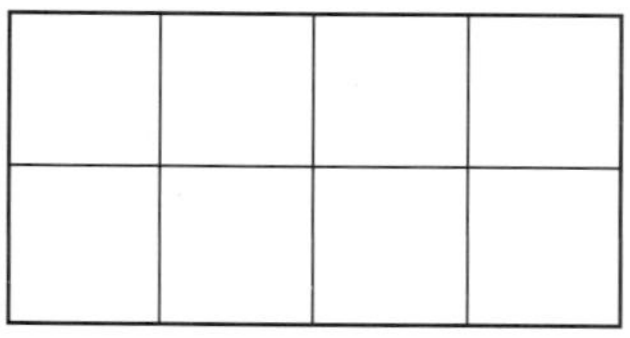

1 Punkt

c) Ein Fahrrad kostet 550 €. Eric erhält bei Barzahlung 20 % Rabatt.
Kreuzen Sie an, wie viel Eric spart.

☐ 100 € ☐ 440 € ☐ 110 € ☐ 660 €

1 Punkt

d) Welcher Scheitelpunkt gehört zur gegebenen Parabel?
Kreuzen Sie an.

☐ S(−1 | −2)
☐ S(−1 | 2)
☐ S(−2 | −1)
☐ S(2 | −1)

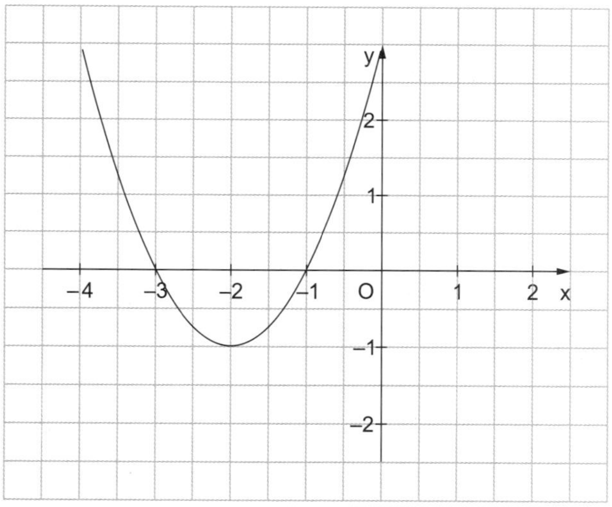

1 Punkt

e) Das Fünffache einer Zahl vermindert um 4 ist gleich 36.
Kreuzen Sie die richtige Gleichung an.

☐ $5x = -4 + 36$ ☐ $5 - 4x = 36$ ☐ $5x - 4 = 36$ ☐ $36 - 4 = 5x$

1 Punkt

f) Beim Weitsprung erreichte Paul folgende Weiten:

4,08 m 3,88 m 3,92 m 4,12 m

Geben Sie die durchschnittliche Weite an.

1 Punkt

g) Gegeben ist der Term $\frac{a+b}{c}$.

Bestimmen Sie den Wert des Terms für $a=8 \quad b=-1 \quad c=-2$.

1 Punkt

h) Kreuzen Sie die Formel zur Berechnung der Seite z an.

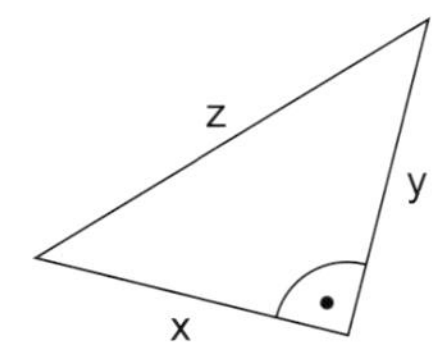

☐ $z=\sqrt{x^2-y^2}$ ☐ $z=\sqrt{x^2+y^2}$ ☐ $z=\sqrt{y^2-x^2}$ ☐ $z=y^2+x^2$

1 Punkt

i) Bestimmen Sie die fehlende Winkelgröße α.

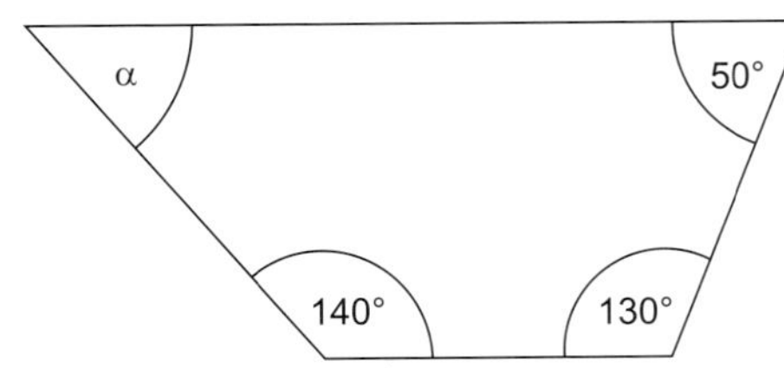

(Skizze nicht maßstabsgerecht)

1 Punkt

j) Diese Figur ist ein Quadrat.

Kreuzen Sie an, wie viele Symmetrieachsen die Figur hat.

☐ 0 ☐ 1 ☐ 2 ☐ 3 ☐ 4 ☐ 5

8 Punkte

Aufgabe 2

Funktionen

Gegeben ist die lineare Funktion f mit der Gleichung $y = 3x + 1$.

2 Punkte

a) Zeichnen Sie den Graphen der linearen Funktion f in das vorgegebene Koordinatensystem.

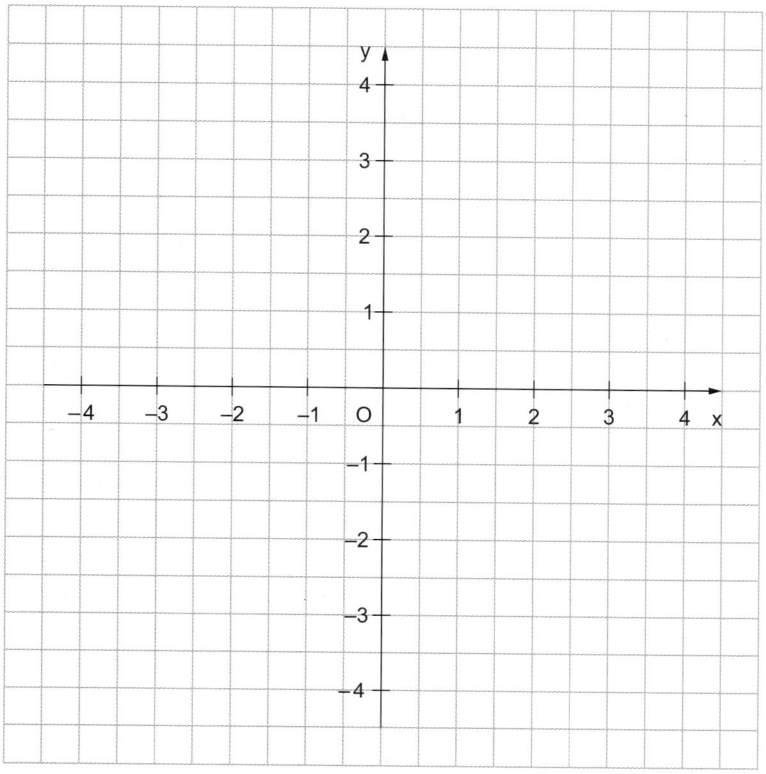

2 Punkte

b) Entscheiden Sie, welche Aussagen für die Funktion f zutreffen.
Kreuzen Sie die beiden richtigen Aussagen an.

Aussagen	
Der Punkt Q(5 ǀ 0) liegt auf dem Graphen der Funktion f.	☐
Der Graph der Funktion f ist monoton steigend.	☐
Der Graph der Funktion f schneidet die y-Achse im Punkt P(0 ǀ 1).	☐
Der Graph der Funktion f verläuft durch den Koordinatenursprung.	☐

4 Punkte

* c) Der Graph einer quadratischen Funktion mit der Gleichung $y = x^2 + 2x - 1$ ist eine Parabel.
Der Graph der Funktion mit der Gleichung $y = 3x + 1$ ist eine Gerade.
Berechnen Sie die Koordinaten der Schnittpunkte der Parabel mit der Geraden.

7 Punkte

Aufgabe 3

Viereck

Gegeben ist das Viereck ABCD.

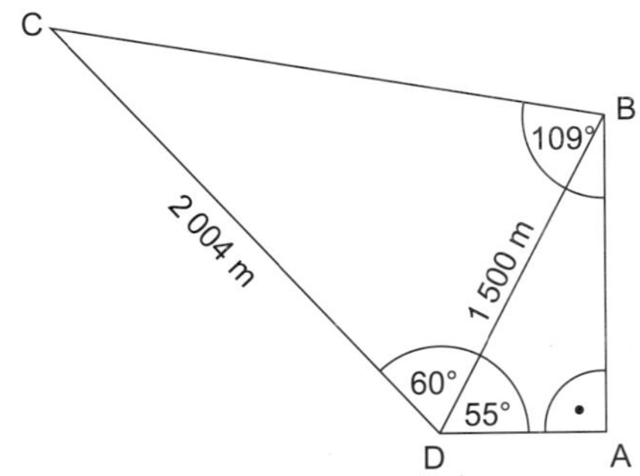

(Skizze nicht maßstabsgerecht)

2 Punkte a) Zeigen Sie mit einer Rechnung, dass die Länge der Strecke $\overline{AB}$ ca. 1 229 m beträgt.

2 Punkte b) Berechnen Sie die Länge der Strecke $\overline{AD}$.

3 Punkte *c) Prüfen Sie, ob folgende Aussage stimmt:
„Die Strecke $\overline{BC}$ ist genauso lang wie die Strecke $\overline{DC}$."
Entscheiden Sie mithilfe einer Rechnung.

9 Punkte

Aufgabe 4

Regentonne

Herr Gärtner möchte in seinem Garten eine Regentonne aufstellen.

Die zylinderförmige Regentonne hat folgende Maße:
$h = 95$ cm
$r = 29$ cm

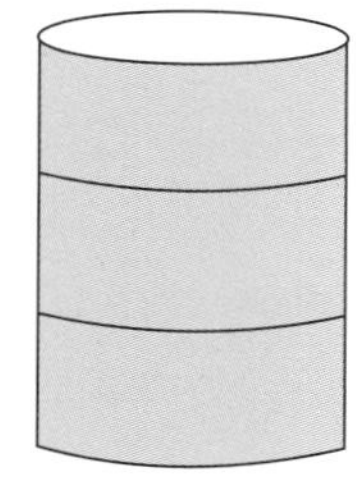

(Skizze nicht maßstabsgerecht)

2 Punkte a) Laut Hersteller passen ca. 250 Liter Wasser in die Regentonne ($1\ \ell \mathrel{\hat{=}} 1\ \text{dm}^3$).
Bestätigen Sie diese Angabe durch eine geeignete Rechnung.

2 Punkte *b) Herr Gärtner möchte gerne mehr Wasser auffangen.
Er überlegt:
„Wenn ich eine Regentonne mit dem doppelten Radius hätte, könnte ich genau doppelt so viel Wasser auffangen."
Entscheiden Sie, ob diese Überlegung zutrifft.
Begründen Sie Ihre Entscheidung.

5 Punkte *c) Herr Gärtner hat eine rechteckige Platte mit den Maßen $55\ \text{cm} \times 80\ \text{cm}$.
Damit möchte er seine Regentonne abdecken.
Kann die Platte die Regentonne vollständig bedecken?

Fertigen Sie zum Sachverhalt eine mögliche maßstabsgerechte Zeichnung als Draufsicht (Ansicht von oben) an. Beschriften Sie Ihre Zeichnung.

Geben Sie den Maßstab Ihrer Zeichnung an.

Maßstab: ______

Entscheiden Sie, ob die Platte die Regentonne vollständig bedeckt.

7 Punkte

Aufgabe 5

Hamburger Hafen

Im Hamburger Hafen werden viele Schiffe beladen und entladen.

5 Punkte

a) Das Diagramm zeigt die Beladungen und Entladungen der Containerschiffe im Hamburger Hafen in den Jahren von 2009 bis 2017.

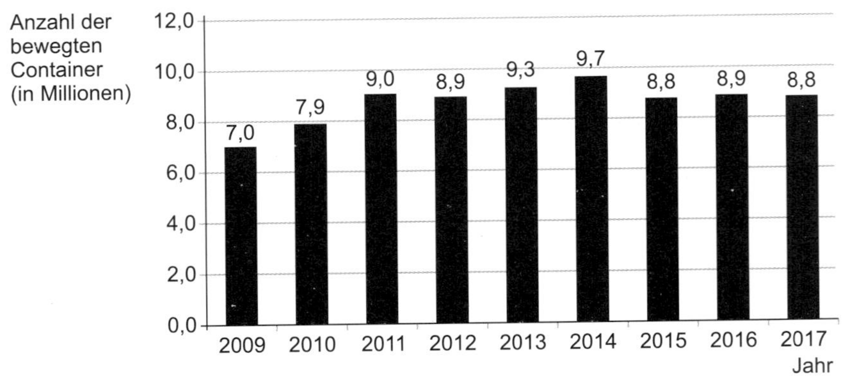

Berechnen Sie für die Anzahl der bewegten Container aus dem Diagramm

- die Spannweite und
- den Durchschnitt (das arithmetische Mittel).

Berechnen Sie, um wie viel Prozent sich die Anzahl der bewegten Container von 2010 bis 2011 erhöht hat.

2 Punkte

b) Die Tabelle zeigt die prozentualen Anteile der gesamten Beladungen und Entladungen im Hamburger Hafen.
Ergänzen Sie in der Tabelle den fehlenden Prozentsatz für „Flüssigkeiten".

Güter	Schrott	Flüssigkeiten	Container	Getreide	Sonstiges	**Gesamt**
Angaben in %	17		66	6	1	**100**

Beschriften Sie das Kreisdiagramm mit den entsprechenden Gütern.

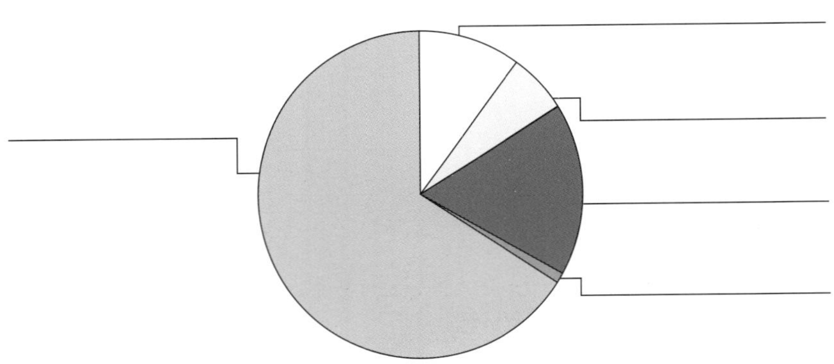

10 Punkte

Aufgabe 6

Kerzen

Eine Kerze mit einer Höhe von 40 cm wird angezündet.

Zeit in Minuten	0	10	20	30	40	…	80
Höhe der Kerze in cm		38	36	34	32	…	

2 Punkte a) Ergänzen Sie die beiden fehlenden Werte in der Tabelle.

3 Punkte b) Stellen Sie die Daten aus der Tabelle als Graph im Koordinatensystem dar. Vervollständigen Sie dazu die fehlende Achseneinteilung.

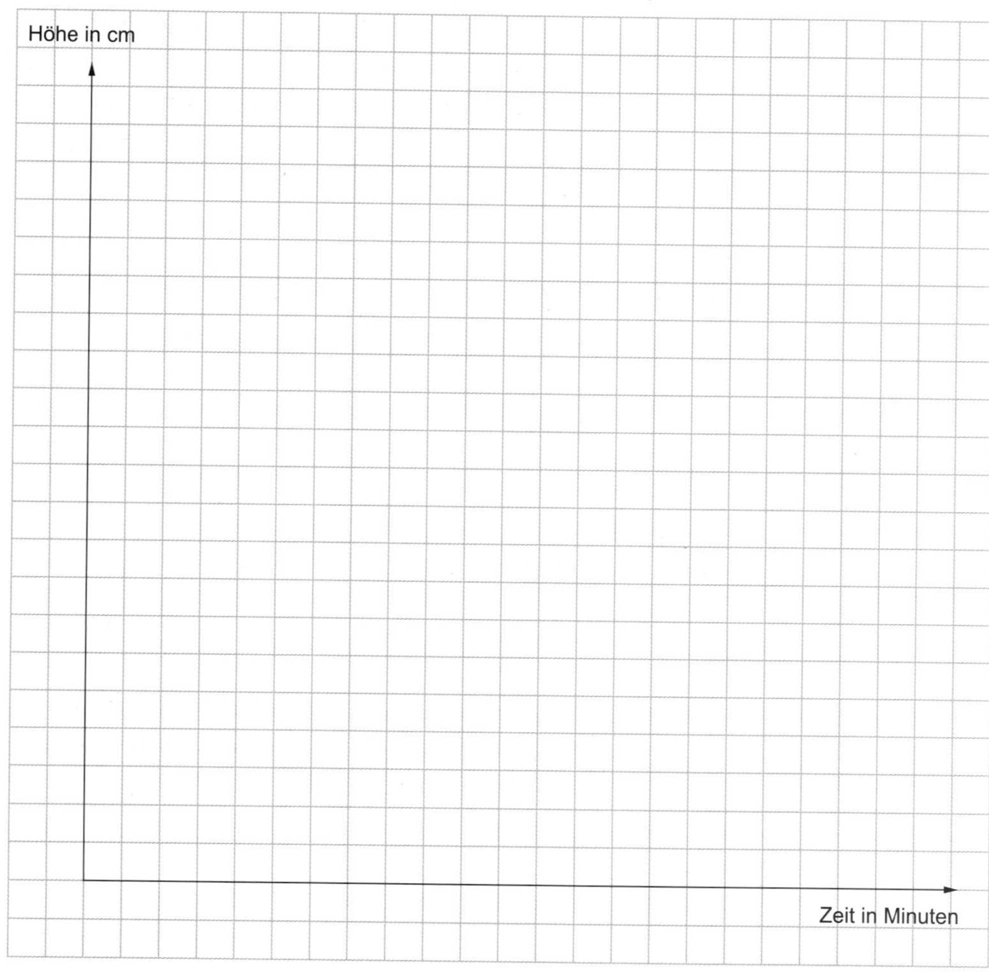

Die Gleichung $y = -0{,}2x + 40$ beschreibt das Abbrennen der Kerze.

3 Punkte * c) Geben Sie die Bedeutung der Bestandteile der Gleichung an.

y	
−0,2	In einer Minute brennt die Kerze um 0,2 cm ab.
x	
40	

2 Punkte d) Ermitteln Sie, nach welcher Zeit die Kerze vollständig abgebrannt ist.

9 Punkte

Aufgabe 7

Gleichungen

2 Punkte

a) Ordnen Sie den Sachverhalten jeweils die passende Gleichung zu. Verbinden Sie die zusammengehörenden Kästen mit einer Linie.

	$y = 20x + 5$
Der Fahrpreis setzt sich aus 5 € Grundgebühr und 20 Cent pro gefahrenen Kilometer zusammen.	
	$y = 5x + 20$
Der Monatspreis in einem Fitnesscenter setzt sich aus 20 € Grundgebühr und 5 € pro gebuchten Kurs zusammen.	
	$y = 0{,}20x + 5$

4 Punkte

b) Zwei Familien besuchen in Paris den Eiffelturm.
Familie Beyer (zwei Erwachsene und zwei Kinder) zahlt 77,80 € Eintritt.
Familie Gouvan (ein Erwachsener und drei Kinder) zahlt 64,90 € Eintritt.

Ermitteln Sie den Eintrittspreis für Erwachsene und den Eintrittspreis für Kinder.
Stellen Sie zunächst zwei Gleichungen zu diesem Sachverhalt auf.

(I) ____________________

(II) ____________________

3 Punkte

*c) Entscheiden Sie, ob die Aussagen wahr oder falsch sind. Kreuzen Sie an.

Aussage		**wahr**	**falsch**
$(x+7)^2=0$	Diese Gleichung hat genau eine Lösung.	☐	☐
$(x+8)^2=16$	Die Zahlen 4 und 12 sind Lösungen dieser Gleichung.	☐	☐

Geben Sie eine quadratische Gleichung an, die keine Lösung hat.